U0262039

厦门大学

哲学社会科学繁荣计划

2011—2021

■ 本书受厦门大学哲学社会科学繁荣计划的资助

厦门大学公共事务学院文库

ZHONGGUO HUANJING SHEHUIXUE

Zhongguo Huanjing Shehuixue

中国环境社会学

（第三辑）

周志家　龚文娟　主编

中国社会科学出版社

图书在版编目(CIP)数据

中国环境社会学．第三辑／周志家,龚文娟主编．—北京：中国社会科学出版社，2016.11
ISBN 978-7-5161-9163-7

Ⅰ．①中… Ⅱ．①周… ②龚… Ⅲ．①环境社会学—中国—文集 Ⅳ．①X2-53

中国版本图书馆 CIP 数据核字(2016)第 255236 号

出 版 人 赵剑英
责任编辑 孔继萍
责任校对 冯英爽
责任印制 何 艳

出 版 中国社会科学出版社
社 址 北京鼓楼西大街甲 158 号
邮 编 100720
网 址 http://www.csspw.cn
发 行 部 010-84083685
门 市 部 010-84029450
经 销 新华书店及其他书店

印刷装订 北京市兴怀印刷厂
版 次 2016 年 11 月第 1 版
印 次 2016 年 11 月第 1 次印刷

开 本 710×1000 1/16
印 张 19.25
插 页 2
字 数 301 千字
定 价 72.00 元

厦门大学公共事务学院文库

编　委　会

总　序

公共事务是一个涉及众多学科的重大理论与实践领域，既是政治学与行政学（或公共管理学）的研究对象，也是法学、社会学和经济学等学科研究的题中之义。公共事务研究是国家的一个重大战略要求领域。随着全球化、市场化、信息化以及数据化、网络化和智能化时代的来临，当代国内外的公共事务的理论和实践都发生了深刻变化；我国改革开放和现代化建设急需公共事务及其管理的创新研究。党的十八届三中、四中全会分别做出了《中共中央关于全面深化改革若干重大问题的决定》和《中共中央关于全面推进依法治国若干重大问题的决定》，提出了“推进国家治理体系和治理能力现代化”以及依法治国的改革总目标。

全面深化改革，国家治理现代化，依法治国，决策的科学化民主化，都迫切需要公共事务及其管理理论的指导及其知识的更广泛应用。这为中国公共事务研究提供了前所未有的发展机遇。改革与发展中的大量公共管理与公共政策问题需要系统研究，国家治理的实践及其经验需要及时总结。新形势要求我们迅速改变公共事务及其管理研究滞后于实践发展的局面，推动中国公共事务及其管理的理论创新，以适应迅速变化着的实践发展需要。这是我们继续出版《厦门大学公共事务学院文库》这套丛书的初衷。

厦门大学政治学、行政学和社会学学科具有悠久的历史。早在20世纪20年代中期，我校就设立了相关的系科，中间几经调整分合及停办。20世纪80年代中期，作为国内首批恢复政治学与行政学学科的重点综合性大学之一，我校复办政治系，不久更名为“政治学与行政学系”，随后社会学系也复办了。2003 年，由我校的政治学与行政学系、社会学系和人口研究所三个单位组建了公共事务学院，2012 年学校又批准成立了公共政策研究院。

经过三十年的发展，我校的公共管理与公共政策、政治学和社会学等学科已经取得了长足的发展，迈进了国内相关学科的前列。学院及研究院拥有公共管理、政治学 2 个一级学科博士点和博士后科研流动站，人口、资源与环境经济学二级学科博士点（国家级重点学科），社会学二级博士点和博士后科研流动站，公共管理硕士（MPA）和社会工作 2 个专业学位，“行政管理”国家级特色专业，公共管理、政治学和社会学 3 个福建省重点学科，厦门大学“985 工程”及一流学科建设项目——公共管理重点学科建设平台，福建省 2011 协同创新中心——“公共政策与地方治理协同创新中心”，福建省文科重点研究基地——“厦门大学公共政策与政府创新研究中心”和福建省人文社科研究基地——“厦门大学公共服务质量研究中心”以及多个人才创新或教学团队。此外，学院还建立了设备先进的公共政策实验室。

本学院及研究院已形成一支包括多名教育部“长江学者”特聘教授或讲座教授及中组部“万人计划”人才在内的以中青年教师为主、专业结构比较合理、创新能力较强的人才团队，并形成了包括公共管理理论、公共政策分析、政府改革与治理、公共服务及其管理、公共部门绩效管理、人才发展战略、社会管理及社会保障、国家学说、新政治经济学、政治社会学、社会性别与公共事务在内的多个有特色和优势的研究领域或方向。

作为厦门大学公共事务学院和公共政策研究院以及“厦门大学哲学社会科学繁荣计划”和 2011 省级协创中心等项目或平台的研究成果，《厦门大学公共事务学院文库》围绕公共事务及其管理这一核心，遴选我院教师的各种项目研究的成果以及优秀博士论文汇集出版，旨在显示近年来我院公共事务及相关学科的研究进展，加强与国内外学界的交流，推进我国公共事务及相关学科的理论创新与知识应用。

陈振明

于 2016 年 8 月 28 日

序　言

中国环境社会学的教学和科研工作大约起步于20世纪90年代中后期。经过学术同人的不懈努力，环境社会学在学科界定、西学引介、教材编写和本土研究等诸多领域取得了长足发展，并逐渐形成制度化的交流平台。1992年，中国社会学会下设"人口与环境社会学专业委员会"，2008年专业委员会改组，2009年正式更名为"中国社会学会环境社会学专业委员会"。在专业委员会和会员单位的支持下，第一届中国环境社会学研讨会于2006年11月由中国人民大学社会学系承办，第二届于2009年4月由河海大学社会学系承办，第三届于2012年6月由中央民族大学社会学系承办，第四届于2014年10月由中国海洋大学法政学院承办，第五届将于2016年12月由厦门大学公共事务学院社会学与社会工作系承办。

为进一步推动我国环境社会学的制度化建设，中国社会学会环境社会学专业委员会于2012年6月决定，在每两年定期举办"中国环境社会学学术研讨会"的同时，定期出版《中国环境社会学》辑刊，作为中国社会学会环境社会学专业委员会的会刊（以书代刊）；辑刊编委会由环境社会学专业委员会推举，具体工作由中国环境社会学学术研讨会举办单位秘书处负责。自此以后，《中国环境社会学》辑刊每两年出版一次，用于遴选和收录近年公开发表的、在环境社会学领域具有代表性的学术论文。其中，《中国环境社会学》第一辑于2014年1月由中央民族大学社会学系负责编辑出版（主编：柴玲、包智明；中国社会科学出版社版），收录了

2007—2011 年公开发表的部分学术论文。《中国环境社会学》第二辑则于2014 年 9 月由中国海洋大学法政学院负责编辑出版（主编：崔凤、陈涛；社会科学文献出版社版），收录的是 2012—2013 年公开发表的部分研究成果。

受中国社会学会环境社会学专业委员会委托，《中国环境社会学》第三辑由厦门大学公共事务学院社会学与社会工作系负责编辑和出版，旨在遴选和收录 2014—2015 年的学术论文。承接任务后，我们在紧张筹备学术会议之余，迅速收集、反复研读了这期间公开发表的近百篇学术论文。在这一过程中，我们深切感受到学术研究的日新月异：在这两年中，我国环境社会学领域的研究成果不仅数量更多，整体看来，研究问题也更为突出，学术研究更为规范，特别值得欣喜的是出现了一批由学术新人发表的颇具含金量的学术论文。但与此相对应的，则是我们面临的论文遴选的难度加大。从控制出版成本的角度考量，我们需要用比以前两辑更为有限的篇幅出版本期辑刊。在这种情况下，要让辑刊能够尽量反映出这一时期我国环境社会学领域的研究现状，这对我们的论文选择工作确实提出了更大的挑战。为此，我们学院内几位从事环境社会学研究的老师，包括梁丹博士、卜玉梅博士和我们二位编者，围绕论文遴选事宜进行了多次讨论。我们遴选论文时追求的总体原则是坚持质量优先。具体准则包括：第一，优选考虑具有更多自身研究成分的论文，特别是理论研究类论文和实证研究类论文。第二，所选论文必须符合学术规范的基本要求，并具有比较明显的新意。第三，所选论文的作者应是社会学专业学者。我们发现有些其他学科的学者也发表了一些颇有社会学特色的学术论文，但鉴于本辑刊具有方便本学科同行进行学术交流的目的，这些论文被排除在遴选范围之外。第四，遴选时，适当参考文章发表刊物的层次和文章被引用量等学术指标。第五，为纳入更多作者，同一作者（含第一作者和第二作者）所选文章不超过 2 篇。

依据上述原则，并征得编委会和作者同意，我们最终得以收录 15 篇论文，分为四个单元。第一单元“理论研究与学科建设”收录 5 篇文章，反映了我国环境社会学领域几位有代表性的学者对环境社会学学科性质的思考、对环境社会学在国内外发展历程的梳理，或者对某些理论视角的研究。第二单元“环境意识与环境行为”是涉及国内外环境社会学研究的一个热点领域。由于篇幅限制，在为数众多的论文中，我们只挑选出3篇文章作为代表。这些文章要么对环境意识和环境关心等概念的界定、操作化和测量量表的本土化进行了探讨，要么以实证调查数据为基础，探讨了影响环境行为的诸因素。第三单元“环境抗争与环境运动”是我国环境社会学者关注的另一焦点领域，具有较强的现实意义。本单元收录的4篇文章分别从不同的角度研究了城乡环境抗争中的社会网络、政府应对机制和运动的发生机制，特别是互联网在其中的作用。第四单元“环境治理与绿色发展”指涉环境社会学研究一个新兴而重要的问题，即如何通过恰当的环境治理实现社会的绿色发展。与前面三个单元一样，所选的3篇文章显然无法囊括该单元丰富的研究议题，但所选文章分别探讨了环境与社会的复杂关系对环境治理的意涵、跨界环境风险治理的难题和对策，以及环境治理等因素对大气细颗粒物污染（PM2.5）的影响，这些足以为拓展我国环境社会学的研究视角提供有益的启示。

根据出版社的格式要求和前面两辑《中国环境社会学》形成的惯例，在不改动内容的前提下，我们对所收录论文进行了格式重排。同事卜玉梅博士在此过程中提供辛勤的协助，在此谨表谢意！此外，附录收集了2014—2015年环境社会学方向部分硕博士学位论文的基本信息。

由于自身能力和部分客观原因的限制，同期发表的很多优秀学术论文没有收录进来，在此谨请相关学者多加谅解。好在学术交流比较自由，一个研究是否被认同，主要取决于同行的评价，而不是取决于某一次是否被收录进论文集。从这个意义上讲，我们希望本期辑刊的出版对记录中国环境社会学的发展足迹，对推进同行间的学术交流有所裨益。

本期《中国环境社会学》被列入“公共事务文库”，其出版得到了厦门大学公共事务学院的资助。对此，我们深表感谢！谨向所有支持和帮助《中国环境社会学》第三辑出版工作的学界同人致以最诚挚的谢意！

编　者

2016年9月21日

目　录

第一单元　理论研究与学科建设

第二单元　环境意识与环境行为

第三单元　环境抗争与环境运动

第四单元　环境治理与绿色发展

第一单元

理论研究与学科建设

社会学视野中的生态文明建设*

包智明**

［摘要］　作为一项系统性工程，生态文明建设必须理顺与经济建设、政治建设、文化建设和社会建设之间的关系，特别要处理好中国与世界、生态系统与社会系统、城市与农村、西部地区生态环境保护与经济社会发展这四对关系。本文认为，理解中国与世界的关系是生态文明建设的重要前提，协调社会系统与生态系统的关系是生态文明建设的关键切入点，改变城市与农村的对立关系是生态文明建设的应有之义，理顺西部地区生态环境保护与经济社会发展的关系是生态文明建设的重要突破口。

［关键词］　十八大报告　生态文明建设　社会学　关系

党的十八大报告以较大的篇幅和独立的章节对生态文明建设的重要性、紧迫性和方向性做出了深刻阐述和战略部署，提出了建设美丽中国、实现中华民族永续发展的美好愿景。这一美好愿景的提出，接续了马克思主义生态文明思想的传统，标志着马克思主义中国化进入了一个崭新的境界和中国共产党作为执政党在发展理念上取得了新的重大突破。生态文明

* ［基金项目］国家社科基金重点项目“民族地区的环境、开发与社会发展问题研究”（编号：12AMZ009）；中央民族大学2011年度新增中央高校基本科研业务费专项资金资助项目（编号：MUC2011ZDKT08）。

** 作者简介：包智明，男，中央民族大学世界民族学人类学研究中心主任、教授、博士生导师。

建设是一个涉及多学科的议题，已引起广泛的讨论。本文将在认真解读十八大报告的基础上，从社会学的视角对生态文明建设做一深入反思。

一　生态文明建设的重要前提

从英国、美国、日本等发达国家的历史经验来看，生态环境问题始终与工业化与城市化相伴，似乎是现代化过程中不可避免的产物。中国自步入现代化轨道以来，生态环境问题如影随形，与作为现代化两翼的工业化与城市化的速度和程度密切相关。从表面来看，无论是发达国家，还是中国这样的发展中国家，生态环境问题都与现代性高度相关，与工业化和城市化的速度和程度紧密相连。但从生态环境问题衍生的动力机制来看，中西之间却有着深刻差异。西方发达国家的生态环境问题属于早发内生型，是西方国家自进入现代社会以后，人们在资本的驱动下借助于科学技术的力量不断征服自然、开采自然、掠夺自然而产生的生态破坏和环境污染。中国的生态环境问题在某种意义上却属于晚发外生型，其衍生与我国现代化的特殊路径和中国在世界体系中的地位有关，是外部压力向内转化而不断产生的力量所催发的。

晚清到新中国成立前，中国在世界体系中处于边陲地位，中国与世界的关系处于紧张状态，一直遭受发达国家的侵略和威胁。新中国成立后，我国在世界体系中的边陲地位并未得到根本扭转，依然面临着“落后就要挨打”的外部威胁。在此历史条件下，我国的现代化战略几乎始终将经济增长放在第一位，把快速增长作为目标追求，试图以较短的时间完成西方发达国家几百年才完成的现代化进程。在“追赶”思维的支配下，我国的经济获得了快速增长，同时也加剧了人口与生态环境之间的矛盾。[①] 在过分追求经济增长速度的同时却忽视或轻视了生态环境的保护，

---

① 包智明、陈占江：《中国经验的环境之维：向度及其限度——对中国环境社会学研究的回顾与反思》，《社会学研究》2011 年第 6 期。

从而导致生态环境问题在较短时间内集中爆发。另外，中国在世界体系中的边陲地位为发达国家的污染和公害输出提供了前提条件。作为发展中国家，我国的经济增长在某种程度上依赖于发达国家的投资。发达国家在向中国进行资本输出的过程中也将工业污染、公害问题等输入中国。不平等的世界体系为发达国家向发展中国家转移生态环境危机提供了结构性前提，而我国为了发展经济、缩小与发达国家之间的差距则被迫接受了这种强制性支配。从表面上看，我国的生态环境问题与我国长期以来重经济增长轻环境保护的经济政治体制有关，但这种体制的选择则根源于中国在世界体系中所处的边陲地位。

如上所述，我国的生态环境问题有着深刻的世界背景，是外部压力向国内转化而不断产生的力量所催发的。经过 30 多年的高速增长，我国的经济总量和综合国力跃居世界前列，在世界体系中的地位逐渐从边陲走向中心，我国曾经面临的“落后就要挨打”的外部威胁在很大程度上得到了缓解。这一结构性转变为我国的生态文明建设提供了重要前提。我国开始有条件、有能力从片面追求经济增长向经济增长和环境保护并重转变。这种转变事实上是对中国与世界二者关系的重构：一是我国的经济政治体制改革应充分考量世界体系转型所带来的战略机遇，改变过去重经济增长轻环境保护的制度取向，将资源消耗、环境损害、生态效益纳入经济社会发展评价体系，建立体现生态文明要求的目标体系、考核办法、奖惩机制；二是降低经济发展中对发达国家的依赖性，在引进外资过程中，提高环境准入门槛，严格执行环评审批制度，采用经济、技术和法律等手段最大限度地减少在利用外资过程中所产生的环境污染；三是在全球气候变暖和生态环境危机严峻的今天，作为一个正在崛起的大国，我国应积极参与全球生态保护和环境治理，与世界其他国家一道积极展开合作，为国内生态文明建设创造一个良好的外部环境。

总之，中国与世界的关系是理解我国生态环境问题的总体性框架，是我国生态文明建设的结构性前提。在生态文明建设过程中，必须正确认识和处理中国与世界的关系以及这种关系所蕴含的机遇和挑战。

二　生态文明建设的关键切入点

生态文明建设的关键切入点是处理好生态系统与社会系统之间的关系。所谓生态系统是指一个生物群落及其附近地理环境相互作用的自然系统，而社会系统则是由经济、政治、文化、社会等子系统彼此相依而形成的组织、制度体系。生态环境问题，其实质是社会系统对生态系统侵蚀和破坏所造成的客观后果，是二者关系紧张的外部表现。因此，生态文明建设的关键切入点就是处理好社会系统与生态系统之间的关系。

社会系统与生态系统之间的关系，简单地讲，就是社会与自然的关系。在社会与自然的关系上，我国的传统文化及其实践侧重于强调天人合一、中和位育。在我国传统文化中，自然占有重要的地位而且内在于人心和社会。所谓的天人合一、中和位育，主要强调人在自然面前应敬畏自然、尊重自然、顺应自然、保护自然而不是单向度地征服自然、改造自然甚至破坏自然。鸦片战争以降，国势颓弱，中国知识分子在救亡图存的努力中，将目光转向西方，试图通过引进西学来重新改造中国的思想文化，以实现自强的目的。在此过程中，西学逐渐瓦解了中学的知识体系和思想世界，我国在接受西方将自然与社会对立起来的思想的同时，却抛弃了中国传统的天人合一的价值观。[①] 由此带来的改变是，在我国的经济社会实践中，自然不再是敬畏和顺应的对象，而是需要征服和改造的客体，“向自然开战”“征服自然”“战天斗地”等单向度改造自然的强烈冲动不同程度地存在于各个历史时期，自然与社会的关系从曾经的相对和谐变得日益紧张。然而，自然从来不是外在于社会，而是内在于社会的一部分。生态环境危机向人类生存危机转换的这一事实无疑确证了自然与社会应是和谐统一的关系而非对立矛盾的关系这个朴素的道理。

---

①　费孝通：《试谈扩展社会学的传统界限》，《北京大学学报》（哲学社会科学版）2003 年第 3 期。

我国生态环境问题的生成与演变是社会系统不断侵蚀生态系统的过程。改革开放前，我国一度将社会系统与生态系统截然对立起来，“向自然开战”的直接后果就是生态环境的迅速恶化。改革开放以来，我国逐渐意识到生态环境保护的重要性。无论是发展理念的更新还是法律政策的调整，无不着眼和着力于生态环境的保护，但环境危机却依然严峻，甚至出现了局部地区的生态环境日益恶化的状况。出现这种状况的原因在于，我国经济、政治、文化、社会等子系统追求的目标在很大程度上寄生于生态系统中，所谓的生态环境保护出现了“文本规范”与“实践规范”的分离。[①] 这种分离导致我国生态文明建设出现了一个悖论：一方面强调生态环境保护，另一方面却出现了生态环境日益严峻的态势。化解这种悖论必须重新调整社会系统与生态系统之间的关系。十八大报告正是着眼于生态系统与社会系统之间的关系调整，深刻指出生态文明建设与经济建设、政治建设、文化建设、社会建设之间是五位一体、彼此相融的关系。生态文明建设不是外在于经济建设、政治建设、文化建设和社会建设，而是必须融入和嵌入经济建设、政治建设、文化建设、社会建设的各方面和全过程。

当前我国的社会系统与生态系统之间存在诸多矛盾冲突，其根源在于经济、政治、文化和社会等子系统均将生态系统作为实现各自目标诉求的对象而忽略了对生态系统的尊重和维护。因此，加强生态文明建设必须重新调整社会系统与生态系统的关系，从经济、政治、文化和社会等子系统入手进行改革、调整或重构，使之与生态系统相协调。具体说来，一是将生态文明建设的深层理念渗透到经济政治体制的改革之中，化解社会系统与生态系统的潜在紧张，为生态文明建设提供有力的制度保障；二是在社会文化上，大力倡导尊重自然、顺应自然、保护自然以及适度消费、低碳生活的文化理念，积极培育民间环保组织，提升公民的环境意识和维权意识等，为生态文明建设提供有力的社会文化支撑。

通过经济、政治、文化和社会等子系统的改革、调整或重构，增进社

---

① 陈阿江：《文本规范与实践规范的分离》，《学海》2008 年第 4 期。

会系统与生态系统的关系和谐是生态文明建设的关键切入点，也是生态文明建设面临的最大困难。

三 生态文明建设的应有之义

长期以来，我国生态文明建设忽略了环境正义这一伦理维度。环境正义从根本上是一个社会公平问题，既包括代与代之间、群体之间在环境权利的享有与环境义务的承担上的平衡，也包括环境问题的制造者与受害者的同一性和重叠性。当前我国环境不正义的最突出表现就是在生态环境的破坏过程中一部分人从中受益而恶果却由另外一部分人承担。农村生态环境问题是我国环境不正义的集中体现，而改变这种不正义必须处理好城市与农村的关系。

我国农村的生态环境问题包括两个方面：生态破坏和环境污染。前者主要表现为水土流失、森林植被覆盖率降低、生物多样性减少等方面，后者则主要表现为水资源、土壤、空气等遭到化肥、农药、工业“三废”的污染。环境污染又可分为内源性污染和外源性污染。内源性污染指的是农业生产和农民生活所造成的污染，主要包括化肥、农药、农用塑料、畜禽养殖等土壤、水体、空气、农产品等造成的污染；外源性污染则是农民之外的社会主体通过各种方式向农村转移污染或对农村环境造成的污染。从我国公布的权威数据可以看出，改革开放以来，农村的生态环境问题无论是生态环境破坏还是环境污染均呈日益严峻之势，尤其是城市向农村转移污染的现象最为突出。《1991 年中国环境状况公报》披露，全国遭受工业污染和城市垃圾危害的耕地面积达 1000 万公顷，农村地区恶性肿瘤死亡率在总死亡率中的比重逐年增加，呼吸系统疾病成为农村地区居民的首位死亡原因，而大气污染是呼吸道疾病的主要诱因之一。自此以后，每年的“中国环境状况公报”都明确指出以城市为中心的环境污染不断向农村转移和蔓延的现象。

近年来，无论是经济发展理念的不断更新、环境保护法律政策的不断完善抑或环境治理经费的不断增加，都表明我国政府在生态文明建设方面做出了巨大的努力。这种努力从整体上改善了我国的生态环境，但在局部尤其是农村地区的生态环境则表现出日趋恶化之势，而导致农村生态环境恶化的重要原因在于城市不断向农村转移污染。城市污染之所以能够向农村转移，其结构原因与中外关系相似，就是城乡二元结构失衡形成的内部中心—边陲关系。20 世纪 80 年代以来，我国的城市环境问题逐渐得到重视，各城市普遍开展了环境综合整治工作，通过产业结构调整，环保技术升级，环境严格管制，对重污染企业实施关、停、并、转、迁等措施，逐渐改善了城市生活环境，缓解了城市环境危机。与此相应的是，为了追逐高额利润，逃避城市环境问题的严格管制，一些高污染、高能耗企业纷纷从城市向农村迁移。在县、乡（镇）级政府招商引资的推动下，污染企业向农村转移的速度不断加快，规模日益扩大，导致农村环境急剧恶化。在此过程中，由于城乡之间存在较大的经济社会差距，基层政府和农民为了实现各自的目标追求而自觉不自觉地与污染企业达成了共谋，这为污染企业向农村转移提供了相应的社会基础。城市向农村转移污染不仅违背了环境正义原则，而且会影响到生态文明建设的最终成效。

因此，生态文明建设应将环境正义作为基本原则之一。农村环境问题的解决不能就农村谈农村，必须跳出农村，从城乡关系的框架理解和解决。当前我国的农村环境问题在很大程度是城乡二元分割的制度设置造成的。因此，生态文明建设必须改变城乡二元分割的制度设置以及由此衍生的观念、举措：一是在制度设置上，彻底改革城乡二元分割的管理体制和制度体系，赋予城乡居民完全平等的国民待遇；二是在环境保护中，改变过去先城市后农村、重城市轻农村的错误观念及其实践，完善最严格的耕地保护制度、水资源管理制度；三是在农村工业化过程中，根据各地区的主体功能定位，构建科学合理的农业发展格局和农村工业布局，通过实施严格的环评制度防止污染企业从城市向农村转移。

四　生态文明建设的重要突破口

西部地区既是我国自然资源较为丰富的地区，也是少数民族聚居的地区。西部地区具有丰富的自然资源，但其生态环境较为脆弱，水土流失、荒漠化等问题较易发生。由于自然、历史和社会等复杂因素的影响，西部地区的经济社会发展长期落后于东部和中部地区，尤其是东部与西部之间的经济社会发展严重失衡已经成为影响我国现代化战略整体推进的重要因素，在某种程度上也影响到我国的社会进步、民族团结和边疆稳定。因此，大力推进西部地区的经济社会发展是我国必须作出的重大战略选择。自2000年实施西部大开发战略以来，西部地区的经济社会基础不断夯实，经济增长速度显著提高，基础设施建设明显改善，人民生活水平不断提升。西部大开发在取得巨大成就的同时，西部地区的生态环境问题也呈整体恶化的态势。

西部地区在生态环境保护与经济社会发展之间呈现出的巨大张力，为我国生态文明建设提出了新的挑战。西部地区作为我国资源开发、生态建设和环境保护的首要区域，能否及时有效地处理好生态环境保护与经济社会发展之间的关系，不仅关乎西部地区的社会经济发展水平和各族人民的生活质量，而且关乎国家的生态安全、民族团结和社会稳定大局。

实践表明，西部地区生态环境保护与经济社会发展之间的矛盾在某种意义上较之东部地区更为复杂和严峻。从全国层面来看，在生态环境保护与经济社会发展之间，无论是东部、中部抑或西部地区都面临着资源开发、工业发展与生态环境保护之间存在不同程度的冲突的困境，都存在着整体利益格局、宏观政策要求与局部利益、地方自主发展需求之间的矛盾。然而，西部地区作为自然资源丰富、少数民族聚居的欠发达地区，在生态环境保护与经济社会发展之间有着东中部地区所不具有的矛盾。这个矛盾涉及环境保护、资源开发过程中的“内外关系”问题。在当前西部地区的资源开发过程中，一直存在外来开发主体与当地居民、组织之间的关系协调和利益均衡问题。这一方面我们要求地方严格保护生态环境、减少掠夺性开发行为，但另一方面外来主体又不断进入西部地区、进行大规模开发，这就容易产生由西部地区相关主体参与不足或开发获益分配不公而导致的内外关系冲突甚至是民族矛盾。[①] 西部地区的环境保护也同样存在内外矛盾。如果说，西部地区的经济社会发展主要由外部力量主导、民族传统文化被视作贫穷文化的话，那么，自21世纪初开始的生态环境保护潮流中，强大的外部力量以科学为工具，再次把当地居民及其传统文化排除出去，从而把西部地区的经济社会发展、生态环境保护与当地人割裂开来。

现有情况表明，西部地区的生态环境问题既有与东中部地区一样的共性，也有其特殊性，是我国现代化过程中生态环境保护与经济社会发展所内含的矛盾和冲突最集中、最剧烈的交会点。显然，如何处理好二者之间的关系不仅是我国生态文明建设的当前任务之一，也是我国生态文明建设的重要突破口。西部地区的生态环境建设必须作为发展进程的一个整体的组成部分，既不应脱离这一进程来考虑，也不能与当地的政治、经济、社会和文化相割裂。[②] 在推进西部地区经济社会发展的过程中，应按照人口资源环境相均衡、经济社会生态效益相统一的原则，控制开发强度，加强自然修复，实施重大生态修复工程，增强生态产品生产能力，推进荒漠化、石漠化、水土流失综合治理，建立健全生态补偿制度、生态环境保护责任追究制度和环境损害赔偿制度。

党的十八大报告将生态文明建设提高到前所未有的高度，对生态文明建设提出了新思路、新举措、新要求，为我国生态文明建设奠定了坚实的思想基础，提供了重要的政治契机。应该看到，生态文明建设将是一个攻坚克难、永无止境的系统性工程。作为一项长期而艰巨的系统工程，我国的生态文明建设面临着复杂的情势和挑战，需要理顺与经济建设、政治建

---

① 王旭辉、包智明：《脱嵌型资源开发与民族地区的跨越式发展困境——基于四个关系性难题的探讨》，《云南民族大学学报》（哲学社会科学版）2013年第5期。

② 包智明：《从多元、整体视角看西部的生态与文化保护》，《中国社会科学报》2010年4月13日。

设、文化建设和社会建设的关系，特别要处理好中国与世界、社会系统与生态系统、城市与农村和西部地区生态环境保护与经济社会发展这四对关系。我们认为，理解中国与世界的关系是生态文明建设的重要前提，协调社会系统与生态系统的关系是生态文明建设的关键切入点，改变城市与农村的对立关系是生态文明建设的应有之义，理顺西部地区生态环境保护与经济社会发展的关系是生态文明建设的重要突破口。

［原文载于《内蒙古社会科学》（汉文版）2014 年第 1 期］

环境社会学的研究与反思[*]

洪大用[**]

[摘要] 本文从环境问题研究的社会学视点出发，概述了环境社会学的内涵与发展，指出中国环境社会学研究应当在方法论上坚持整体的、历史的、辩证的和实践的分析视角，围绕中国转型社会的运行逻辑，揭示社会与环境互动的复杂机制，深入探讨多样化环境问题形成的具体社会过程、社会影响和社会及其成员的反应状态与模式；继续深化公众环境意识与行为的调查研究；重视环境信息传播及其效果的研究；重视公众参与类型和过程的研究；关注发展的社会影响评估和复合型环境治理政策研究，以推动中国环境社会学的快速、健康和持续发展，并为中国环境治理和生态文明建设实践做出具有自身学科特色的突出贡献。

[关键词] 环境社会学 环境治理 中国

21 世纪以来，中国环境社会学发展非常迅速，涌现了比较丰富的研究成果，与其他环境社会科学相比的差距也在不断缩小，其在中国社会学学术社区中的地位也日益彰显，但是仍有持续改进的很大空间。本文围绕

---

* 本文基本观点曾在南京大学和南京工业大学的相关机构联合举办的“环境问题演变与环境研究反思：跨学科的交流”小型学术研讨会（2013 年 12 月 21—22 日）上发表。本文是基于发言提纲和会议录音改写完成的。本文也是笔者主持的教育部人文社会科学重点研究基地项目（13JJD840006）的阶段性成果。

** 作者简介：社会学博士，中国人民大学教授，环境社会学研究所所长，社会学理论与方法研究中心副主任。

环境问题与社会学、环境社会学的发展状况、环境社会学的再思考、环境社会学的研究议程等，对中国环境社会学的发展作出进一步的思考。

一　环境问题的社会学视点

环境问题是个跨学科的问题，自然科学、工程技术学科、人文社会科学的分析视角不同，即使是在社会科学内部，经济学、政治学与社会学的视角也是不一样的。

如何理解社会学呢？一般而言，社会学是一门对人类行为与社会系统进行科学研究的学问，在方法论上注重整体性与综合性视角。笔者认为，社会学与经济学的一个很大区别在于对人的假定不同：经济学强调理性人，这种“人”在一定程度上是一个抽象的人；而社会学强调的是现实的人，也就是“人”总是生活在特定制度、文化与社会结构中的人，是具体的、现实的，社会制度与文化环境塑造了人的行为乃至思想与观念。由此，要理解人的行为与观念就必须研究社会文化与制度安排。因此，从社会学的角度来分析环境问题，可以有以下几个最基础的视点。

一是人与人之间是存在社会差异的，社会学非常关注这样一种事实。虽然人在生物意义上具有共性，我们可以用“人类”或者“人口”这样的概念来指称个体的集合与存在，并分析其演变发展的规律性，但这样明显不是社会学的特色。社会学更加关注人的社会角色差异，并进而关注社会规范、社会制度、社会结构和社会文化的差异。社会学看到的人不是孤立的、抽象的人，而是嵌入在社会关系网络中的承担着具体社会角色的现实的人，比如城里人、乡下人，工人、农民，企业家、干部，富人、穷人，上海人、北京人，等等。所以，社会学在分析人类行为与环境之间关系的时候，不是简单地分析人类行为的共同性，借用“人类中心主义”之类的概念，而是更加关注人与人之间的行为差异及其社会机制。

二是人与人之间的行为差异具体表现为社会角色要求的差异，是特定的社会制度与文化环境所塑造的。人并非天生地具有人类中心主义或者生态中心主义倾向，也不是天生地要破坏环境或者保护环境。人的行为都是后天习得的，都是在具体的社会处境中作出的行为选择，一般具有社会合理性，而不是简单地由个体理性所决定。在日常生活中，我们可以观察到一些人、一些组织在破坏环境，而且他们也知道是不对的、有害的，但是仍然要继续其行为。这种现象就不能仅仅从所谓个体理性、价值主张的角度去解释了，需要深入分析不同的人所处的社会情境以及塑造这种情境的社会动力。

三是人类社会与环境关系之间的失调所导致的环境问题，在本质上不是一个人的“德行”问题。社会学的这样一种视点和分析路径，恐怕与哲学不同，它基于前述对于现实的人及其行为的假定。虽然不能否认人性善、人性恶或者自私、无私等德行与人的实际行为可能有着一定关系，但是社会学更加看重特定的人所处的特定社会情境，个人思想观念上的自觉与正确并不一定直接导致实际行为方式的改变。笔者多年从事公众环境意识与行为的调查研究，发现意识与行为之间总是存在着很严重的脱节现象。社会学更加注重结构性制约，更加注重分析人们行为背后的制度因素。实际上，一些设计良好的制度可以遏止坏人使坏，而一些设计不好的制度却会使好人也变成坏人。关注制度结构分析也许能够更好地促进环境保护行为。

四是环境问题具有社会建构性。虽然我们同处一个地球，地球上的空气、淡水、土壤、森林、矿产等资源都是有限的，如果这个地球的资源被耗竭、环境空间被挤占，人类社会就将面临崩溃，这正是生态危机的实际意涵。种种科学证据也表明，这种意义上的环境问题具有客观性、严峻性。但是，世界毕竟不是平衡的，世界各国各地区的社会经济发展并不均衡。即使是在一个国家或地区内部，社会成员分布在不同的区域、面对不同的环境状态、处在不同的社会空间位置上、秉持不同的价值主张，其对什么是环境问题、什么不是环境问题以及优先解决何种环境问题的看法也是不一样的。比如，芝加哥的垃圾污染与北京市的雾霾有什么关系呢？北京人肯定不会首先去关注解决芝加哥的垃圾污染问题。在此意义上，特定环境问题的呈现也是一种社会建构的结果，社会学非常关注这种社会建构的过程、机制与社会影响。进一步而言，社会学者虽然不否认整体环境问题的客观性、严峻性，但是更加关注在什么地区什么人以什么方式讨论什么样的环境话题，这种讨论又有何影响。事实上，社会学者的优势也正在于此。

二　环境社会学的发展状况

关于环境社会学这门学科的发展状况，可以分四个要点来讲，即"三种学科定义""五个发展阶段""三个核心议题"和"三大中心区域"。

首先是关于环境社会学的学科定义。笔者把它概括为三种观点：第一种观点认为环境社会学就是用社会学的理论和方法来研究环境问题。这是一种最基础的也是最为"实际"的定义，因为大多数自称环境社会学的学者实际上都有意或无意地选择了这样一种路径开展环境问题研究，由此积累的知识主要是社会学知识，环境社会学因此也是依托于传统社会学母学科的一门分支学科。不过这样一来，环境社会学者更多地认同自己是一个社会学者，除了环境问题之外，他（她）也有可能随时转向其他问题的社会学研究。

第二种观点是比较激进的，试图颠覆传统社会学乃至整个社会科学的研究范式，主张基于环境对社会系统的决定性影响以及环境与社会之间的互动关系来重塑传统社会学研究，因此它将环境社会学的英文名称确定为"Environmental Sociology"。这种意义上的环境社会学与美国社会学家邓拉普（R. E. Dunlap）等人是密切相关的，他本人因此也被认为是环境社会学的重要奠基者之一。[①] 邓拉普等人所倡导的环境社会学，直接反对传统社会学的人类中心主义倾向，指出传统社会学中虽有很多的理论流派，但

---

① See W. R. Jr. Catton and R. E. Dunlap, "Environmental Sociology: A New Paradigm." *American Sociologist*, No. 13, 1978; R. E. Dunlap and W. R. Jr. Catton, "Environmental Sociology." *Annual Review of Sociology*, Vol. 5, 1979.

都是万变不离其宗，都带有明显的人类中心主义色彩，整个社会学就是所谓进步、发展、现代化的代言人。他们认为，面对日益严峻的环境危机和增长的极限，必须对传统社会学进行彻底改造，使之关注社会系统的生物物理限制，而改造后的社会学就必须是“环境社会学”。虽然今天的事实表明，邓拉普等人对传统社会学的颠覆效果是有限的，但是，我们不得不承认，在国际学术界，环境社会学产生重要影响并被确立为一门独立的分支学科，正是与邓拉普等人鲜明的价值主张和强烈的批评态度密切相关的。邓拉普等人的立场已经成为环境社会学者的身份符号，对于凝聚研究者、巩固学术社区有着重要意义。

第三种观点则是把环境社会学定义为研究环境与社会关系的一个社会科学群，实际上相当于“环境社会科学”。在国外，欧洲（特别是荷兰）的环境社会学似乎就是非常强调社会科学对于环境议题和环境政策的跨学科研究。国内学者左玉辉、肖显静等，大体上也是这样理解环境社会学的，这从他们主编的教材中可以看出来。[①] 很明显，这样一种对于环境社会学的理解，实际上严重忽视了该学科的专业性和独立性。

在以上三种关于环境社会学的学科定义的观点，笔者倾向于赞成第一种观点，一方面是为了强调环境问题研究的社会学特色；另一方面，在中国社会学的恢复重建过程中，并没有忽视环境资源因素对于社会运行和发展的重要影响。第二种观点所针对的人类中心主义主要是体现在西方社会学中，尤其是早期渴望确立独立学科地位的过程中，社会学家们也许是刻意回避了环境因素的重要影响。今天的社会学家没有理由实际上也不可能再无视环境因素对于社会的影响以及环境与社会系统之间的复杂互动了。

其次是关于环境社会学的发展阶段。从世界范围来看，笔者把它分为五个阶段。第一阶段是从社会学产生到20世纪70年代，这个阶段可以说是环境社会学的史前阶段。虽然没有明确意义上的环境社会学学科，但是，一方面社会学的发展为环境社会学奠定了一些思想、理论和方法的基础；另一方面，也确实出现了一些关于环境问题和自然保护的经验研究。

---

① 参见肖显静《环境与社会——人文视野中的环境问题》，高等教育出版社2006年版；左玉辉主编《环境社会学》，高等教育出版社2003年版。

第二阶段是整个20世纪70年代。这个阶段可以说是环境社会学学科的确立阶段。随着环境问题和生态危机引起全球关注，不仅相关的调查研究不断增加，而且像邓拉普等人明确倡导发展专门的环境社会学学科，其标志性事件就是卡顿和邓拉普1978年发表了一篇题为Environmental Sociology：A New Paradigm的文章，并在1979年的美国社会学年评中再次撰写专题文章。[①]

第三个阶段是20世纪80年代。随着新自由主义思潮在欧美的盛行，环境保护思潮在一定程度上遭受抑制，美国政府的态度也发生了变化，环境社会学的研究空间和可用资源都比较有限。相对于70年代的勃兴，整个80年代环境社会学学科一直比较低迷，以至于一些人开始退出这个圈子，但是依然有一些中坚力量在坚守，他们从更加深入的反思与交流中推进环境社会学学科的发展。

第四个阶段是20世纪90年代。随着全球气候变暖议题进入公众视野，全球性的环境变化再度抓住人们的眼球。联合国在1992年召开的环境与发展大会，更是将环境议题提到了新的高度，学术界对于环境问题的研究热情再度被点燃，环境社会学在学术共同体中也得以迅速发展。特别是，在此阶段，区域性的环境社会学研究已经开始向全球扩散了，例如北美的环境社会学扩散到欧洲、东亚等地，日本的环境社会学研究也引起了欧美和中国的关注。国内早期介绍西方环境社会学的两本教材都是在90年代末期出版的。[②]

21世纪以来，可以说是环境社会学发展的第五个阶段。这个阶段有两个重要现象值得关注：一是一些发展中国家在发展过程中造成的国内、国际层面的生态环境影响受到了广泛关注，特别是西方环境社会学者的关

---

① See W. R. Jr. Catton and R. E. Dunlap, "Environmental Sociology: A New Paradigm." *American Sociologist*, No. 13, 1978; R. E. Dunlap and W. R. Jr. Catton, "Environmental Sociology." *Annual Review of Sociology*, Vol. 5, 1979.

② 参见［美］查尔斯·哈珀《环境与社会——环境问题中的人文视野》，肖晨阳等译，天津人民出版社1998年版；［日］饭岛伸子《环境社会学》，包智明译，社会科学文献出版社1999年版。

注，他们中的一些人开始研究中国、印度、巴西、南非、越南等新兴工业化国家的环境问题与环境治理；二是环境治理的全球化进程日益加速，特别是信息技术的快速发展，不仅改变着环境信息的传播方式，也对各国环境治理的条件与模式选择有着重要影响。在此阶段，全球合作解决环境问题变得更加迫切，同时也更加艰难。与此同时，全球性的环境社会学社区也在不断扩大和深化，其中，中国环境社会学的快速发展也是本阶段环境社会学发展的重要组成部分。

再次是关于环境社会学的核心议题，主要是环境问题的社会原因、社会影响以及社会反应，大致上是对应于环境问题自身的社会性发展的三个阶段，也与环境社会学学科发展的第二阶段到第四阶段相对应。

在 20 世纪 60 年代末 70 年代初期，当环境问题凸显在公众面前时，人们最关心的是它们因何而生，所以学术界的一个核心关切是解释环境问题的社会原因。最初是从人口增长、技术进步方面找原因，后来又考虑到生活消费因素，再进一步发展出人类生态学的理论解释以及制度层面政治经济学解释、世界体系理论解释等，都在试图解释环境问题产生的复杂的社会动力机制。

到了 80 年代，学者们在继续探讨环境问题的社会原因的同时，又更加呈现了一个新的核心议题，这就是环境问题作为一种外部变量，对社会系统有什么样的影响？这里包括了两个方面以及相应的两个主要的理论解释：一是环境危害或风险的社会分配问题。是不是社会成员均匀地承受了这种危害或者风险呢？社会学的研究表明不是这样，一些人比另外一些人可能更多地被暴露在环境风险之中，比如美国大多数垃圾处理设施是建在黑人社区附近的。由此，学者们提出了环境公正理论。二是环境问题是否会直接地激起社会系统的真实反应？也就是说，是否所有的环境问题都能够像照镜子一样被社会系统照下来？社会学的研究表明也非如此，社会系统对于环境问题的传导是选择性的，有些问题被关注并进入政策议程，有些问题则被长期漠视。由此，社会学家们提出了社会建构理论来解释环境问题的差异化的社会影响及其社会机制与过程。

在历经七八十年代之后，环境问题在一定程度上已经被广泛接受为一种客观的社会事实，简单的盲目乐观或是悲观都无济于事，各国各地区面临的急迫问题是如何改善现实的环境状况或者如何总结环境治理的经验并加以推广。虽然在新的阶段对于环境问题之社会原因与社会影响的研究仍在继续，但是，第三个核心议题——社会反应——呈现出来，并且出现了影响广泛的一些理论模式，例如生态现代化理论、风险社会理论等。生态现代化理论反驳早期关于环境问题的激进的、悲观的社会理论解释，坚信现代性可以朝着有利于保护生态环境的方向转化，而且事实上这样一种进程已经在西欧一些国家和地区发生了，并且具有全球推广的价值。风险社会理论则提供了人们看待现代社会发展的另一种视角，强调传统现代性发展与全球风险社会之间的某种必然联系，主张重塑风险（包括环境风险）管理体制与机制，推进反思性现代化。虽然这些理论仍在发展之中，但是已经产生了比较广泛的影响。

概括而言，环境社会学的核心议题就是环境问题的社会原因、社会影响以及社会反应行动。环境社会学的主要理论都是围绕这些议题的。

最后是环境社会学研究的中心区域。这个中心区域是在发展变化的，也不是只有一个中心区域。根据笔者的了解，在全球范围内有三个中心区域的环境社会学研究比较发达。一是北美，特别是美国，这是环境社会学学科的诞生地，有一个规模较大的、学科意识很强的学术群体，也有一些学术杂志和定期的学术会议，孕育了人类生态学、政治经济学、社会建构论、环境公正论、世界体系论等重要的理论流派。

二是西欧，尤其是荷兰，也包括英国和德国等国家。其中，荷兰瓦赫宁根大学（Wagenigen University）是个学术重镇，该校环境政策系的首席教授摩尔（Arthur Mol）是环境社会学的著名学者，曾经担任国际社会学学会环境与社会研究委员会主席。可以说，他已经创建了一个以生态现代化理论为中心的环境政策学派，对环境治理进行了广泛的研究，包括对中国环境治理的研究，也在国际上产生了广泛的影响。而德国社会学家贝克（Ulrich Beck）和英国社会学家耶利（Steven Yearley）则对社会建构论、风险社会论做出了重要贡献，也被应用于环境社会学研究中。

三是日本，一个比较特殊的环境社会学社区，其环境社会学会有600名注册会员，据说是该国社会学社区中最大的学术团体。该国环境社会学具有三大特色：在本国社会学研究中诞生，直面本国环境问题，发展本土性的理论解释。有的研究者已经总结指出：日本的环境社会学已经积累了受益圈—受害圈理论、受害结构论、生活环境主义、社会两难论、公害输出论和环境控制系统论等理论流派。若从研究时间上看，日本的环境社会学可以追溯到20世纪50年代，但是成长为一门独立学科也是在20世纪70年代末80年代初。①

当然，世界其他地方也有不少学者从事环境社会学研究，比如澳大利亚、巴西等地，其中澳大利亚学者在资源使用和管理方面的社会学研究也有重要影响。澳大利亚国立大学的洛基（Stewart Lockie）就是现任（2010—2014）国际社会学学会环境与社会研究委员会主席。随着中国环境问题与环境治理的发展，中国环境社会学成长也很快，相信未来会成为一个新的研究中心区域。

三　环境社会学的再思考

围绕环境社会学的学科现状，笔者觉得有必要对该学科做出进一步的反思，以期更加明确该学科的复杂性和发展路径。我们可以从字面上将“环境社会学”做一个三分：环境、社会、学，并进一步探究什么意义上的“环境”、什么意义上的“社会”、什么意义上的“学”及其对环境社会学学科建设的启示。

首先，当我们讨论环境社会学时，似乎假定了一个具有共识的“环境”概念，那就是人类社会生存和发展所依赖的生物物理环境，这样一个“环境”出问题了，影响了人类社会的良性运行和协调发展，所以要去探究其社会原因、社会影响和社会应对之策，由此形成环境社会学的研究内容。然而，深入思考一下，“环境”的概念其实有着很丰富的内涵，

---

① 参见包智明《环境问题研究的社会学理论——日本学者的研究》，《学海》2010年第2期。

具有多重的含义。作为社会学的分支学科，环境社会学更应该关注“环境”内涵的差异性、变动性以及社会性，要体现社会学对于环境的认识和解构，而不能停留在对“环境”概念的抽象认识和使用上。

事实上，“环境”概念是可以从多个维度去认识和理解的。最基本的，我们应该认识到“环境”是一个大的概念。阳光、空气、土壤、河流、山川、海洋、动物、植物等，都是环境的构成要素，甚至衣食住行的物质层面也可以说是环境的内容。更进一步，即使是空气、水，也是有不同成分的。现在，中国空气和水质监测的主要指标是二氧化硫、氮氧化物、氨氮、化学需氧量。从这些指标看，全国排放总量都是在持续减少的。但是，以 PM2.5 所导致的雾霾为特征的空气污染，依然是一个全民所关注的大问题。我们应该清楚，影响人们日常生活的环境问题，往往是具体的水污染、空气污染、垃圾污染、生态破坏等，甚至还可以细分是什么样的污染、什么样的破坏。不同类型的环境问题，其原因并不一定相同，这是我们在研究时需要重视的，特别是我们期望提出一般性的理论来解释环境问题，需要十分谨慎。在另外一个层面，“环境”也是一个发展性的概念。我们今天对于环境内涵的认识，与农业时代、狩猎时代的认识是不同的，环境自身也在发生变化，其中包括随人类活动的加剧而不断发生的种种变化。把握环境的发展性内涵，有助于我们区别不同的环境问题类型，也有助于我们开展适当的社会学分析。

如果进一步思考，我们还可以发现环境是具有空间维度和社会维度的。就其空间维度而言，小到居家环境、社区环境，大到区域环境、全球环境乃至星际环境，不仅有着不同的内涵，而且其对于人们的日常生活，意义也是不同的。或许南极上空的臭氧层空洞对于地球环境安全确实是一个威胁，但是今天的北京人明显是更加关心雾霾问题，黄土高原上的农民也许更关注雨水和水土流失问题，沿海的渔民可能更关注可捕获量的问题。作为社会学的分支学科，环境社会学也许在经验研究层面应该更多地关注具体空间中的环境问题，或者更加明确自己的研究对象。事实上，有的学者认为环境社会学过于关注大尺度的环境问题，实际上是关注被建构的环境整体性风险，因此特意区分了环境社会学与资源社会学两种研究类型。就环境的社会维度而言，社会学者更应该给予更多的关注和研究。由于文化、制度、阶层地位等的差异，不同社会成员对于特定环境的认知和感受并不一定是完全相同的，其中包括了一些极端敏感人群，也不乏一些所谓“麻木不仁”的人。因此，研究环境社会学，不能简单地假定所有人的心目中有一个共同的“环境”或者“环境问题”，对于不同人群环境认知和环境关心差异的研究应是环境社会学研究的重要内容，甚至是其研究的基础。这样说不仅是分析意义上的，也是规范意义上的。

其次，环境社会学者在做研究时应对社会有一个清晰的自觉，要明白研究的是什么样的社会与环境之间的关系。虽然我们可以抽象地讨论环境与社会关系，但这不应该是环境社会学的主要特点。作为一门经验性学科，环境社会学应该更为关注具体社会与具体环境之间的关系。

今天我们使用“社会”的概念已经习以为常。但是，中文里的“社会”这个词是从外面移植的，我们把英文 society 翻译为“社会”，把“sociology”翻译成“社会学”，一门关于社会的学问。但是，根据钱穆先生的观点，如果简单地用西方社会学眼光来看待中国社会，就是“强异以为同，其不能深入了解往昔中国社会之真相，殆无疑义”[①]。在一定意义上，可以说中国没有与西方同样意义上的“社会”，西方所谓“社会”是建立个人和个人权利基础上的，群己界限十分明确。中国的传统是集体主义取向的，家庭、家族是社会的基础单元，个人以及个人权利的界定并不明确。这在很大程度上，直到今天仍有传统的延续。如果不考虑这些内涵上的差异，将“社会”进一步看作人群的集合及其生活形态，那么我们在分析社会与环境之间关系时至少应该注意三点。

一是社会的人口数量差异。不同规模的人口对于资源环境的需求和影响是明显不同的。英国工业化时期的人口规模是 1000 多万，美国工业化时期的人口规模是 2000 万—3000 万，日本也只是在 3000 多万人口的基础上推进工业化的。中国在超过 13 亿人口的条件下推动工业化，其所引发的环境与社会之间的互动，可以说是史无前例的，以前一些小规模国家

---

① 钱穆：《略论中国社会学》，《现代中国学术论衡——钱穆作品系列》，生活·读书·新知三联书店 2005 年版。

的经验的借鉴价值是非常有限的。

二是社会是有时空限制的，或者说任何社会都处在特定的时空条件下。时空条件不同，社会状况不同，它与环境之间的关系状态也就不同。很明显的是，地球上温带与寒带的社会与环境之间的关系模式是有差异的，狩猎采集时代社会与环境的关系是区别于农业时代的，而农业时代社会与环境的关系则与工业时代有显著不同。即使是在工业时代，在工业化的不同阶段，社会与环境之间的关系也有所不同。经济学家为此还提出了所谓的“环境库兹涅茨曲线”（Environmental Kuznets Curve，EKC），指出环境质量与人均收入水平呈现倒U形曲线关系。[①] 进一步而言，随着经济全球化的深入推进，当今世界各地的社会越来越摆脱了彼此隔绝、隔离的状态，全球一体的社会形态正在出现。在这样一个时代，社会与环境之间的关系更为复杂。

三是社会文化、制度安排以及阶层结构的差异。不同的文化，比如基督教文化与儒家文化，其对人与环境关系的看法不一定相同。不同的制度安排，比如相对集权的再分配的政治经济体制与强调个人自由和市场交换的政治经济体制，对于环境的影响和反应也不尽相同。而不同的社会结构也应该影响着社会与环境的关系，一个充斥着社会不公、缺乏社会互信和共识的社会，其应对环境风险的能力无疑是很脆弱的。

因此，环境社会学应该特别关注对于具体社会与具体环境之间关系的经验分析。研究中国环境与社会，就要看中国人口、社会发展阶段和发展模式、文化传统、阶层结构等与中国特定的环境条件之间的互动。考虑到中国幅员辽阔，还应该更进一步地根据不同地区的情况开展具体分析。当然，这样说并不是简单否定对于环境与社会关系进行抽象的理论思考的重要性，只是更加突出了社会学的经验性要求。

最后，环境社会学的健康发展还应该关注“学”的问题，也就是怎样看待环境社会学作为一门学问？如何把握环境社会学的学术取向？

---

① 有关EKC研究的综述可参见张学刚《环境库兹涅茨曲线理论批评综论》，《中国地质大学学报》（社会科学版）2009年第5期。

不同的学者对于社会学的学术取向有着不同的理解。比如，美国学者麦可·布洛维（M. Burawoy）就把美国的社会学分为四类，即专业社会学、政策社会学、公共社会学和批判社会学，主要是根据社会学者所创造的知识类型和所面对的听众类型来划分的。其中，专业社会学和批判社会学面对的听众是学术界的，政策社会学和公共社会学面对的听众是学术界之外的；专业社会学和政策社会学创造的属于工具性知识，批判社会学和公共社会学创造的是反思性知识。①

从方法论的角度看，大体上可以说，学术界公认存在三种取向或三个流派的社会学，即实证主义社会学、理解主义社会学和批判主义社会学。实证主义社会学的核心特点可以说是受科学主义的影响，试图运用可操作的程序获取客观的资料，以证实或证伪某种社会现象，揭示社会现象背后的所谓规律性；理解主义社会学则是受到人文主义影响，强调人的社会行为是有意识的，解释人的行为必须把人当人看，深入理解其行为背后的动机和目的，而这些往往是不容易观察和测量的，也是为实证主义社会学者所忽视的；批判主义社会学总是基于某种价值主张和方法论，对现实社会采取反思性批判的态度，主张社会介入，同时也对实证主义社会学、理解主义社会学进行批判。

联系到环境社会学研究，以上三种意义上的学术成果都是有的。就中国环境社会学而言，这三种意义上的学术研究可以说都还是很不充分的。在实证意义上，我们针对环境问题、环境意识、环境行为、环境运动、环境政策等的研究，都还是很初步的；在理解意义上，我们对于政府、企业、环境组织和公众的特定行为，还不能说作出了深入全面的观察和更加合理的阐释，在一些研究中想当然或者推己及人的色彩还是存在的。至于批判意义上的环境社会学研究，似乎体现在不少学者的作品中，但是在批判的基础、内容和主张的取向方面，依然有很多不足。值得注意的是，在当前中国特定的环境状况和社会背景下，批判主义取向的研究似乎更容易引发共鸣、赢得喝彩。笔者并不反对批判取向的研究，但是反对简单的、极端的、情绪化的批判，因为这样做没有建设性，不仅不利于中国环境社

---

① ［美］麦可·布洛维：《公共社会学》，《社会》2007年第1期。

会学内部的知识积累，也不利于其外部环境的营造。

基于此，笔者想提出另外一种意义上的环境社会学——实践取向的环境社会学。这里所说的实践与法国学者布迪厄的实践社会学不是一回事，与一些国内学者注重社会动态分析的所谓实践社会学也不是一回事，而是明确地指称环境治理的多重实践。我们做环境社会学为了什么？既不是为了研究而研究，也不是为了批判而批判。我们的出发点应是推进和改善中国的乃至全球的环境治理实践。无论是实证主义取向的、理解主义取向的，还是批判主义取向的研究，最终的目的都是更加科学、更加有效地服务于这种实践。所以，环境社会学是一种实践的科学。环境社会学者不回避问题，但关键是促进现实问题的解决；不是简单地批判破坏环境的行为，而是着眼于发现这些行为背后的社会机理；不是置身事外的批评者，而是环境治理共识的发现者和促进者；不是简单的理想主义者，而是实际的行动主义者。当然，基于这些共识，不同的学者可以根据自己的兴趣和方便，在各自的领域内开展研究，从不同的视角和方面丰富和发展环境社会学知识。

以上对于环境、社会、学术的一些思考，笔者想有助于进一步明确环境社会学这门学科的性质、内涵和研究特色。当然这是笔者个人的观点，大家还可以继续讨论。

四 中国环境社会学的研究议程

在本文的最后一个部分，笔者想谈谈对于促进中国环境社会学研究的一些看法。这里涉及方法论、核心任务和若干重要议题三个方面。

首先是关于方法论。方法论与学科的性质密切相关。郑杭生教授曾经将全部哲学社会科学划分为三个层次：第一层次是一般性的学科，如哲学；第二层次是综合性的学科，如社会学、历史学；第三层次是单科性的学科，如政治学、经济学、法学等。三个学科层次之间的逻辑关系是

"一般—特殊—个别"。[①] 在各种环境社会科学中，学科层次大体也是如此。社会学作为研究社会系统运行和发展之规律性的一门学科，综合性、整体性分析是其学科分析的最大特色。环境社会学作为社会学的分支学科，自然要继承其母学科的基本品质。

在持续多年的环境社会学研究中，笔者越来越意识到整体的、历史的、辩证的和实践的视角对于学术研究具有重要意义。

一是整体的视角。环境与社会之间的互动关系是极其复杂的。早期的环境问题研究过于关注人口、技术等个别因素，看到的是人口增长和技术进步对于生态环境的破坏性影响。但是，从社会学的角度看，这种视角的局限性是很明显的。社会学不仅要分析人口增长、技术进步背后的社会利益、制度安排和文化传统等原因，而且要关注人口增长与技术进步之间的复杂关系，由此所得出的认识应该是更为全面、更为深刻的。所以说，环境社会学的研究就像其母学科一样，需要有社会系统的概念，需要充分的想象力，需要研究个别现象背后的复杂因素。在研究长三角个别企业污染行为的时候，仅仅局限在描述企业污染行为的表面逻辑是非常不够的。有着良好社会学训练的研究者可以在一个企业的行为中发现全球资本主义体系的印迹。

二是历史的视角。环境与社会的发展演变都是一个历史过程，环境问题不是突然出现的，也不可能一夜之间就消失。实际上，环境史学研究要揭示的一个重要内容正是这种演变过程。在研究中国环境问题时，借鉴环境史学的研究成果和方法，坚持历史的视角是非常重要的。一方面，它意味着要将中国环境状况的变化与中国社会发展阶段乃至全球化进程联系起来，不能简单地脱离中国社会发展阶段来讲环境问题，也不能忽视环境恶化的全球历史进程；另一方面，它也意味着要从发展变化的动态视角来分析中国环境治理的历史进程和环境问题的演变趋势，不能忽视已经付出的努力和已经取得的成效。此外，历史的视角也有助于我们结合自身的历史文化传统分析环境问题的具体成因，并提出具有自身特色的更加适用的治

---

① 这是郑杭生教授在20世纪80年代就提出来的。可参见郑杭生主编《社会学概论新修》（第四版），中国人民大学出版社2013年版，第23页。

理政策和路径。缺乏这样的视角，往往就会导致错误的横向比较以及技术、制度移植，无助于实际问题的解决。

三是辩证的视角。在环境社会学研究中，有意无意的偏执并不乏见，这种偏执可能会给研究者以某种启示，但是会偏离社会事实本身，不符合实践取向的环境社会学的要求。只有采用辩证的视角，才能最大限度地把握环境与社会之间互动的真实情形。社会是由人组成的，社会系统是一个自组织系统，其自身是在应对环境变化和挑战中不断进化的。事实上，当环境状况发生变化产生环境问题，特别是产生一定的社会影响之后，人类社会就会出现相应的变化和调整，虽然其幅度与速度可能因时间地点不同而不同。这种认识也是生态现代化理论的一个基本内容。坚持辩证的视角，意味着我们不仅要关注环境自身的变化，也要关注环境变化所引起的社会变化；不仅要看到社会对于环境的破坏过程和机制，也要分析社会应对环境变化的过程和机制；不仅要看到环境问题的唯物的、客观的一面，也要看到其被发现和被建构的另一面；不仅要注重个人、企业、社区、区域和国家等层面的国内因素分析，也要注重国家之外的全球性因素分析。

四是实践的视角，也就是要强调理论联系实际的重要性。现在学术界确实存在着一种不良的倾向，就是简单地照搬国外的理论与经验，特别是发达国家的所谓经验。笔者在前面讲过，中国在超过 13 亿人口的基础上推进工业化，这是史无前例的，在一定程度上也是没有什么太多现成经验可资借鉴的，我们更多的是要靠在实践中去创造性地解决我们所面对的独特问题。这就要求我们的环境社会学研究要接地气，要注意参与到环境治理的实践中去，要以平等对话的姿态去了解和沟通，而不能只是纸上谈兵、居高临下、指手画脚。在这方面，我们确实需要学习借鉴日本环境社会学发展的经验，更多地去推动基于本土实践的理论创新。

其次是关于核心任务。加快中国环境社会学的发展面临着诸多重要任务，例如学科建设、科学研究、人才培养、国际交流等，其中高水平的科学研究尤其重要。近年来，国内同行在翻译介绍国外环境社会学、探索中国环境社会学的学科体系、开展中国环境问题的经验研究、分析中国公众环境意识与行为、评估中国环境政策等方面，都取得了不少成果，但是仍有很大的持续改进空间。

作为社会学的分支学科，环境社会学研究的核心任务不在于确认环境问题的客观存在，这不是社会学的优势，事实上也是做不到的；也不在于简单地发现、描述和报道环境问题及其社会影响，这是新闻工作者的特长。能够支撑中国环境社会学发展、推动环境社会学研究创新、彰显环境社会学之中国特色的核心任务，是深入研究中国转型社会的运行规律，揭示社会与环境互动的复杂机制，这样才真正体现出环境社会学的学科特色。事实上，环境社会学首先是社会学，其研究成果质量的高低与研究者的社会学素养密切相关，与研究者对当代中国社会的认识和了解程度密切相关。

在很大程度上，中国转型社会的运行规律是当代中国社会学的核心议题，很多社会学者对此作出了深入研究，也提出了不少洞见，这是我们环境社会学可以学习借鉴的重要学术资源。笔者曾经提出过，中国社会的现代化转型至少具有以下几个重要特征：（1）后发性。相对于西欧、北美以及俄罗斯、日本等国家而言，我国是比较晚进入现代化的。这种后发性使得我国现代化转型在很大程度上是以现代化的先行者为榜样的，是一种移植和赶超的现代化。（2）多目标性。由于现代化转型的时序差别，西方社会在不同发展阶段所提出的发展目标，在我国都成为共时性的目标，诸如经济增长、社会进步、环境保护等，我们不可能像西方那样按部就班地解决，而需要同时面对。此外，面对国际上强国的威胁以及国内秩序的威胁，我们保障国家主权独立以及维护国内政权稳定的任务也非常繁重。（3）复合性。首先因为我国幅员辽阔，国内各地经济社会文化差异本来就比较大；其次因为我国现代化转型的外生性，我国不同地区、不同行业进入现代化的时序也不同，内部发展存在着巨大差异；再次是因为我们需要在发展的同一阶段应对多种任务；最后是因为外来文化价值与模式的强力渗透。所以，我国现代化转型过程凸显出复合性，既同时并存着传统因素与现代因素，又同时并存着发达状态与不发达状态；既要完成西方早期的现代化目标，又要适应现代化晚期所提出的各种挑战，如此等等。重要的是，这些复合的因素不是简单地体现为异质性，而是常常体现为势均力敌、相互冲突。（4）依附性。尽管使用依附这个词可能令人感觉不舒服，有些人甚至会说我们的现代化转型是独立自主的；同时，尽管依附理论受到众多的批评，在此笔者还是使用这个词。笔者所说的依附性主要是指我国的现代化转型依然受到严重的外部国际环境的制约，特别是西方发达国家主导的国际经济与政治秩序，依然限制着我国的发展。我国经济对外部市场的严重依赖就是一个明证。从世界体系理论的角度看，尽管我国现代化转型速度很快，但是我国依然是发展中国家，依然是世界体系中的半边陲国家。[①]

作为环境社会学者，我国需要更进一步地研究在这样一种转型社会中，环境政策与环境行为的发生、发展、执行和变迁的具体条件、机制和规律，因为它们体现了一个社会及其成员协调其自身与环境关系的制度性、规范性安排，环境问题的发生和解决都与这种安排密切相关。我们对这样一个核心议题研究越深入，对中国环境问题与环境治理的社会过程就会越清晰，由此对于中国环境社会学发展的贡献就会越大。笔者在 1999 年完成的博士学位论文（2001 年修订出版）中尝试提出了一个解释中国社会变迁与环境问题发展的理论模式，即“社会转型范式”。在此范式中，笔者的核心意图正是强调具体地分析环境与社会关系的重要性，指出要辩证地看待中国社会转型的环境影响，既要看到社会转型加剧了环境破坏，也要看到社会转型带来了环境保护的新形势，为通过组织创新和结构优化促进环境保护提供了可能。应该看到，随着社会转型的加速，原有的总体性的社会结构在逐步松动，为经济、社会乃至政治领域的组织创新提供了可能的空间。20 世纪 90 年代，中国社会转型的这种辩证趋势还不太明显，现在已经越来越清晰了。[②] 在 2009 年于河海大学召开的第二届中国环境社会学学术研讨会上，笔者进一步提出了一个“生存机会主义”理论模型，试图从历史文化、社会变迁以及制度安排等方面来解释中国人的行为方式及其环境影响，这是以个体行为为中心的一种分析视角，但还是非常初步的。不过，在最近几年的思考和研究中，笔者越发觉得这个模

---

① 参见洪大用《中国低碳社会建设初论》，《中国人民大学学报》2010 年第 2 期。

② 洪大用：《社会变迁与环境问题——当代中国环境问题的社会学阐释》，首都师范大学出版社 2001 年版。

型值得深化、值得完善。

最后，根据笔者的观察和思考，中国环境社会学的进一步发展需要关注以下若干重要研究领域，以便更加密切地跟踪和把握中国社会与环境关系演变的新趋势，使环境社会学的理论研究与环境治理实践更好地结合起来。一是继续围绕不同类型的、不同地区的多样化环境问题，例如水污染、空气污染、垃圾污染、生态退化、核电风险乃至基因污染等，探讨其形成的具体社会过程和机制，分析其社会影响和社会及其成员的反应状态和模式。二是继续深化公众环境意识与行为的调查研究，揭示其复杂的影响因素、影响机制以及变化趋势，以便更好地把握环境治理的社会基础。三是重视环境信息传播及其效果的研究。这个领域已经有传播学者开展了初步研究，但是依然有社会学发挥作用的很大空间。在日益提速的信息化时代，该领域的研究对于推动和改进环境治理、解释社会动力的新形态新机制都具有重要价值。四是重视公众参与类型和过程的研究。在公众环境意识日益觉醒、参与环境保护机会不断扩大的背景下，各种类型的公众参与活动，或者温和，或者激烈，已经引起了比较广泛的社会关注，并且正在成为推动环境治理和社会变革的重要因素。但是，目前环境社会学的相关研究还不是很充分，虽然也有少数富有启发性的成果。五是发展的社会影响评估，包括发展项目、产业和政策等的社会影响评估。其实，社会评估或者社会发展评估是社会学的重要研究领域，有着很好的研究基础。但是既往的研究似乎更多地关注宏观的、整体的层面。环境社会学可以针对更加具体的工程项目、产业规划和环境政策，开展其社会影响评估研究。这种研究的专业化、制度化，不仅可以搭建环境社会学理论联系实际的坚固桥梁，而且其本身就是新型环境治理体系的重要组成部分，可以发挥促进发展方式转型的重要作用。六是复合型环境治理政策研究。中共十八大报告首次把生态文明建设提升至与经济、政治、文化、社会四大建设并列的高度，列入中国特色社会主义“五位一体”的总体布局。十八届三中全会通过的《中共中央关于全面深化改革若干重大问题的决定》进一步强调，建设生态文明必须建立系统完整的制度体系，必须通过制度保护生态环境。事实上，建设生态文明意味着文明的整体转型。这是中国政府在结合本国工业化进程以及国际工业化进程的经验教训基础上所提出的一种发展方向，支撑这样一种新文明形态的是系统的制度变革和制度建设。相应地，中国环境治理的政策体系也正在面临转型和重构。如此宏大的政策议程必将带来环境经济学、环境法学、环境哲学、环境伦理学、环境史学、环境传播学、环境心理学、环境社会学等环境社会科学更快发展的重大机遇。其中，环境社会学者可以发挥社会学综合性整体性分析以及注重制度分析的传统优势，在这个领域提供洞见并做出应有的贡献。

在笔者看来，如果学者们围绕前述各个议题达成越来越多的共识，中国环境社会学的快速、健康和持续发展就是可以预期的，并且必将在中国环境治理的新时代、新阶段，在环境治理和生态文明建设实践中显示其具有特色的学科价值。

（本文原载于《思想战线》2014 年第 4 期）

环境社会学的特殊性与环境史

张玉林*

环境社会学：面对的问题与学养要求

任何一个学科都有其特殊性，也即相对于其他学科的独自的研究对象和把握方式。虽然没有了特殊性就意味着失去了存在的理由，但本文强调环境社会学的特殊性，并不是为了说明其存在的理由，而是要突出这门学科所面对的问题的复杂性，以及由此决定的它所需要的知识的宽度和厚度。这涉及它与传统社会学的关系，以及与社会学的其他分支学科的不同。

环境社会学固然属于社会学的分支学科，但是它的研究对象与传统社会学的研究对象有着很大差别。我们知道，社会学自19世纪诞生以来到20世纪中期，社会学的研究对象是广义的“社会”，包括了政治、经济、教育、文化等，但并不包括自然，或生态环境。也就是说，它基本上排除了“环境”，至多只是把环境当作一个给定的，而且往往是不变的社会条件或背景。与此相对，环境社会学的研究对象却触及更广，不管是将其界定为环境与社会的关系，还是环境问题中人与人的关系，乃至于整体上将它看作“研究环境问题的社会学”，都超出了传统社会学的研究范围，它同时涵盖了“环境和社会”。这简直是“以小吃大”，虽然看上去显得矛

* 作者简介：南京大学社会学院教授。

盾。这也意味着，环境社会学的成立，主要是建立在“用社会学的理论和方法来研究……”层面的表述，至于研究范围和相应的综合性，是超过其母体学科的。

那么，研究对象的这种差别又意味着什么呢？它意味着环境社会学的第二个特殊性：除了要采用社会学的理论、方法和视角之外，还要广泛吸收其他学科的理论、方法和视角。更确切地说，不只是理论、方法和视角，而且是超越了理论、方法和视角的更为深厚的学养。

一般来说，任何一个研究者都要具备所在学科所要求的相应的学养，否则只能扮演南郭先生。但是每个学科的学养要求并不一样，在知识结构、知识的宽度和厚度方面有很大差异，自然科学家可以非常专业，而社会科学家就必须达到知识渊博的程度。就环境社会学而言，由于它面对的是环境与社会的互动关系，而环境问题又几乎是无所不包的，涉及自然生态系统和社会经济系统这两个都异常复杂的巨系统，包含了太多的要素或变量，因此对研究者的学养要求也就比社会学以及其他分支社会学的要求更高。比如，研究阶层、组织、宗教等问题，未必需要生态学、环境学的知识，也未必需要借鉴自然科学的研究成果。但环境社会学却不仅需要将生态学、环境学列为必修科目或需要补课的科目，而且在面对具体区域的生态环境问题时，还要充分借鉴自然科学的研究成果，以把握仅凭感官和参与观察难以感知到的河流、土壤的污染程度，了解相应的污染要素和污染机制、连锁效应，然后才能进入社会层面的政治、经济关系的分析。再比如，在面对整体的可持续发展问题时，需要了解生态足迹的概念以及相关的研究结论，以便更为切实地而不是空泛地论述人与自然的关系。

当然，在吸收其他学科的研究成果时，必须注意到围绕许多问题的不确定性和争议，比如气候变化的原因和未来的变化幅度、转基因作物的安全性。但确定性和共识还是广泛存在的。与此同时，不确定性和争议并不意味着不需要关注和借鉴，相反，它所折射的复杂性以及所包含的复杂的利益关系，恰恰是需要环境社会学研究的问题。

上述看法主要是从面对环境问题时跨学科的必要性而言的，强调的是知识的宽度，也暗含着对于细碎化的学术分工导致的思维的单一化（缺少整体观）、知识的碎片化的批评。鉴于环境问题可能是最需要进行跨学科研究的领域，环境社会学者需要认识到其母体学科存在的局限，仅仅从社会学的理论和知识库存中吸收营养，将造成营养不足和营养失调，从而无法充分认识和理解复杂而又严峻的环境问题。而在超越社会学进行吸收、借鉴以及知识的整合时，尤其需要从环境史学中吸收营养。进一步说，不单是吸收和借鉴，而且需要与环境史学接轨。

为什么要与环境史接轨？

可能有人不认同“一切社会科学都是历史科学”，或者“一切社会科学最后都要归结为历史学”，但应该不会有人否认，熟悉专业领域的历史是人文社会科学领域的研究者所需要的基本学养。然而就现状来看，由于高等教育体系过于务实的功利化取向，社会科学类专业的课程设置普遍表现出“去历史化”的倾向：几乎所有的高校都不开设相应的专业历史课程，比如社会学专业不讲社会史，经济学专业不讲经济史，政治学专业不讲政治史，法学专业也不讲法制/法律史。其中有的是一直没有开设，有的是曾经开设而从20世纪90年代开始陆续取消了。普遍的导向是只重视理论和实务，从理论与概念出发理解和分析现实中的问题。又由于其中的许多理论和概念是出自欧美、从欧美的经验中抽象出来的，因此往往脱离中国的实际，不仅与中国的历史无关，也与中国的现实无关。

这样做的结果是，目前的高等教育体系培养出来的研究者普遍营养不良、营养失调。博士不再意味着博学，经常是“小鼻子小眼”，只看到局部、表面和眼前，而看不到整体、核心和源头。因此做出的研究往往视野狭隘、内容干瘪、论述肤浅、逻辑混乱、结论生硬，总体上扁平呆板、枯燥无味，或者即便有味也是洋八股味十足，所谓有理论无见识，有论文无贡献。要说有贡献，也经常表现为把简单的问题复杂化，或者对问题误判、扭曲、遮蔽。

此类缺陷当然也不同程度地存在于环境社会学领域。要克服环境社会学研究的这种缺陷，并非熟悉环境史就能完全解决，但熟悉环境史是克服营养不良和营养失调的重要途径。因此，环境社会学应当把环境史看作基础知识范畴，列为必修科目或需要补课的科目，而且需要与环境史接轨。以下将从三个方面详加论述。

首先，熟悉环境史是完整地理解环境问题的完整内涵的内在需要。任何一个专业所面对的问题，都可能不仅是现实问题，也是历史问题，有着历史上的具体的表现形态和演化过程，这就要求专业研究者不仅要熟悉现实，也要熟悉历史。虽然环境问题这一概念是现代的产物，但它在本质上是人类要面对的生存问题，是人类与生俱来的，只是在不同的历史阶段有着不同的情形。比如，采集—渔猎时代要经常遭遇豺狼虎豹的威胁，农耕时代要经常面对天气原因引发的歉收和饥荒，而在当代工业社会要面对广泛的资源短缺、环境污染和生态破坏。这些不同历史阶段的涉及人类的生存和生命健康安全的问题，都属于环境问题的组成部分。

其次，环境社会学所面对的虽然主要是当代的，而不是历史上的环境问题，但是这种分工并不意味着可以无视环境史，因为要深刻地理解和解释当代的问题，必须有参照和比较的对象，以及相应的比较分析。而参照和比较的对象，既包括空间上的不同国家和区域，也包括时间上的不同历史阶段，后者也即通过不同历史阶段的状况来观照现实。所谓“历史的方法、比较的方法”，旨归即在于此。只有先回到历史，以某个特定历史阶段为起点，沿着历史上的环境问题、人类与自然关系的演变脉络，才能更为切实地理解现代工业社会的人类与自然的关系，否则，当代环境问题研究也就成了无源之水、无本之木。概言之，环境社会学者可以不从事（可能也没有能力从事）环境史的研究，但是必须熟悉环境史的主要事实以及主要研究发现。

最后，社会学重视社会变迁的学科特征和传统，决定了环境社会学必须高度关注作为社会变迁的重要组成部分的环境问题变迁，以及环境与社会的关系的变迁，将变迁的过程和动力、特征和影响纳入研究范围。众所周知，作为工业化及其引发的城市化的产物，社会学自诞生以来就重视社会变迁、社会转型，无论是关注家庭、社区、国家、全球化，还是组织、结构、关系等，都通常从变迁的角度考察传统社会向现代社会转变过程中出现的一系列重大变化及其所蕴含的意义、伴随的影响。相应地，正如考察一条河流不能只看其下游和入海口，而必须溯及它的源头、上游和中游一样，社会学的环境问题研究也就理应回到环境问题的历史起点，关注人类不同的生产方式和生活方式与生态环境之间的互动关系、相互影响，呈现其相互“交恶”的过程和动力机制、已有的和可能的后果，并揭示其中所蕴含的意义。在这一层次上，作为综合性学科的社会学的环境问题研究，也必须自觉地与更具综合性的学科——历史学——的环境问题研究接轨：不是一般地吸收和借鉴，而是主动地承接和延续。

当然，由于前述“去历史化”的影响，目前的社会学以及环境社会学把握变迁的时间尺度非常短小，数十年已很少见，更不用说数百年和数千年。虽然时间尺度的把握需要根据具体的研究内容而定，并非越长越好，但一般而言，在知识储备和思考的范围方面，缺少足够长的时间尺度，会导致相关研究缺少变迁的纵深感，难以凸显变迁的完整形貌以及演变结果的特征和意义。因此，大尺度、长时段的环境史学习是必要的。基于个人的阅读感受，笔者将环境史分为三个时段。一是从农耕起源到工业革命前夕的古代环境史（也即大约 1 万年前到 18 世纪末）；二是第一次工业革命到第二次世界大战的近现代环境史；三是“二战”以来的当代环境史。这三个时段分别对应于不同的生产方式、生活方式和消费文化，人类与自然的关系也具有质的不同。

要强调的是，环境史的阅读应该既有全球视野，同时又兼顾一些重点国家和区域。这两个方面都已经积累了不少经典性的研究成果，比如全球环境通史方面有克莱夫·庞廷的《绿色世界史》、麦克尼尔父子的《人类之网》，关于 15 世纪末哥伦布发现新大陆以来，尤其是英国工业革命以来全球环境变化加速的文献则有克罗斯比的《哥伦布大交换》《生态扩张主义》，约翰·麦克尼尔的《20 世纪环境史》。关于特定国家和区域的研究，有美国沃斯特的《尘暴》、克罗农的《土地的变迁》以及日本饭岛伸子的《环境问题的社会史》，等等。关于中国环境史的研究成果也比较丰富，只是大多分散在历史地理学、社会经济史、林业史、水利史等领域，其中针对特定区域或领域的著述有史念海的《黄土高原历史地理研究》，马俊亚的《被牺牲的“局部”》，伊懋可的《象之隐退：中国环境史》，上田信的《老虎口述的中国史》《森林和绿色的中国史》，等等，但目前还缺少更为系统的整合性研究成果，需要结合各自的研究去搜集。

环境史的识见和启迪

阅读环境史，并从环境史的视角观照当代环境问题及其相关的资源消耗、可持续发展问题，每个人都会有许多发现。不同的发现取决于不同的阅读范围、关注领域，乃至价值取向。就笔者的收获而言，在以下三个方面深有体会，尽管其中的某些方面在环境史学家看来可能属于常识。

第一，从资源消耗和环境污染、生态破坏的角度来看，人类对于自然的汲取、破坏的能力和力度都是不断加大的，范围也是不断扩展的，而且两者都呈现出加速度的倾向。加速度是由工业革命引发，其中蒸汽机拉动的对石化能源的大量采掘和燃烧是决定性的，它标志着人类文明从有机燃料经济向矿物燃料经济的转变，从低能量社会向高能量社会的转变。据约翰·麦克尼尔估算，在20世纪的一百年中，人类消耗的能源相当于此前的一千年间总消耗量的10倍和一万年间总消耗量的1.5倍。高能量社会不只带来巨大福祉，也造成了严重的环境污染和生态破坏、资源—能源枯竭和全球气候变化等威胁人类生存的问题。在现阶段，大量生产—大量消费—大量废弃的生产方式和生活方式已经制度化，破坏性和掠夺性已经深深地嵌入现代文明体系，成为它的根基。因此，即便可能被误解为“反文明”，也必须指出：抛开原子弹之类的毁灭性武器不论，目前的人类文明对于自然以及人类自身是天然的不友好；人类日常的生产方式和生活方式已经超越了地球所能承受的生态学的极限——2008年地球人的生态足迹是地球生物承载力的1.5倍。

这是否意味着巨大的“反噬”只是一个时间问题呢？考虑到这个星球的有限性和脆弱性，仅仅从专业的角度来说，环境社会学的确不应套用出自少数发达国家的短期经验的所谓生态现代化理论，进行避重就轻、自欺欺人的解释，以迎合庞大的权势集团以及生态学意义的群氓的利益需求和心理需求，而是必须从人类整体的安全出发，从文明史的角度进行追问：这个星球到底还能经受多长时间的大规模开采和开发？进而，必须勇敢地解剖目前的社会经济体系，以更为深入系统地发现和解释这个体系的破坏性和自我毁灭性，揭示文明与野蛮的辩证法——文明的进程的确已经表现为野蛮的进程，而进步和繁荣的终点意味着蛮荒。当然，在这一过程中，必须超越历史学的进步史观或经验主义。因为由挖掘机、推土机、电锯等代表的工业社会，完全不同于斧头、锄头和镰刀代表的农业社会，它以现代化的名义对自然的压榨和掠夺已经变成全球性赌博，它的后果也将不再是曾经多次发生的一个地理范围通常较小（从数百平方公里到数十万平方公里）的文明的衰败，而是全球范围内人类整体的生存危机。

第二，人类在资源消耗、环境破坏方面加速度的主要推动力，是市场经济体制和现代科学技术。前者创造了商品拜物教，进而演变为大规模的欲望生产机制，通过刺激欲望来制造需求，将奢侈性需求转变成基本需求，从而刺激消费、拉动增长、扩大利润。后者既带来了社会生产力的突飞猛进，也赋予了每一个社会成员更大的能量和能力，而这种能量和能力不只是积极意义的人的解放和素质的提升，也包含了破坏能力和伤害能力的提升。

由于深受欲望的驱动，同时又被现代科学技术或机器武装了起来，人本身也就发生了质变，从自然经济时代的自然人变成工业社会、消费社会、汽车社会的机器人，并进而促使人与自然、人与人的关系都发生了质变：为维持生计而用斧头砍树一般不会超过自然的再生能力，出于利润动机用电锯伐木可能就是毁灭性的；一个步行者或骑牛、骑马、骑驴的人通常难以在无意中伤害他人，而一个驾驶汽车的人仅仅由于闯红灯、打电话之类的不守规则就可能严重伤害他人。这种无意伤害的伤害属于“未预之局”，它越来越多地出现，与每一个个体的欲望和伤害能力的同时增强密切相关。但是，正如驾车人较少意识到自己是在操纵着一种潜在的杀人工具一样，变了质的人对于自身的变质缺少自觉，对于其行为的可能后果也缺少警惕。延伸到作为群体行为结果的人类与自然的关系和生态环境问题，这样的发现无疑将深化对现代社会的关键特征的认识，充实和扩展对于风险社会的理解。

第三，在认识到宏观历史进程加速、人类的欲望和破坏能力同时增强的基础上，必须看到“中国经验”“中国模式”的特征，以及“中国崛起”的巨大的生态环境效应，正如要注意英国、美国、日本等老牌工业国家在这一领域的作为和“贡献”一样。基于笔者对工业革命以来的环境史阅读后的判断，在资源消耗、环境污染和生态破坏方面，中国比起上述任何一个国家都突出地表现出后来居上的势头。比如，仅仅它的一个省区（山西和内蒙古）近年来的年煤炭开采量就远远超过了1900年的全球煤炭产量（7.6亿吨）；而在截至2012年的十年中，它的年均净增加的钢产量（5300多万吨），就超过了1981年的全国钢产总产量（3700万吨），而它目前的钢产量也超过了50年前的全球产量。

这种势头当然不仅仅是由于中国本身的体量庞大，也与赶超型和压缩型的现代化过程中，它的政治和社会体系更加依赖经济增长、更加倾向于刺激欲望，同时也更加缺少有效的监管约束机制有关。可以认为，推动资源消耗、环境污染和生态破坏的多重力量，在20世纪80年代以来的中国实现了近乎“完美”的组合，社会主义市场经济比资本主义市场经济具有明显的加倍效应。也因此，它在最近的三十多年间所创造的环境奇迹以及社会伤痛，正如它创造的经济奇迹一样，都是史无前例的，也具有全球影响——在可持续或不可持续的层面上，它的确都成了决定性的力量，而且越来越具有决定性。

这样表述并不是要附和“中国威胁论”，也不是要否认中国以及它的每一个国民的发展权。笔者想强调的是，由于中国“非常非常大”，大到它本身就成为一个世界，而它对于市场和技术的迷信又赋予它足够的能量，不仅在21世纪的第一个十年改写了人类环境史、拯救了资本主义，而且会在可预见的第二和第三个十年继续扮演人类历史的火车头，促使它自身在内的世界进一步膨胀。对此，中国的环境社会学必须超越传统社会学的理论、方法和视角，从环境史、文明史的角度进行把握和分析，否则，它就无法完整、切实地理解和解释它所面对的重大局面——人类历史上最大规模的现代化实验，如何彻底改变着人类与自然以及人与人的关系。

（本文原载于《江苏社会科学》2014年第5期）

环境社会学的由来与发展

陈阿江[*]

［摘要］　环境社会学诞生于特定的社会背景与学术传统。沿着“是什么”“为什么”与“怎么办”的一般逻辑去梳理“来龙去脉”。(1) 1978年美国学者邓拉普等人提出环境社会学。“生产跑步机”以比喻说明资本主义体制运行所致环境问题，而怀特则从宗教传统去追溯环境问题的历史根源。风险社会提出了环境问题的社会结构性来源。生态现代化理论则有济世企图。建构主义用新策略去理解环境问题的社会过程。(2) 日本学者从本土环境问题研究出发，提出了“受害结构论”“受害圈、受苦圈论”等，分析环境污染给社会所带来的多重影响。他们在与环境主义和技术主义的论争中，汲取当地人民智慧创建“生活环境主义”用以解释和解决琵琶湖的水环境治理。更有“环境控制体系论”尝试解释环境问题及其治理的全过程。(3) 中国学者在发展研究中，注意到草原农牧业生计与环境的关系，开展草原退化、沙化与农牧业关系的解释性和政策应用性研究。社会转型论则从宏观和整体上尝试对中国社会当下正在进行的结构性改变来解释和应对业已产生的环境问题。工业化所致水污染的集中爆发，折射着横向的各利益群体的社会关系，也揭示了历时的一般性社会历史根源。纵观环境社会学发展，呈现从问题论向综合论、从认识问题向解决问题演进。

* 作者简介：陈阿江，任职于江苏高校人文社科重点研究基地培育点长三角环境与社会研究中心/河海大学社会学系。

［关键词］　环境社会学　学科史　欧美　东亚　中国

导　言

什么是环境社会学？犹如对什么是社会学有着多种多样的回答一样，不同的学者对环境社会学的理解不完全一致。就社会学来说，有的学者把社会学定义为研究社会行动的，有的认为是研究社会群体的，有的则认为是研究社会组织或社会制度的，有的则重点关注社会问题。如果与其他社会科学比较，社会学有其自身的特点，如它的系统性、综合性特征明显；讲究研究方法；与经济学重视效率不同，社会学更加重视社会公平、公正；等等。上述社会学的一些基本特点在环境社会学中同样得到体现。这里笔者尝试通过两对范畴对环境社会学有所框定，以增进理解。

一是“问题论—整体论”范畴。从环境社会学的产生看，许多学者对环境社会学的思考源自现实的环境污染与生态系统的破坏。对环境社会学的理解，也大致沿着把污染等社会问题作为研究对象来开展研究，把社会问题作为社会学研究对象是社会学的一大传统，对社会问题的探究及解决尝试是社会学发展初期的重要动力。社会学的另一重要传统是坚持整体论或系统论。坚持社会研究的整体论、系统论，是社会学与其他社会科学的重要区别。依整体论的角度，环境社会学主要关注自然与社会（人）的关系，并且最终落实到社会结构和社会关系。比如草原破坏、出现沙漠化、牛羊没有草吃、牧民生计困难，这看起来自然生态系统的问题，但社会学家不会满足于这样的结论，他会继续追问：草场为什么会被破坏？草场破坏导致怎样的经济社会后果？恢复草场需要如何调整观念、改变行为、规则？等等，凡此种种，最终落实到社会整体。笔者无意截然分开“问题论者”与“整体论者”，在现实的环境社会学家中，有的偏重于“问题论”，有的偏重于“整体论”；也会出现某一学者在某个时期重视环境问题的研究，而在另外一个时期，则可能更加关注从系统的角度去探究环境与社会的关系。从事经验研究的环境社会学者从“问题论”走向

“整体论”的不在少数。

另一对范畴，笔者称为“认知论—行动论”。“认知论”对应于我们通常所说的基础研究，或强调对基础社会事实或规律的认识，关注“是什么”（What）和“为什么”（Why），至于“怎么办”（How）则不是“认知论者”探究的重心，而是“行动论者”的重心。笔者把个人或组织的行动，政策研究、制定、执行以及教育、组织动员等列入行动范畴。在涉及环境保护的诸多事项里，大多会涉及行动，关注的核心是“怎么办”。即使在理论研究层面上，也会涉及如何行动的问题。如同笔者把“问题论—整体论”视为一对范畴而不去截然分开一样，“认知论—行动论”也只是两个理想类型，不仅关系紧密，而且有互通之处。大多数环境社会学者的研究源自对现实环境问题的关注，其内心深处是期望解决现实的环境问题，但在当代社会分工体系里，他们可能选择从事认知研究；也有相反的情况，从“环保斗士”走向环境问题的研究者。

2013 年第四届东亚环境社会学国际研讨会在河海大学举办。会议举办之前，笔者策划了“环境社会学是什么”的大型学术访谈，从那时起到本文完稿，共完成国内外 16 位环境社会学家和两位生态人类学家的访谈。此学术访谈主要从理解受访者当时所处的经济社会背景及学术发展脉络出发，理解研究者所专长的核心研究领域，帮助读者去理解环境社会学。通过与这些学者的对话，对环境社会学有更为深入的理解。借这次环境社会学访谈即将结束之际，尝试对环境社会学的来龙去脉给出一个新的理解。

本文先对环境社会学产生的经济社会背景和学术传统进行简要介绍。之后将沿着“是什么”“为什么”以及“怎么办”的逻辑，分别就欧美、日韩及中国环境社会学的产生与发展进行梳理。

环境社会学产生的背景

环境社会学的产生及其发展源自特定的时代背景和学术传统。

技术、经济与社会背景

1848年，马克思和恩格斯在《共产党宣言》中写道，资产阶级在它不到一百年的时间里所创造的生产力，比过去一切世代创造的全部生产力还要多。各种技术、机器设备的应用，爆发出以前从未料想到的生产力。[①] 从马克思、恩格斯《共产党宣言》的出版到现在，又过去了将近两个世纪。在这近200年中，人类创造了无与伦比的物质财富和精神成就，同时使这个世界发生了亘古未有的根本性改变。

当今的技术条件使巨量的有害物质产生成为可能，打破地球业已形成的生态系统的平衡轻而易举。人类通过富集和迁移地球上业已存在的物质，如通过开矿而富集一些有毒有害物质（核能利用就是一个典型的例子），造成了诸多环境风险。现代社会具备超强能力制造或合成新物质，这些新物质可能对人类是有害的，或者虽然在短时间里没有足够的证据表明是有害的，但事后发现其对环境、对生态系统、对人类产生危害作用。比如，化学杀虫剂的生产、利用，虽方便了农业生产，但在杀死害虫的同时也把害虫的天敌给消灭了，制造了“寂静的春天”[②]；农药残留通过食物链进入人体，造成健康损害。我们拥有的新科技和巨大的动力，可以轻而易举地把森林砍伐变成荒岭、把深海的鱼虾一网打尽。当然，技术仅仅是工具，并且具有双面性，即技术不仅可以影响环境、破坏环境，也可以成为保护环境的重要力量。

以资本主义为核心的现代经济体系的建立，以追求效率为核心目标，在最大限度地满足人类的欲望和需求的同时，产生了巨大的环境影响。现代经济体系把我们纷繁复杂的生产生活体系简约为生产—消费、投入—产出、利润、GDP、税收等几个关键指标，而整个社会生活仿佛都是为了有限的这几个简约指标而奋斗。山脉、河流、草原、海洋的地理多样性、生

---

① 《马克思恩格斯选集》（第一卷），人民出版社1972年版，第228—286页。

② ［美］蕾切尔·卡逊：《寂静的春天》，吕瑞兰、李长生等译，上海人民出版社2008年版。

物多样性，以及居住于此的人类的社会多样性、文化多样性，其存在的形态也被简约了。现代经济形塑了自然和社会。

社会文化系统相应地发生了巨大变化。试以和环境紧密关联的消费来说，一方面，消费提高了我们的生活质量，另一方面，过度消费也正成为环境灾难。作为经济的消费，它消耗了生产品，消费的跑步机和生产的跑步机共同建构了我们的环境问题；消费也日益成为文化，为消费而消费已成为某些群体的生存需要。甚至，消费主义成了时尚。以往的消费行为、消费观念的改变，致使环境问题的解决就远远不只是物质层面的事了。

批判、建设与反思的学术渊源

社会学的诸多流派，抑或社会科学乃至人文学科的诸多传统，对环境社会学的诞生和发展产生了重要影响。这里择其要而述之。

马克思对于资本主义的批判最为彻底和深刻。今天，对现代社会的批判，抑或反思，马克思主义无疑是最主要的源头。事实上，今天意义上全球生态危机是伴随着现代社会的诞生而产生的，并且与现代社会的经济社会体制相伴，成为现代性不可或缺的有机组成部分。在环境社会学领域，作为新马克思主义的生态马克思主义，就是以马克思主义为理论武器对环境问题进行批判的学术流派。①

与马克思主义的革命倾向不同，社会学总体上倾向于维护和改进现存社会。早期的社会学家主要引导读者认识正在形成中的现代社会，所以，“传统”与“现代”成为他们主要的议题。到了二战后的美国，在帕森斯眼中，美国社会成为一个无比巨大也极其协调的巨系统，所以它为读者制造了一个完美的现代社会的理想类型；随后形成了批判或与帕森斯对话的众多学术流派。社会学总体上不属于革命派，而是属于保守的改良派，或用一个中性的词来说，是“建设派”。就此而言，无论是资产阶级的社会

① 关于生态马克思主义，可参见约翰·贝米拉·福斯特《生态危机与资本主义》，耿建新、宋兴无译，上海译文出版社2006年版。

学家，还是社会主义的社会学家，都在积极地献计献策，改进、修正和维护着现存的社会。比如，“生态现代化”就是在新形势下的一个对现存制度加以维护、改良的学术流派。[①] 耳熟能详的“可持续发展”理论是与生态现代化理论关系密切的。

与环境社会学关系极其密切的另一个重要学术渊源，是对现代社会进行反思的后现代思潮。“后现代”是一个有争议的词，很多学者也不愿意被人归为“后现代”学者。但不管怎样，确实有那么一批学者与传统意义上的现代论者不同。如果说，早期的社会学家主要关注从传统到现代的结构性转变以及由此产生的问题，或者对现代社会本身认识的重视，那么到了福柯时代，对现代性的反思成为时尚。福柯不像当年的马克思那样对当时的社会制度采取零容忍的、革命的态度。福柯的态度没有那么激烈，也没有那么绝对，却对现代制度中大家习以为常的、深层次的东西，给出剖析，让读者看到现代社会中的种种“病斑”，带着无奈去思索社会的种种问题。[②] 现代环境问题，既可以以发展经济的名义“大红大黑”地污染给你看，也可以以“随风潜入夜”这样不知不觉的方式与你的日常生活相伴而行。本质上看，现代环境问题是现代性的一个重要组成部分，而这恰恰是最需要我们反思的。在环境社会学诸多的研究中，对现代性反思是其重要特色。

欧美环境社会学的产生与发展

1978 年美国社会学家卡顿和邓拉普发表了“环境社会学：一个新的

---

① 关于生态现代化理论，可参见 Arthur P. J. Mol and David A. Sonnenfeld. *Ecological Modernisation around the World*: *Perspectives and Critical Debates*, London and Portland. Frank Cass & Co. Ltd. , 2000。

② 福柯的著作已翻译了多种，常见的如《规训与惩罚》《疯癫与文明》《词与物》《知识考古学》《性史》等。

范式”的文章。[①] 这篇论文对传统的社会学范式提出了挑战，同时也被认为是环境社会学形成的宣言。这无疑是正确的。但另一个不能忽视的事实是，如果没有相应众多学者在此方面的持续努力，按照库恩的科学革命的假设，如果没有在相同议题、相近的方法下聚集一批学者从事相近研究的话，就不可能形成所谓的环境社会学这样一个新范式。[②] 事实上，与他们几乎是同时，除了美洲，欧洲的其他一些学者也在关注和从事环境社会学议题的研究。只不过，在欧洲学者没有以环境社会学的名义开展研究。

卡顿和邓拉普对传统社会学的“人类例外范式”（Human Exceptionalism Paradigm）进行了批判。卡顿和邓拉普认为，自孔德以来的社会学传统，不重视环境因素或生态因素，而过于强调人类的独特性和文化的重要性。不破不立，先破后立。在批判的基础上，他们提出了新的生态范式，即在社会学的研究中，要增加生态的维度。之后，邓拉普对新生态范式进行操作化，据此对居民的观念、行为进行测量以检验其假设。

总体来看，美国的环境社会学强调科学认知，其中最有学术魅力的当数史奈伯格（Allan Schnaiberg）团队的生产跑步机理论（The production of Treadmill）。国内学者介绍史奈伯格团队的生产跑步机理论时，把它归为政治经济学理论，也有的把它归为新马克思主义。笔者认为生产跑步机理论的核心是理解环境问题产生的社会机制。史奈伯格把资本主义体制比作跑步机的运行状态。[③] 生产跑步机一旦运行，就只能不断地生产。在不断地加速生产过程中，生产开发耗用大量的森林、矿产等原材料，导致环境污染和生态系统问题；生产过程产生大量废弃物，导致环境污染问题。要保持不断地生产，就必须维持不断地消费，否则生产难以维持，而过度消费也是环境问题的重要来源。就整个体制而言，只有不断生产、不断消

---

① William R. Catton, Jr., Riley E. Dunlap, “Environmental Sociology: A New Paradigm.” *The American Sociologist*, Vol. 13, February 1978.

② ［美］托马斯·库恩：《科学革命的结构》，金吾伦等译，北京大学出版社2003年版。

③ A. Schnaiberg, D. N. Pellow & A. Weinberg, “The Treadmill of Production and the Environmental State.” In A. P. J. Mol & F. H. Buttel (Eds.), *The Environmental State Under Pressure*, London: ElsevierNorth-Holland, 2002, pp. 15 – 32.

费，财政等才能正常运作，社会才能正常运转，而在这样的运行状态下，环境问题根本无法避免。

如果说史奈伯格团队的跑步机理论主要从社会运行机制去解释环境问题，那么怀特的《我们生态危机的历史根源》则从文化层面探讨美国生态危机的社会历史根源。怀特认为，美国的生态危机根源于犹太—基督教（Judeo-Christian）历史性宗教文化。[①] 就此而言，怀特的观点不仅先于环境社会学的提出，而且非常深刻。针对怀特的文章，蒙克里夫发表的争论文章认为，宗教传统只是产生生态危机的诸多因素之一。蒙克里夫认为伴随科技发展的资本主义和民主化，推动了城市化、财富增长、人口增加、资源的个人私有等一系列因素，导致了环境问题。[②]

我们注意到，无论是跑步机理论，还是生态危机的历史根源的追溯，都在尝试回答“为什么”，即试图解释环境问题形成的机制。这些理论分析无疑是非常深刻的，但这些理论很“灰”，让人看不到希望和出路。因为除非像美国这样的资本主义体制彻底终结，否则就没有出路，而这一点，至少在信奉资本主义的美国是不可能的。

欧洲的理论不仅提供认知，也在尝试寻找解决的办法。

德国学者乌尔里希·贝克风险社会理论的提出，给人以警示。贝克认为现代社会面临各种风险，是一个充满风险的社会。现代化过程中被释放出来的破坏力之多超出人的想象。如果说工业社会主要在分配财富，但在风险社会里，则在分配着污染。他认为，现代人类身处于充斥着组织化的不负责任的态度，风险制造者以总体的社会风险为代价来保护自己。西方的政治、经济、法律等制度设置被卷入了风险的制造。贝克描述的现代社会是与以往社会在基本结构、社会关系等不同的新型社会。贝克强调反思现代性以应对现代社会风险，他同时探讨了风险社会的治理机制问题。

莫尔等人的生态现代化理论（Ecological Modernization Theory）在解

---

① Lyn White, Jr, “The Historical Roots of Our Ecologic Crisis.” *Science*, Vol. 155, No. 3767, 1967.

② Lewis W. Moncrief, “The Cultural Basis for Our Environmental Crisis.” *Science*, Vol. 170, No. 3957, 1970.

决环境问题的方面则更进一步，尝试通过对传统现代化的改造而提供济世良方。生态现代化研究的核心是社会实践、体制规划、社会话语与政策话语中为保护社会生存基础而进行的环境改变。生态现代化关注的核心问题是通过社会体制的变化以解决环境问题，主要包括：科学技术作用的改变，即科学技术不仅导致环境问题的产生，它也可以在治理与预防环境问题时起作用；增强市场动力机制和经济团体的重要性，如增强生产者、消费者等在生态结构调整中的作用；民族国家的作用发生了变化，出现了更灵活、更有利于环境管控的治理；社会运动的地位、作用和意识形态发生改变，社会运动日益被卷入公众与私人的环境改革的决策机制中；话语实践改变及新意识形态的产生，忽视环境利益不再有合法的位置。①

建构主义则提供了全新的认识环境问题的路径。这实际上体现了后现代社会与早期工业社会思路中的差异。我们通常所讨论的环境问题，比如水是否污染、雾霾是否严重，总是可以通过技术加以检验的。但现实的环境问题远比这复杂，比如全球气候变化这样一个需要长时段、大范围加以检验的环境议题，从其被议之时就争论不断。当下社会中，风险、不确定性等概念的广泛使用，除了说明环境问题的复杂性，也反映了我们认知策略在某种意义上的转向。约翰·汉尼根以建构主义视角“建构”了环境社会学。② 在建构主义与真实主义的论争中③，建构主义者强调：“我们需要更加细致地考察社会的、政治的以及文化的过程……环境论争所反映的不只是某种确定性的缺乏，实际上也反映了‘矛盾的确定性’……”④ 汉尼根以“全球气候变化”为例呈现建构主义者是如何回应“全球气候变

---

① Arthur P. J. Mol and David A. Sonnenfeld, *Ecological Modernisation Around the World: Perspectives and Critical Debates*, London and Portland. Frank Cass & Co. Ltd., 2000, pp. 6 – 7.

② [加] 约翰·汉尼根：《环境社会学》（第二版），洪大用等译，中国人民大学出版社 2009 年版，第 30 页。

③ 真实主义的英文原词是 realism，它在中文系统中也翻译成唯实论。所以从建构主义与真实主义的争论中，我们不难看到西方唯名论与唯实论之传统分野。

④ [加] 约翰·汉尼根：《环境社会学》（第二版），洪大用等译，中国人民大学出版社 2009 年版，第 30 页。

化”的。[①] 事实上，对环境问题的真、假不是建构主义者的兴趣所在，比之环境问题的真、假，他们更关心环境议题成为社会问题的过程及其建构策略。建构主义尝试开辟一条新的认识和分析环境问题的认知路径，但稍有不慎，建构主义就有可能陷入一种极端状态。所以，“与任何其他学科相比，在环境社会学中，社会建构主义既找到了较为肥沃的土壤，又遭到了更为猛烈的批评”。[②] 但建构主义确实给环境社会学研究者提供了一种全新的视野和分析策略。

日韩环境社会学的发展

日本从明治维新开始了现代化的历程，二战后现代化加速。在这样快速的、追赶型的现代化过程中，环境问题在短时间里集中地、高强度地暴露出来。日本环境社会学发展最直接的动因就是社会学家如何去应对日益严重的环境污染所致的社会问题。

日本环境社会学早期的研究呈现了大量“是什么”的研究主题。日本学者把日本环境社会学理论分为四个流派，如鸟越皓之称日本环境社会学有四个模式，分别是“受害结构论”（也称加害/被害论）、“受害圈、受苦圈论”“生活环境主义”以及“社会两难论”。其中的“受害结构论”（也称加害/被害论）和“受害圈、受苦圈论”主要回答了环境问题及其社会影响，即“是什么”的话题，这从另一个角度反映了日本环境曾有的污染之惨烈，以及日本环境社会学家分析之细腻的特点。

水俣病是日本四大公害之首，水俣病的发生是人类的一大悲剧。被日本学界称为“日本环境社会学之母”的饭岛伸子在对水俣病等环境问题的研究中，提出了“受害结构论”。“受害结构论”的意思是说，像水俣

---

① ［加］约翰·汉尼根：《环境社会学（第二版）》，洪大用等译，中国人民大学出版社2009年版，第31页。

② 同上书，第29页。

病一类的患者，不仅受到医学层面的伤害，也会因为随着水俣病症状的出现而受到社会歧视，如遭到邻居的歧视。[①] 源自环境污染的社会影响实际上是一个系统的影响。水俣病这样的环境公害对人、对社会产生了不同层面的影响。水体有机汞污染首先表现在对作为生物体的人的生命的直接伤害。与此同时，水俣病对人体的精神健康产生了影响。作为社会人，他不仅仅是一个生物体，还是社会中人。水俣病还会导致家庭方面的影响。家庭的劳动力因水俣病患者去世而对家庭成员产生伤害。大量水俣病患者的出现也对村落社区产生了不良社会影响。因此，环境公害所产生的影响是对一个社会系统的影响。在饭岛伸子“受害结构论”中，不仅包含不同层面的影响，还指向了受害程度的深浅。比如水俣病对发生水俣病村落的影响，可能使村庄变得萧条，也有可能使村庄完全空壳化。[②]

另一个理论模式“受害圈、受苦圈论”与“受害结构论”在关注重心和研究路径上有一定的相似性。“受害圈、受苦圈论”与我们目前在项目社会评价中使用的“利益相关者”分析框架有一定相通性。由舩桥晴俊等人在对新干线公害研究中提炼形成的“受益圈、受苦圈论”，是指在新干线这样的项目中，形成不同的受益空间和受害空间。[③] 就理论维度看，研究者主要关心的是环境问题所带来的社会影响，以及这些社会影响在不同空间、不同群体的分布状况。

与前述关注“是什么”及“为什么”不同，生活环境主义实际上在“为什么”和“怎么办”这两个维度前进了一步。生活环境主义是鸟越皓之等人在参与琵琶湖水环境问题研究及其治理过程中形成的理论。[④] 鸟越皓之回忆道，在 20 世纪 80 年代初琵琶湖的开发和环境保护中，有两种不

---

① ［日］鸟越皓之：《环境社会学——站在生活者的角度思考》，宋金文译，中国环境科学出版社 2009 年版，第 48 页。

② 同上书，第 99—100 页。

③ 同上书，第 49 页。

④ ［日］鸟越皓之：《日本的环境社会学与生活环境主义》，闫美芳译，《学海》2013 年第 3 期。

同的观点。持“自然环境主义”观点的人认为，不经过任何改变的环境是最理想的自然环境。若推行自然环境主义，就应该尽量不让人们生活、居住在森林、湖泊、河川的周边，类似美国国家公园的做法。但日本的琵琶湖四周居住着数百万人口，通过避让自然的方式显然不适合当地的实际情况。[①] 而持“近代技术主义”观点的人则认为技术的发展有利于修复遭到破坏的环境，通过建设废水处理厂、建筑水泥堤坝等工程手段可以解决环境问题。鸟越皓之等人则从当地人处理问题的思维方式中获得启示，通过尊重、挖掘并激活当地人的智慧去解决环境问题。生活环境主义的理论特色，既体现了日本社会学经验研究中擅长分析生活的特点，以及社会学、人类学研究方法应用的优势，同时，生活环境主义也体现了东亚传统文化特色。笔者在中国现实的环境治理实践研究中，也遇到类似生活环境主义的做法。

船桥晴俊在2013年的谈话中，对日本环境社会学的理论进行了重新梳理。他认为日本的环境社会学理论可分为三大类，即“受害论”“原因论·加害论”和“解决论”。

> 受害是以怎样的方式出现？我们如何把握受害？这是受害论。受害产生的原因是什么？如果仅用“原因”一词稍嫌呆板，因为实际的环境问题是有加害者存在的。因此，比起只用“原因”一词，我们还需要“加害”一词，即“原因论·加害论”……在此之上，需要的是解决论，即分析、探讨怎样才能解决环境问题……这三者构成了“环境问题的社会学研究”的三大问题领域。[②]

这一分类大致与本文所依的分析逻辑“是什么”“为什么”及“怎么办”相一致。

---

① ［日］鸟越皓之：《日本的环境社会学与生活环境主义》，闫美芳译，《学海》2013年第3期。

② 参见收入本书的船桥晴俊教授的访谈录《日本环境社会学的理论自觉与研究“内发性”》。

船桥晴俊还进一步提出了环境社会学理论的三个层面："中层理论""基础理论"和"原理论"。他认为日本的"受害结构论""受害圈、受苦圈论"和"生活环境主义"是"中层理论"，而他自己提出的"环境控制体系论"为基础理论。

在"环境控制体系论"中，他提出了环境演变的五个逻辑阶段，即前工业社会的原始阶段，工业经济系统中环境控制系统的四个干预阶段——对经济系统缺乏制约、对经济系统设定约束、环境保护内化为次级管理任务、环境保护内化为核心管理任务。如何促进向"环境保护内化为核心管理任务"的阶段演进呢？船桥晴俊提出了提升干预的七种途径：环境运动对环境保护的压力，政府部门对环境保护的压力、环境税等经济诱因，环境保护与经济目标的耦合，环境保护作为价值理性在个人身上的内化，其他企业造成的环境保护的压力以及绿色消费运动产生的压力。[①] 通观"环境控制体系论"，它对社会系统中环境演变划分为不同阶段并作了描述，并对转变力量给予分析，统摄了环境问题的产生、环境问题的产生原因以及环境问题的解决机制。

2011 年 3 月 11 日，日本东北部海域发生里氏 9.0 级地震并引发海啸，造成重大人员伤亡和财产损失。地震造成日本福岛第一核电站发生核泄漏事故。福岛核泄漏事故源于天灾，也有很多人祸的成分。日本的环境社会学家如船桥晴俊、长谷川公一、寺田良一等迅速行动起来。更多的研究还在进行中，从目前已呈现的研究成果看，他们关注社会运动以及无核社会走向，环境政策无疑是其关注重心。[②]

作为较晚发展起来的社会学分支，日本环境社会学是日本拥有会员最多、最活跃的社会学分支。鸟越皓之担任日本社会学学会会长之职，也能说明环境社会学分支在学界的重要地位。日本环境社会学在关注本

---

① ［日］船桥晴俊：《环境控制系统对经济系统的干预与环保集群》，程鹏立译，《学海》2010 年第 2 期。

② 参见［日］长谷川公一《福岛核灾难的教训：迈向无核社会》，《学海》2015 年第 4 期；Koichi Hasegawa, *Beyond Fukushima—Toward a Post-Nuclear Society*, Welbourne: Trans Pacific Press, 2011。

土现实问题、推动环境问题的解决及创设中层理论等诸多方面均有不俗的表现。

韩国地域小，人口相对较少，环境问题没有日本凸显。韩国环境社会学既受西方的社会学传统影响，同时也受日本环境社会学研究的影响。韩国环境社会学主要集中于环境运动，与韩国的社会背景有很大的关联。朝鲜半岛的分裂，是“二战”后冷战的结果，是世界两大阵营在地缘政治格局中的具体表现。韩国外部的地缘格局，某种程度上会影响到国内的社会关系结构中。20世纪中叶以后，韩国内部的矛盾冲突表现得异常激烈，如作为外来的科技、民主与韩国的亚洲传统、本土文化以及地方力量的冲突。源于这样的社会背景，韩国的社会运动发育得非常充分，韩国的环境社会学也集中在环境运动方面。接受我们访谈的两位韩国教授，主要领域都在环境运动。更为有趣的是，李时载教授即从事社会学的教学和研究，同时也是一个环保组织的负责人，兼做环境保护的实际事务。

环境社会学在中国

中国环境社会学的产生和发展，一方面源自对本土环境问题的关切；另一方面，欧美和日本环境社会学的理论与研究方法对中国环境社会学的发展也产生着重要的影响。

通过研读文献，笔者发现，中国学者在接受、采用“环境社会学”之前，中国学者已经开始涉及“环境社会学”内容的研究。

费孝通致力于“富民”① 的农村发展研究。1984年在“边区开发”的背景下，费孝通在内蒙古赤峰地区进行调研。《赤峰篇》虽然通篇没有环境社会学的语词，但实际上已涉及环境社会学的诸多议题。他选择农区、半农半牧区和牧区三种类型，核心议题是农村发展，其中环境是农牧

① 《费孝通文集》（第十二卷），群言出版社1999年版，第185—193页。

业发展的一个重要因素。由于外来人口进入牧区、人口增加、开垦加剧，引起森林砍伐、草场退化等一系列生态失衡问题。生态失衡引发农牧矛盾，在民族地区即为民族矛盾。[①] 费孝通大致勾勒出环境演变所致经济、社会问题的线索。他认为赤峰地区生态失衡的主要原因是“四滥”：滥砍、滥牧、滥垦和滥采。滥砍：森林砍伐量远大于生长量。滥牧：以牲畜存栏数来衡量牧业发展，草场载畜量超过承受能力，放牧过度，如翁牛特旗解放初为15.6万头，而在费孝通调查时已超过80万头。滥垦：开地垦荒，广种薄收，进入“越垦越穷、越穷越垦”的恶性循环。滥采：人多燃料不足，砍树刨根，乱挖乱采药材等[②]。

费孝通分析道，人是自然界生态系统的主要因素，既可以成为积极因素也可以成为消极因素。传统的牧业经济是当地创造的一种生态系统，农业也是在平衡的生态系统中的组成部分。人口增加，加之靠天放牧和粗放农业结合在一起，环境问题由此产生。作为“志在富民”的探索者，费孝通在有限的时间里探索了赤峰地区正在进行中的环境治理方式。如恢复植被，防风固沙；建设水、草、林、机四配套的基本草场；改善水利，农牧结合，从靠天养畜到建设养畜转变；退农还牧；智力扩散、科技传播等等[③]。

费孝通北京大学的学术团队，后续在边区开发的主题下开展了大量有关草原生态系统与经济社会变迁的研究。虽然主要从农牧民的生活、生产等基本方面调查入手，但草原的过牧及沙化实际上由来已久，因此环境问题也是该团队研究的重要维度。1995年潘乃谷、周星编辑出版《多民族地区：资源、贫困与发展》一书，有多位学者参与了涉及民族地区的环境与社会发展的研究[④]。费孝通团队早期的环境研究有如下特点：（1）从中国本土的实际出发，研究现实问题；（2）以发展研究为主轴，将环境

---

① 《费孝通文集》（第十二卷），群言出版社1999年版，第496页。

② 同上书，第496—497页。

③ 同上书，第499—513页。

④ 潘乃谷、周星：《多民族地区：资源、贫困与发展》，天津人民出版社1995年版。

问题作为发展的影响因素，或发展的后果，探讨环境与发展的关系；（3）有较为明确的政策导向或应用目标。

1998年，马戎发表了《必须重视环境社会学——谈社会学在环境科学中的应用》，从经验研究提升到自觉的环境社会学学科意识。他认为，应提倡自然科学与社会科学结合的环境研究，社会学作为研究人类社会及其活动的一门学科，在未来的研究中应发挥重要作用。他还对环境社会学的研究内容作了基本框定：（1）传统文化习俗、社区行为规范对环境的影响；（2）生产力水平的提高、生产规模的扩大、生产组织形式和生活方式的改变对环境的影响；（3）社会体制变迁、政府政策和法规对环境的影响。①

同为费孝通团队早期成员，麻国庆较早地关注了环境与文化的关系。麻国庆认为生态问题是特殊的社会问题，必须把它置于社会结构中予以把握。牧民的游牧方式有利于草场的保护②，宗教信仰孕育了一种生态哲学，在一定程度上维持了自然的平衡③。麻国庆认为，游牧和农耕是两种不同的生产方式，所依据的生态系统也不同。前者具有非常精巧的平衡，而后者则为一种稳定的平衡。在内蒙古草原，水、草“公地悲剧”的产生，除自然因素外，主要是以农耕方式对草原的开发形成的，包括人口的大量增长、居住格局与放牧点的变化等。④

费孝通团队另一位早期成员包智明，则从环境与移民关系进行研究。生态移民是因环境问题或因保护环境的需要而引发的人口迁移现象。包智明对因环境而致的人口迁移进行翔实的分类。他认为生态移民的一项基本原则是既要考虑保护和恢复迁出地恶化的生态环境，也要考虑不会对迁入

---

① 马戎：《必须重视环境社会学——谈社会学在环境科学中的应用》，《北京大学学报》（哲学社会科学版）1984年第3期。

② 麻国庆：《环境研究的社会文化观》，《社会学研究》1993年第5期。

③ 麻国庆：《草原生态与蒙古族的民间环境知识》，《内蒙古社会科学》（汉文版）2000年第1期。

④ 麻国庆：《“公”的水与“私”的水——游牧和传统农耕蒙古族“水”的利用与地域社会》，《开放时代》2005年第1期。

地造成新的生态环境问题。[①] 在包智明、荀丽丽进行的一项案例研究中，发现在自上而下的生态治理脉络中，地方政府集“代理型政权经营者”与“谋利型政权经营者”于一身的“双重角色”，使环境保护目标的实现充满了不确定性。[②]

王晓毅与费孝通的团队没有直接的学缘关系，但他的研究仍然可以视为这一流派的继续。王晓毅对草原环境研究的推进，很大程度上得益于方法论探索。经历了体制的演变、政策的干预，草原问题并没有如预期那样得到有效的解决。与此同时，因为已有众多政策干预，草原治理变得更为困难。标准化、可操作化和统一的政策如何去适应事实上极具个性的牧业生产实际呢？政策的实施、问题的解决，首先需要对生产、生活与环境纠结在一起的难缠的草原问题有所认识。王晓毅在研究探索中强调整体地和历史地研究环境问题背后“难缠”的社会因素。调查的过程是一个浮现的过程，每个村庄都会有一些特殊的额外难题浮现出来。[③] 没有沿用通常所遵循的方法，研究方法随着研究对象和研究主题的需要而不断地变化，这或许是对业已陷入僵局的草原政策和草原环境认知的一种突破。

与前述内蒙古草原研究相似的另一批学者，在民族学或人类学的学科名义下，从事民族地区的生态与文化关联的研究。他们自认为其所从事的是生态人类学或民族学研究，但笔者认为，此类生态人类学的研究与环境社会学的研究有许多相通之处。如较为典型的有尹绍亭对云南山地民族“刀耕火种”的研究。通常把刀耕火种视为“原始陋习”，或认为是少数民族的“原始农业”“原始社会生产力”，也有人把“刀耕火种”视为破

---

① 参见包智明《关于生态移民的定义、分类及若干问题》，《中央民族大学学报》2006 年第 1 期；包智明、任国英主编《内蒙古生态移民研究》，中央民族大学出版社 2011 年版。

② 荀丽丽、包智明：《政府动员型环境政策及其地方实践——关于内蒙古 S 旗生态移民的社会学分析》，《中国社会科学》2007 年第 5 期。

③ 参见收入本书的王晓毅访谈录《“社会”如何呈现：兼谈环境社会学的方法论》；王晓毅《环境压力下的草原社区——内蒙古六个嘎查村的调查》，社会科学文献出版社 2009 年版。

坏环境的罪魁祸首。[①] 但民族学者通过深入村寨详细调研发现，“刀耕火种”是在特定的自然地理环境条件下采用的较为合理有效的生产方式；无论砍伐还是烧荒，都是有限度、有规则的；种几年换地方的游耕生产方式，是为了更好地与当地的环境相适应，而不是简单地烧荒破坏。“刀耕火种”是集农耕、采集和狩猎为一体的适应系统；它不仅涉及生产知识和技术，还涉及制度文化及精神文化，是一个多层次的文化适应系统；“刀耕火种”还是一个动态的生态文化系统。[②] 生态人类学在理解和挖掘地域生态智慧方面做了大量有益的学术工作。其他学者如杨庭硕、罗康隆对西南民族地区的研究，崔延虎对新疆绿洲的研究等，对我们如何准确地理解国内环境与社会的关系——无论是区域性的还是整体性的——都有重要的启发价值。

郑杭生在20世纪80年代中期提出社会学是关于社会良性运行与协调发展的条件与机制的综合性具体社会科学，被称为中国社会学的运行学派。在随后的研究中把人口与环境视为社会运行的两个基础条件。[③] 他在1987年出版的《社会学概论新编》中，“生态环境问题”和“人口问题”被列为两个主要的社会问题，开了社会学教科书把环境问题作为社会问题研究的先河。[④]

洪大用师承郑杭生，用中国社会转型来解释环境问题的产生。洪大用认为当代社会结构转型，即工业化、城市化、区域化加剧了环境问题的产生；当代社会体制转轨，即从计划到市场的双重失灵、放权让利与协调以及城乡控制体系与环境问题的形成。此外，他还从当代价值观念变化，即道德滑坡、消费主义、行为短期化、流动变化等方面阐述了与环境问题的关系。郑杭生认为：“关注特定社会结构与过程对于环境状

---

① 尹绍亭：《远去的山火——人类学视野中的刀耕火种》，云南人民出版社2008年版，第14—15页。

② 同上书，第19—20页。

③ 郑杭生：《一个大有希望的领域》，载洪大用《社会变迁与环境问题——当代中国环境问题的社会学阐释》，首都师范大学出版社2001年版，第3页。

④ 郑杭生：《社会学概论新编》，中国人民大学出版社1987年版，第370—407页。

况的影响，可以说是侧重探讨了环境与社会关系的另一面，这就丰富了社会运行论的内涵。”[①] 洪大用还从宏观上分析了社会转型为改进和加强环境保护提供了新的可能。他认为应通过组织创新，即通过完善组织创新的社会条件，培育社会事业领域的“企业家”，形成有利于环境保护和可持续发展的机制。[②]

在经验研究层面，洪大用关注环境测量，特别是环境意识、环境关心的测量。通过大量的问卷调查，对公众的环境关心与性别[③]、年龄的关系，还对个人层次和城市层次进行多层次分析等[④]。当然，洪大用作为中国社会学会环境社会学专业委员会的领头人，在推动环境社会学学会制度化建设方面也发挥了重要作用，使环境社会学在学科意识、学术规范、学术交流机制等方面都取得了长足的发展。

在解释中国的环境问题为什么会如此严重时，张玉林也尝试从体制的角度加以解释。与洪大用一般性的转型理论不同，他提出的“政经一体化开发机制”更能体现中国社会自身的特征。张玉林认为，中国农村的环境迅速恶化，环境污染引发的冲突不断加剧。除了普遍的工业化导致污染加剧外，中国的政经一体化开发机制对环境有独特的影响。在经济增长为主要考核指标的压力型政治/行政制度下，地方官员首选 GDP 和税收，使其与企业家结成利益共同体，从而导致严重的污染问题。[⑤] 他从体制特色解释了环境问题的发生机制。

在《赤峰篇》发表的同一年，费孝通针对南方的环境问题发表了

---

① 郑杭生：《一个大有希望的领域》，载洪大用《社会变迁与环境问题——当代中国环境问题的社会学阐释》，首都师范大学出版社 2001 年版，第 3 页。

② 洪大用：《社会变迁与环境问题——当代中国环境问题的社会学阐释》，首都师范大学出版社 2001 年版，第 265—272 页。

③ 洪大用、肖晨阳：《环境关心的性别差异分析》，《社会学研究》2007 年第 2 期。

④ 洪大用、卢春天：《公众环境关心的多层分析——基于中国 CGSS2003 的数据应用》，《社会学研究》2011 年第 6 期。

⑤ 张玉林：《政经一体化开发机制与中国农村的环境冲突》，《探索与争鸣》2006 年第 5 期。

《及早重视小城镇的环境污染问题》。费孝通就吴江震泽的情况提出乡镇（社队）工业发展及小城镇发展中的环境问题。他分析了产生环境问题的基本原因，如工厂在居民区中造成的空气污染、噪声问题，工厂建设时没有相应的处理设施造成的水污染问题，大中城市随工业扩散而扩散污染的问题。他认为，要像大中城市一样管理好小城镇的环境，要解决好大中城市扩散污染的问题，要解决好条块分割的问题。事实上，他已敏锐地意识到体制机制原因。[1] 但综观费孝通的研究，对民族地区环境与发展的关系关注较多，对东南沿海地区发展与环境的关系关注明显不够。以至于有学者认为费孝通未能重视环境问题，这或许也与他过分执着于发展问题或致富有关。[2]

陈阿江在20世纪90年代中期在对苏南乡镇工业和小城镇发展研究时发现了日渐严重的水污染问题，并尝试从社会学角度加以解释。他把当地居民在传统时期的生产生活与当时的生产方式进行了比较，试图解释为什么太湖流域在数千年的历史时期能够维持生态平衡，而工业化以后的短短十余年时间被迅速污染。[3] 之后，他继续探究太湖流域日趋严重的水污染问题。他尝试以利益相关者角度进行横向的社会结构、社会关系的分析，提出了“从外源污染到内生污染”“文本法与实践法相分离”等有针对性的本土解释。他从历史的维度分析中国环境问题的社会历史根源，认为中国传统重视人口增殖，庞大的人口基数是后续环境问题的潜在根源；中国进入近代以来在追赶型现代化的道路上屡欲“跃进”，一脉相承地呈现社会性焦虑，他称为“次生焦虑”。[4] 在社会性焦虑的经济发展中，环境问题被忽视是势所必然的。

陈阿江的研究从关注发展开始，尝试解释发展中的环境问题形成机

---

① 《费孝通文集》（第十二卷），群言出版社1999年版，第257—265页。

② 张玉林：《是什么遮蔽了费孝通的眼睛？——农村环境问题为何被中国学界忽视》，《绿叶》2010年第5期。

③ 参见陈阿江《制度创新与区域发展》，中国言实出版社2000年版，第46—68、228—256页。

④ 陈阿江：《次生焦虑——太湖流域水污染的社会解读》（重印本），中国社会科学出版社2012年版，第1—17页。

制，进而尝试探讨生态转型的研究。他就人水关系提出了两个可操作化的理想类型："人水不谐"和"人水和谐"。[①]"人水不谐"着重探讨的是环境问题产生以后所造成的健康、经济和社会影响。以环境影响健康为话题的"癌症村"研究是其团队的代表作品，呈现以环境—健康为话语的纷繁复杂的社会建构。[②]"人水和谐"类型则侧重于生态转型研究，认为"生态精英"及"生态利益自觉"意识在早期的生态建设中起着十分重要的作用。[③]其团队成员陈涛的关于安徽当涂水产业养殖生态转型的案例则提供了详细的分析。[④]

结 语

在20世纪70年代世界范围内环境污染、生态危机达到顶点，环境社会学（包括环境社会科学）在此背景下应运而生。从地区和国别看，环境社会学基本产生于环境危机时期，它是基于现实而欲改变现实，具有一定的历史必然性。

通过对欧美和东亚环境社会学发生发展的历时性梳理，可以发现下述的基本趋势或特点。环境社会学发轫于生态危机时期，研究者大多从环境问题切入。但作为社会问题的环境问题不是简单地去从技术角度研究污染物，而是与经济社会体制和文化系统紧密关联，随着研究的深入，转向自然与社会（人）关系，呈现综合性的、系统性的特点。从认知路径上看，环境社会学早期富于魅力的研究主要在告诉读者"是什么"（如日本早期公害的研究）及"为什么"（如"生产跑步机理论"）。随着时间的推移，

① 陈阿江：《论人水和谐》，《河海大学学报》（哲学社会科学版）2008年第4期。

② 参见陈阿江等《"癌症村"调查》，中国社会科学出版社2013年版。

③ 陈阿江：《再论人水和谐》，《江苏社会科学》2009年第4期。

④ 陈涛：《产业转型的社会逻辑》，社会科学文献出版社2014年版。

如何解决环境问题则变得日益迫切，所以从理论上探讨环境问题的出路成为重要的发展趋势。如从舩桥晴俊的研究轨迹可见一斑：他早期专注于公害问题的研究，后期对环境运动、对社会的整体性可持续发展基础理论建构倾注了更多的精力。

如果上述对环境社会学发展趋势的研判是合适的，那么环境社会学未来发展的“怎么办”可能成为重要的研究点。从个体的改变，到 NGO，到有组织的环境运动，再到政府的政策法规的改进等，环境社会学不是说一定要参与具体的行动，而是在“怎么办”这一宏大的实践上提供学理基础。

中国政府已将生态与经济、政治、社会、文化放在一起，五位一体地、系统地推动新体制的建设。虽然业已积累的环境问题非一朝一夕可以解决；身处世界经济体系中，仍然有许多难以克服的矛盾，但它无疑为公众树起了一个清晰的、可以向其努力奋斗的目标。环境社会学可以在此贡献有价值的学理洞见。

在走向未来的时候，传统仍然是我们不可抛舍的重要精神财富。在人类漫长的历史时期里，我们曾经长期生活在人与自然相对和谐的系统中。在其中，我们实践着并积累起许多卓有成效地解决人与自然矛盾的规则和理念，这些生态智慧无疑可以为我们走向未来的实践加以利用和发扬光大的。日本环境社会学的“生活环境主义”从民间地域传统中汲取智慧进而改变政策设置，可谓成功案例。中国有丰富的传统生态智慧可资借鉴，如道家、佛教的思想，传统农业中的物质循环的实践，传统生活方式中的节俭理念及其不浪费、循环再用的实践，均可为环境社会学研究提供灵感、启示及政策推进的参考系。

[本文原载于《河海大学学报》（哲学社会科学版）2015 年第 5 期、人大复印《社会学》2016 年第 3 期、《新华文摘》（网络版）2016 年第 4 期全文转载]

环境身份：国外环境社会学研究的新视角*

林　兵　刘立波**

[摘要]　环境身份作为环境行为的影响因素已经成为国外学界关注的理论焦点。本文考察了环境身份的起源与内涵，阐述了其从心理学到社会学的演变路径，并就环境身份的测量方法进行了梳理，指出社会学学者更为关注环境身份的类型化及结构性，构建了多样化的环境身份测量方法，凸显了社会学意义的环境身份研究；而且强调指出，环境身份可以直接或间接地预测环境行为，并对环境运动的发生具有积极的促进作用。环境身份研究推进了环境社会学的实证研究领域，但也存在着测量方法主观化、综合研究方法运用不足及缺乏社会结构因素等问题，这也是今后应当进一步加强的方向。

[关键词]　环境身份　环境问题　环境社会学　环境行为

20世纪70年代末期，环境社会学学科开始兴起。环境意识、环境态度及环境关心等概念相继进入学者的研究视野，成为环境社会学研究环境问题与分析环境行为的主要理论视角。进入80年代，一些学者通过实证研究发现，环境意识、环境态度和环境行为之关系的确立需要引入其他一

---

* [基金项目] 国家社科基金一般项目“低碳经济背景下的环境社会学本土化研究”（编号：11BSH030）。

** 作者简介：林兵（1956—　），男，吉林省长春市人，吉林大学哲学社会学院教授、博士生导师，研究方向：环境社会学与经济社会学；刘立坡（1980—　），男，吉林省九台市人，吉林大学博士研究生，东北电力大学社会科学学院讲师，研究方向：环境社会学。

些因素加以解释。到21世纪初期，对环境行为产生直接作用的因素——环境身份则逐渐引起了社会学学者的普遍重视，并成为环境社会学研究的一个新理论视角。

一　环境身份的提出与测量

（一）环境身份的提出与内涵：从心理学到社会学

环境身份（Environmental Identity）概念一般有两种理解，环境认同和环境身份。环境认同中的“环境”包括自然环境和社会环境两个方面，自然环境的环境认同是指，生活在特定自然环境中的个体对自身生存环境的认可和赞同程度，表现为个体对其所生活的建筑物及附近的草坪等自然环境是否认可的程度。[①] 社会环境的环境认同，则是指生活在社会中的个体对其所处的社会环境，如人际关系、社会制度的认可和赞同程度。[②] 相比较而言，环境身份中的“环境”一般指的是自然环境，它是国外学者在研究人与自然环境的关系程度时提出的概念。

环境身份概念最早见于20世纪90年代，由美国心理学家魏格特（A. Weigeit）在《自我、互动和自然环境：重新调整我们的视野》一书中提出来的。面对日益严重的全球环境危机，他从心理学的自我（self）概念出发来探讨人与自然环境（natural environment）之间的关系问题。他认为，自我是一个动态性的概念，在人与自然环境的关系研究中，处于与自然环境互动中的自我要符合时代的特征。而环境身份则表达了一种当代的、新

① Lim, W. S. W., “Associates Singapore: Environmental Identity and Urbanism.” *Habitatintl*, No. 8, 1984.

② Smart, J. C, Thompson, M. D., “The Environmental Identity Scale and Differentiation among Environmental Models in Holland's Theory.” *Journal of Vocational Behavior*, Vol. 58, No. 3, 2001.

的自我观念，即在人与自然环境的互动关系中，“我”是谁，“我们”与谁相关联，以及怎样关联作为“他者”的自然环境，从而形成经验性的社会理解。以往的环境身份是传统的、乡村式的，往往限定在一个当地的组织或社区中，而今天的“后物质主义”（post-materialism）的环境身份打破了传统框架的束缚，这归因于社会运动所带来的结果。[①]

在魏格特的“环境身份”概念提出之后的几年里，并没有引起其他学者的关注。直到2003年，美国学者克莱顿（S. Clayton）指出，关于环境身份的社会心理学分析过度关注社会过程，忽视了与社会相互作用的非人方面（自然环境）的影响。因此，她进一步强调，环境身份是一种指涉环境和身份相关的自我概念。在自我的定义中，意指包含自我的、与非人的自然环境相关联的，并且影响我们觉察及行为方式的一种意识。环境身份与个体所具有的其他身份相似，如性别、种族及国籍等，它提供了一个我们属于哪一个组别或群体的意识。或者说，环境身份的形成来自两方面，即与自然的交往及社会性的建构。[②]

更为值得关注的是，另一位美国学者斯代特（J. Stets）摆脱了以往心理学研究的桎梏，将社会学的身份理论（identity theory）[③] 应用到环境身份研究中来。基于魏格特对环境身份的阐释，斯代特提出了具有社会学意义的环境身份概念，即环境身份是人与自然环境相关联时，所赋予自我的一系列意义。个体在社会中有着多重的身份属性，环境身份与职业身份、性别身份一样也是一种身份类型。而且，包括环境身份在内，个体所具有

---

① Weigeit, A. J., *Self interaction and the National Environment: Refocusing our Eyesight*, New York: SUNY Press, 1997, pp. 159 - 175.

② Clayton, S., “Environmental identity: A Conceptual and An Operational Definition.” In CLAYTON, S., OPOTOW, S. (Eds.). *Identity and the Nature Environment: The Psychological Significance of Nature.* Massachusetts: MIT Press, 2003, pp. 45 - 66.

③ “identity theory”一词目前国内有两种译法，即“认同身份理论”和“身份理论”，本文采用第二种译法。身份理论认为，行为者的行为具有趋向性和目的性，在社会结构中依靠社会关系网络和角色使得个体有着更多的身份，这些身份是分等级地被组织到不同的层级中，其层级性反映了组织性的社会规则的存在。

的多种不同身份是按照层级进行排列的。[①] 相对于心理学对环境身份的理解，社会学意义的环境身份不仅包括环境身份的主观自我意识层面，还重在强调环境身份的身份类型化和多重身份的结构层级性，凸显了其社会性特征，进一步深化了环境身份的理论研究。

（二）环境身份的测量

事实上，在魏格特环境身份概念提出之前，国外已有学者在研究心理学的自我概念时就已经提出了自我与他者的关系测量问题。在心理学领域内较早涉及自我与自然环境的关系测量的是美国学者阿伦（A. Aron）等人，他们提出了自我中应包含他者（一般指具体的人，如伙伴、合作者等）的测量（Inclusion of Other in Self scale），测量的基础在于假定个体（被访者）具有与自然环境存在关系的外部信念，简称"IOS 测量"。[②] 后来，美国学者达彻（D. Dutcher）在此基础上将他者直接定位于自然，提出了自我中应包含自然的测量（Inclusion of Nature in Self scale），简称"INS 测量"[③]，其测量指标主要用来测量个体的自我认知陈述，涉及与自然环境、亲环境行为（pro-environmental behavior）[④] 及环境态度之间的联系程度。

进入 2000 年以来，环境身份研究愈加受到重视，测量技术日渐成熟。克莱顿在"INS 测量"方法的基础上，发展出了依据 24 个问题进行环境身份测量的方法，即"24 项环境身份测量" （24 – item Environmental

---

① Stet, J, Chris, F. B. , "Bringing Identity Theory into Environmental Sociology." *Sociology Theory*, Vol. 21, No. 4, 2003.

② Aron, A. , Aron, E. N, Tudor, M. , "Close Relationship as including Other in the Self", *Journal of Personality and Social Psychology*, Vol. 60, No. 2, 1991.

③ Dutcher, D. *Landowner Perceptions of Protecting and Establishing Riparian Forests in Central Pennsylvania* . Pennsylvania: Pennsylvania State University, 2000.

④ "亲环境行为"最常见的定义是，"有意降低对环境负面影响的行为"，主要涉及个体日常生活中的环境保护行为，如低能源消耗的生活方式、破旧物品的回收及循环利用等。

Identity Scale），又简称为“24 项 EID 测量”。[①] 该测量方法采用让被访者自我陈述的方式，通过对被访者得出的答案进行赋值，最后计算出总得分，进而判断其环境身份的强弱与否。“24 项 EID 测量”包括 5 个指标和具体可操作的 24 个问题，这 5 个指标及其对应的部分问题分别是：（1）显著性（salience）：体现的是个体与自然环境互动的重要性及程度，例如，开展环境行为对我来说是重要的，我在自然环境中花费了很多时间。（2）自我认同（self-identification）：通过自然有助于集体认同的方式，如我认为自己是自然的一部分，而不是与它们分离。（3）思想意识（ideology）：反映对环境教育与可持续性的生活方式的支持程度，如面向地球负责任的行为及可持续的生活方式是我道德准则的一个部分。（4）积极的情感（positive emotions）：表达个体在自然中所获得的快乐（如满意度、审美），如我宁愿居住在一个风景好的小房子里，而不是只有建筑物景观的大房子里。（5）自传（autobiographical）：基于个体与自然互动的记忆，如在我的房间里保留了一些户外的纪念品，如贝壳、岩石或羽毛。

与克莱顿的“24 项 EID 测量”方法不同，斯代特不仅提出了环境身份的“11 项 EID 测量”方法，还重点突出了社会学的身份特征，即突出性（prominence）、显著性（salience）和承诺性（commitment）的特征及测量方法。

她的“11 项 EID 测量”方法涉及 11 个问题，被问及被访者怎样看待自我与环境之间的关系。笔者将其概括为两个指标，这两个指标及其对应的部分问题分别是：（1）与自然环境的联结关系，例如，我们与自然环境是竞争还是合作关系。（2）对待自然环境的态度，如我们对自然环境是热情的还是冷漠的，我们是保护自然环境还是无须保护自然环境。然后，根据被访者对每个问题的选择答案进行赋值，并计算出总得分，得分较高代表环境友好型身份（environmental friendly identity）、亲环境身份（pro-environmental identity）。

除此之外，斯代特还利用社会学的身份理论提出了测量环境身份的显

---

① Clayton, S. Environmental identity: A Conceptual and An Operational Definition In: Clayton, S., Opotow, S. (Eds.). *Identity and the Nature Environment*: *The Psychological Significance of Nature*, Massachusetts: MIT Press, 2003, pp. 45 - 66, 52 - 53.

著性、突出性和承诺性的方法。第一，测量环境身份显著性的指标包括：环境身份是否被社会承认，具有环境身份的个体能否从他处得到帮助，个体通过环境身份能否得到内在和外在的奖赏。如果被访者对这三个问题的回答越是肯定，则其环境身份就越显著。第二，身份的突出性主要表现在多重身份方面，某种身份在特殊情形中能够被号召，并采取符合身份意义的一系列行动。环境身份的突出性测量指标包括：当你与其他不认识的人见面时，你最先把你下面的哪些身份（职业身份、环境保护主义者身份、其他身份）介绍给对方。如果一个人越是把环境保护者的身份放在前面进行介绍，则说明其环境身份越突出。第三，身份的承诺性关系到通过身份获得被联系人的数量。通过拥有一个特殊的身份，被联系的人越多则身份承诺就越多。环境身份的承诺性测量指标包括：个体是否经常参加环保群体与组织的活动，并且是否能够通过环境身份联系更多的人。如果一个人越是经常参加环保群体与组织的活动，并且能够通过环境身份联系更多的人，则说明其环境身份的承诺性越强。①

总之，从上述不同学者的环境身份的测量指标中可以看出，环境身份测量是国外学者从人与自然环境关系的角度对环境危机做出的学理回应。与心理学研究相比较，社会学学者的研究更强调将环境身份置于身份的多重性、层级性的社会结构中，凸显了身份的类型化及结构性特征，在一定程度上深化了环境身份的测量研究。

二 环境身份的影响因素及结果变量

（一）环境身份的影响因素

国外学者在环境身份的研究中，也在探究环境身份的影响因素及产生

① Stet, J. & Chris, F. B., "Bringing Identity Theory into Environmental Sociology." *Sociological Theory*, Vol. 21, No. 4, 2003.

的后果，以便有助于寻求提升并构建环境身份的策略，进而期望影响人类的环境行为。

1. 性别因素

在环境身份的研究中，性别一直是受到关注的影响因素，有学者认为不同性别之间的环境身份存在一定的差异。相比较而言，“有同情心”（caring）是女性的一种特质，女性比男性更加关注她们的家庭和社区的健康与安全，这种特质容易使女性身份与环境身份相关联，使女性身份更容易唤起环境身份的觉醒，并产生亲环境行为。而且，由于个体在建立环境身份之前就已经形成了性别身份，女性性别身份和对“其他的关注”更易于联系在一起，这将会影响到环境身份的属性。

2003 年，斯代特在美国西北大学对社会学专业的学生做了一项关于环境身份的调查。一共有 437 名学生参与了该项调查，被访者中女性占 60%，男性占 40%。研究结果显示，性别身份与环境身份的突出性、显著性及承诺性呈高度相关。由于女性比男性更能够拥有一个“生态世界观”以及和亲环境行为相关联的“社会利他主义”的价值观，因此，女性比男性更可能表达出环境身份的突出性、显著性和承诺性。①

2. 对自然环境的经历及个体的生长环境

一些学者认为，对自然环境的经历频次以及从这个经历中获得意义的程度将有助于积极地预测环境身份，如生长在乡村的人要比生长在城市和郊区的人能够表达出更强的环境身份。

英国学者汉斯（J. Hinds）对英国苏塞克斯大学心理学专业的 36 名大学生进行了调查，经过回归分析的检验，发现环境身份能够被自然环境的经历频次、个人意义及童年的生活地点等变量进行预测。尤其是自然环境的经历频次是一个较有意义的环境身份的预测值（$\beta = 0.40$，$t = 2.17$，$p = 0.038$）。自然环境的经历频次越多，环境身份则越强。同时，经过方差分析还发现，生长在不同地点的人的环境身份存在着一定的差别［$F(2, 33) = 2.97$，$p = 0.065$］，与生长在城市和郊区的被访者相比较，生

① Stet, J. & Chris, F. B., “Bringing Identity Theory into Environmental Sociology.” *Sociological Theory*, Vol. 21, No. 4, 2003.

长在乡村的被访者显示了更强的环境身份。[1]

克莱顿等人在英国4个动物园（计8个展区）对506个人进行了环境身份调查。调查显示：动物园成员（Zoo members，n =105）的环境身份要明显地高于非动物园成员（nonmembers，n =401）[$F(1, 486) = 5.5$，$p = 0.01$]，其主要原因在于动物园成员长时间地与动物接触，培养了与动物相关的较强的环境身份。[2]

3. 特定的指示物

还有学者指出，一些以往的特定物品、话语及事件等能够唤起环境身份，充当环境身份的指示物。魏格特就认为，图像（例如与环境相关的老照片、图片等）、新的话语（生态和谐、环境友好等词语）、社会运动（与环境保护相关的运动）及范式冲突（人类中心说和生态中心说的对立）等能够唤醒人类新的自我意识和环境身份。[3] 此外，美国学者托马斯修（M. Thomashow）也发现，童年时期有关特定的自然环境的记忆，以及这些特定的或相似的，但已被破坏的自然环境所带来的失落情感等，也能够唤起人与自然环境相联系的意识，并提升其环境身份。[4]

（二）环境身份的结果变量

在环境社会学的研究中，一般较为关注环境问题产生的社会原因及社会影响。而环境行为（作为原因）和环境运动（作为影响）则一直受到环境社会学学者的普遍重视，环境身份已经开始介入环境行为与环境运动的研究中。

---

① Hinds, J., Sparks, P., "Investigating Environmental Identity Well-Being and Meaning." *Ecopsychology*, Vol. 1, No. 4, 2009.

② Clayton, S., Fraser, J& Burgess, C., "The Role of Zoos in Fostering Environmental Identity." *Ecopsychology*, Vol. 3, No. 2, 2011.

③ Weigeit, A. J., *Self interaction and the National Environment: Refocusing our Eyesight*, New York: SUNY Press, 1997, pp. 176 - 181.

④ Thomashow, M., *Ecological Identity: Becoming a Reflective Environmentalist*, Massachusetts: MIT Press, 1995, pp. 169 - 194.

1. 环境行为

国外学者在环境身份的研究中，经常把环境身份作为前因变量，研究环境身份对环境行为产生的影响，这种研究模式源自环境态度与环境行为之间关系的不确定性。20 世纪 70 年代，环境社会学学者为了预测环境行为，借助于心理学的态度与行为的关系理论模式建立了环境态度的测量方法，进行了环境态度与环境行为的关系研究，如美国学者邓拉普（R. E. Dunlap）提出了“环境态度—环境行为”的研究路径。瓜纳诺德（G. A. Guagnano）进一步研究也发现，环境态度和环境行为之间关系的成立需要满足一些额外的条件，并且已有的关于两者之间关系的研究仅强调环境行为产生的心理过程，却忽略了社会结构因素的影响。①

有鉴于此，有学者从环境身份的多元化功能角度开展了环境行为的影响研究。第一，环境身份对环境行为的解释功能。美国学者肯普顿（W. Kempton）认为，环境身份的身份、认知及情感联系等指标对环境行为具有解释功能。他对来自美国德玛瓦半岛和北卡罗来纳州两个地区的 159 个个案（大部分属于当地环境组织的成员）进行研究，发现环境身份和环境行动的开展存在着关联性，具有积极行动者、环境保护主义者和动物关爱者身份的个体更倾向于环境保护的行为，三个变量可以共同解释公民环境行动的 27% 的方差。② 德国学者卡尔斯（E. Kals）在对儿童蝙蝠保护行为的研究中也发现：对环境身份的认知指标（如对蝙蝠面临灭绝危机性的关注、对一般环境风险的关注）以及情感指标（如与蝙蝠的情感

---

① Guagnano, G. . A. & Stern, P. C. , Dietz, T. , “Influences on attitude-behavior Relationships: A natural experiment with curbside recycling.” *Environment and Behavior*, Vol. 27, No. 5, 1995.

② Kempton, W. & Holland, D. C. , “Identity and Sustained Environmental Practice.” In CLAYTON S. , OPOTOW S. (Eds.) . *Identity and the natural environment: The psychological significance of nature*, Massachusetts: MIT Press, 2003, pp. 317 - 342.

联系）等能够解释儿童的蝙蝠保护行为。[①] 第二，环境身份对环境行为的预测与调节功能。斯代特通过引入环境身份变量建立了环境身份模型（见图1），提出了“环境身份—环境态度—环境行为”和“环境身份—环境行为”两个研究路径。在她看来，环境身份对环境行为有着直接和间接的双重影响，环境身份不仅可以直接影响和预测环境行为，还通过环境态度（包括生态世界观和后果意识）间接地影响环境行为。[②]

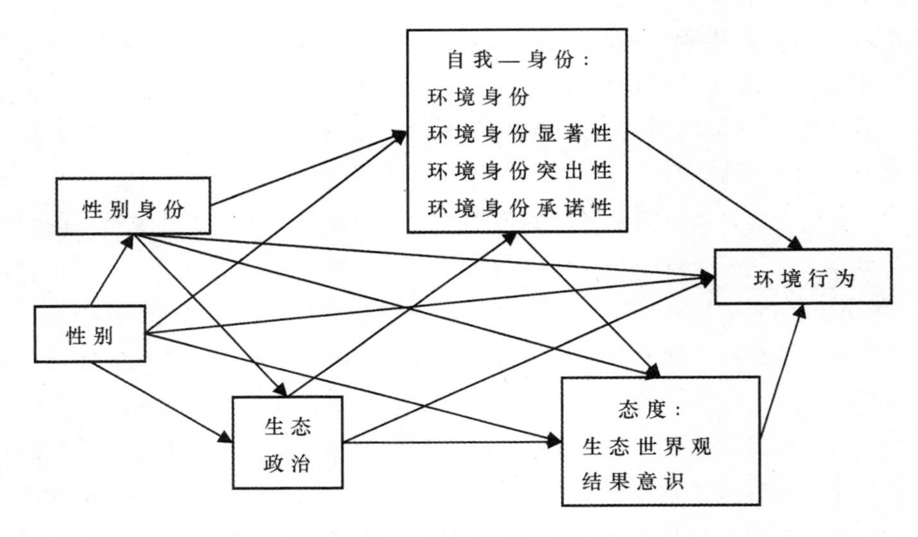

图1 斯代特的环境身份模型

此外，在环境身份和亲环境行为的研究中，德国学者弗雷特（Fritsche，2012）等还指出，亲环境行为往往容易受到其他因素的影响，如利己主义价值观及追求过度消费物质资源的生活方式等。而一旦环境身份能够发挥出其调节作用，即通过自我赋予的与自然环境密切联系的意

① Kals, E, Ittner, H., “Children's Environmental Identity: Indicators and Behavioral Impacts.” In Clayton, S., &Opotow, S. (Eds.). *Identity and the natural environment: The psychological significance of nature*, Massachusetts: MIT Press, 2003, pp. 135 – 158.

② Stet, J. & Chris, F. B., “Bringing Identity Theory into Environmental Sociology.” *Sociological Theory*, Vol. 21, No. 4, 2003.

识，抵制对自然环境不利的利己主义价值观和消费主义思想，进而调节个体破坏自然环境或浪费资源的行为，亲环境行为所受到的威胁就会被消除。[①]

2. 环境运动

一般而言，环境运动主要表现为组织性与群体性的行为，也表现为个体对环境破坏者采取的抵抗行为。有学者指出，环境身份对环境运动的发生具有其积极的促进作用。第一，通过环境身份的提升，能够让个体以不同的方式感受到不同于以往的自然环境，进而帮助人们发展出一种与外部自然环境相联系的情感，改变日益物化的价值观和人生目标，这将有助于引导环境运动的发生。[②] 第二，环境身份能够影响个体对环境运动目标的认同。邓拉普（2008）提出了“环境运动身份”的概念，用于指代个体参与环境运动的意愿以及对环境运动的情感联系程度。[③] 他利用2000年盖洛普“地球日”的民意调查数据（1004名成年人的电话调查数据），对环境运动身份与环境运动目标评价进行了相关分析，结果发现：环境运动身份与环境运动目标评价呈现为积极的相关性，一个人越是积极地参与环境运动且对环境运动表示高度的关注，就越是认同环境运动的目标。

3. 环境身份研究的简要评价

从魏格特到具有社会学意义的环境身份概念的提出，环境身份的研究已逐渐成为环境社会学研究的一个新的理论视角。近几年来，关于环境身份的研究愈加深入和拓展，如澳大利亚、新加坡等国家的学者也在积极地开展这方面的研究工作，体现了环境身份研究所具有的开阔前景和积极的

---

① Fritsche, I. & Hanfner, K., "The Malicious Effects of Existential Threat on Motivation to Protect the Natural Environment and the Role of Environmental Identity as a Moderator." *Environment and Behavior*, Vol. 44, No. 4, 2012.

② Crompton, T. & Kasser, T., "Human Identity: A Missing Link in Environmental Campaigning." *Environment*, Vol. 52, No. 4, 2010.

③ Dunlap, R. E. & Mccright, A. M., "Social Movement Identity: Validating a Measure of Identification with the Environmental Movement." *Social Science Quarterly*, Vol. 89, No. 5, 2008.

理论及实践意义。①

首先，环境身份研究凸显了社会关系、社会结构因素的重要地位。一方面，指出了与身份相关联的行为必然受到个体的社会关系及所属的群体和组织的影响，即社会成员的环境行为受到其所属的环境群体、组织以及与这些群体、组织其他成员关系的影响。另一方面，把环境身份放到多重的身份集合中进行研究，如环境身份的突出性测量，体现了环境身份研究的结构属性特征。

其次，对环境身份的研究已经形成了一定的共识内容，如环境身份是对人与自然环境关系程度的测量，环境身份具有类型化及结构性特征，环境身份对环境行为与环境运动具有预测和促进作用等。这些研究推进了环境社会学的实证研究，成为环境社会学研究中的重要领域。

最后，我们也应当看到，关于环境身份的研究中也存在着有待于进一步深化的问题。第一，从方法论角度看，国外环境身份研究同当下流行的环境意识、环境关心及环境态度等方面的研究还存在着一定的交叉领域，尤其是在测量指标方面，还有待于进一步做出明确的方法论界定。第二，缺少综合研究方法的运用，多数学者以定量方法为主，而定性研究方法却鲜有出现。受环境身份难以从外部进行观察的影响，研究者多采用被访者主观自评的问卷调查方法进行数据的收集。这种单纯的量化研究方式在一定程度上会限定环境身份的研究视野，也易导致描述有余而解释不足的问题。因此，如何运用定量与定性相结合的研究方法是今后应当加以努力的方向。第三，如何进一步阐释社会制度、文化等社会结构因素对环境身份的影响，凸显环境身份研究的实践价值，也应当需要加以进一步深化研究。

（本文原载于《吉林师范大学学报》2014 年第 5 期）

---

① Dono, J. & Webb, J. & Richardson, B. The relationship between environmental activism, Pro-environmental behaviour and social identity, *Journal of Environmental Psychology*, Vol. 30, No. 2, 2010.

第二单元

环境意识与环境行为

检验环境关心量表的中国版（CNEP）*

——基于CGSS2010数据的再分析

洪大用　范叶超　肖晨阳**

［摘要］　本文利用2010年中国综合社会调查数据，对作者基于CGSS2003数据所提出的环境关心量表及其修订方案进行了再检验。数据分析表明，作者所提出的用于测量中国公众环境关心的2007版量表具有较好的信度和效度水平，不同时点的数据检验结果具有高度一致性，可以作为中国版量表（CNEP）施用于中国城乡居民环境关心的测量。作者进一步还指出了在实践中继续完善该量表的方向以及关注环境关心分析之心态体系视角的必要性。

［关键词］　环境关心　NEP量表　CNEP量表　心态体系

20世纪60年代，“环境”作为社会议题被提上西方国家政策议程。其后，许多民意调查和社会科学研究开始关注公众的环境关心，即人们“意识到并支持解决涉及生态环境的问题的程度或者为解决这类问题而做

* 基金项目：教育部人文社会科学重点研究基地重大项目（立项编号：13JJD840006）。

** 作者简介：洪大用，社会学博士，中国人民大学社会学系教授，环境社会学研究所所长；范叶超，中国人民大学社会学系博士研究生；肖晨阳，社会学博士，美利坚大学社会学系副教授。

出贡献的意愿”①。1978 年，邓拉普和范李尔②正式提出了测量环境关心的 NEP 量表（以下简称“1978 版量表”）；2000 年，邓拉普等人③又推出了量表的修订版（以下简称“2000 版量表”）。④ 三十多年以来，NEP 量表已发展成为全球范围内最为广泛使用的环境关心测量工具。⑤

2003 年，洪大用在中国综合社会调查（CGSS2003）中引入 2000 版量表，并基于该次调查数据对其适用性情况进行了全面考察⑥，指出 2000 版量表总体上具有可接受的信度和效度水平，与此同时也存在一些突出问题，例如量表的内部一致性不强、预测效度偏低，且部分项目的 α 系数、分辨力系数和因子负载低于可接受的统计标准，量表的单一维度也未得到数据的有效支持。为了确保中国公众环境关心测量的精确性，作者提出了改造 2000 版量表的初步设想，即选取其中的第 1、3、5、7、8、9、10、

---

① Dunlap, Riley E., & Robert E. Jones, “Environmental Concern: Conceptual and Measurement Issues.” in R. E. Dunlap and W. Michelson, eds., *Handbook of Environmental Sociology*. Westport, CT: Greenwood Press, 2002, p. 485.

② Dunlap, Riley E., & Kent D. Van Liere, “A Proposed Measuring Instrument and Preliminary Results: The ‘New Environmental Paradigm’.” *Journal of Environmental Education*, 9, 1978.

③ Dunlap, Riley E., Kent D. Van Liere, Angela G. Mertig, & Robert Emmet Jones, “New Trends in Measuring Environmental Attitudes: Measuring Endorsement of the New Ecological Paradigm: A Revised NEP Scale.” *Journal of Social Issues*, 56, 2000.

④ NEP 是英语“New Environmental/Ecological Paradigm”的缩写，NEP 量表可以翻译为“新环境范式量表”或“新生态范式量表”，分别指代 1978 年提出的和 2000 年修订后的两个 NEP 量表。两个量表有 8 个测量项目重叠或相似，但前者测量项目共有 12 个，后者增加至 15 个。关于 NEP 量表的提出与修订过程，有兴趣的读者可以参阅文章《环境关心的测量：NEP 量表在中国的应用评估》（洪大用，2006）。

⑤ Dunlap, Riley E., “The New Environmental Paradigm Scale: From Marginality to Worldwide Use.” *The Journal of Environmental Education*, 40, 2008. Freudenburg, William R., “Thirty Years of Scholarship and Science on Environment-Society Relationships.” *Organization & Environment*, 21, 2008.

⑥ 洪大用：《环境关心的测量：NEP 量表在中国的应用评估》，《社会》2006 年第 5 期；肖晨阳、洪大用：《环境关心量表（NEP）在中国应用的再分析》，《社会科学辑刊》2007 年第 1 期。

11、13和15项，建构一个包括10个测量项目的“中国版NEP量表”（以下简称“2007版量表”）。初步分析表明，该量表是单一维度的，相较于2000版量表具有更好的信度与效度水平。①

但是，对2007版量表进行检验的数据基础是有局限的。CGSS2003囿于有限的人力、物力，只在全国城镇地区实施，并未包括乡村样本。同时，由于合作方的困难，2003年的调查在广东省、吉林省、黑龙江省和湖北省的部分样本城市未能付诸实施，实际完成的样本较设计样本少了902人。因此，不仅2000版量表需要经过中国农村地区调查的再检验，2007版量表也需要利用更具有代表性的数据作进一步的检验和分析。CGSS2010覆盖了城乡，包括了与CGSS2003相同的一些调查项目，为我们进一步的检验分析提供了比较理想的数据基础。本文在进一步总结有关NEP量表之研究的基础上，利用CGSS2010数据对2000版量表和2007版量表继续进行科学评估，试图提出可以在中国城乡居民环境关心的经验研究中广泛应用的NEP量表中国版，即CNEP量表。

一 NEP量表及其在环境关心测量中的应用

迄今为止，NEP量表及其不同版本在全球四十多个国家和地区的数百项研究得到过应用。② 笔者于2013年12月20日利用美国科学信息研究所Web of Science网站的社会科学引文索引（SSCI）检索发现，提出1978

---

① 肖晨阳、洪大用：《环境关心量表（NEP）在中国应用的再分析》，《社会科学辑刊》2007年第1期。Xiao, Chenyang, & Dayong Hong, "Gender Differences in Environmental Behaviors in China." *Population and Environment*, 31, 2010. Xiao, Chenyang, Riley E. Dunlap, & Dayong Hong, "The Nature and Bases of Environmental Concern among Chinese Citizens." *Social Science Quarterly*, 94, 2012。

② Hawcroft, Lucy J., & Taciano L. Milfont, "The Use (and Abuse) of the New Environmental Paradigm Scale over the Last 30 Years: A Meta-analysis." *Journal of Environmental Psychology*, 30, 2010.

版量表的论文共被引用 689 次，提出 2000 版量表的论文共被引用 627 次；同日，使用 Google Scholar 搜索引擎检索显示，引用前后两版量表的研究数量分别为 1874 和 1897。[①] 这说明了环境关心测量的重要性以及关于 NEP 量表研究成果的丰富性、全球性。不过，各种研究的结论并不完全一致，很多研究者基于各自的学科视角或调查发现指出了 NEP 量表及其不同版本在应用时存在的种种问题。

（一）国外学者围绕 NEP 量表及其应用的有关争论

首先，是关于量表的内容效度问题。拉隆达和杰克逊[②]通过互联网实施了一项国际调查，来自 23 个国家的 238 名受访者被要求填答原版量表并对量表项目进行评论，以评估 1978 版量表的内容效度。基于调查结果，作者认为，自 1978 版量表提出后的二三十年里，环境问题的性质、严重程度和波及范围都发生了巨大变化，而原版量表大多数项目的措辞已经过时，不能准确测量公众环境态度的新动向。伦德马克[③]基于环境伦理学的视角也指出，2000 版量表的理论基础并不牢靠，从量表的项目陈述很难将生态中心主义取向和人类中心主义取向区别开来，在这个意义上来说，其所测量的只是一种粗浅的生态价值观。

其次，是关于量表的维度问题。在量表的提出者看来，1978 版量表是一个内部一致性较好的、单一维度的量表。[④] 2000 版量表测量了环境关

---

① Web of Science 引文检索只包括 SSCI 期刊论文的引用情况（参见 http：//apps. webofknowledge. com/），Google Scholar 还收录了会议论文和专著的引用情况（参见 http：//scholar. google. com/）。

② Lalonde，Roxanne，& Edgar L. Jackson，“The New Environmental Paradigm Scale：Has it Outlived Its Usefulness?” *The Journal of Environmental Education*，33，2002.

③ Lundmark，Carina，“The New Ecological Paradigm Revisited：Anchoring the NEP Scale in Environmental Ethics.” *Environmental Education Research*，13，2007.

④ Dunlap，Riley E. & Kent D. Van Liere，“A Proposed Measuring Instrument and Preliminary Results：The ‘New Environmental Paradigm’.” *Journal of Environmental Education*，9，1978.

心五个相互关联的面向[①]（分别是自然平衡、人类中心主义、人类例外主义、生态环境危机和增长极限），似乎暗示修订后的量表具有五个维度。但是，邓拉普等人基于统计检验结果却认为，2000版量表仍然是具有较优内部一致性的单维量表。[②] NEP量表的单维结构被一些学者所接受，在实际运用中也是将量表所有项目得分累加得出一个单独的分数，而不是将量表项目拆分为子量表使用。[③] 但是，也有研究者认为，无论是1978版还是2000版，量表的单维性都值得怀疑。基于经验调查结果，研究者认为1978版量表存在二维结构[④]、三维结构[⑤]、

---

① 邓拉普等人在此使用“面向”（facets）这个概念，是为了描述一种新生态世界观的不同概念原理，并基于这些面向发展出相关的量表测量项目。

② Dunlap, Riley E., Kent D. Van Liere, Angela G. Mertig, & Robert Emmet Jones, “New Trends in Measuring Environmental Attitudes: Measuring Endorsement of the New Ecological Paradigm: A Revised NEP Scale.” *Journal of Social Issues*, 56. 2000.

③ e. g. Shin, W. S., “Reliability and Factor Structure of A Korean Version of the New Environmental Paradigm.” *Journal of Social Behavior and Personality*, 16, 2001. Slimak, Michael W., & Thomas Dietz, “Personal Values, Beliefs, and Ecological Risk Perception.” *Risk Analysis*, 26, 2006. Steg, Linda, Lieke Dreijerink, & Wokje Abrahamse, “Factors Influencing the Acceptability of Energy Policies: A Test of VBN theory.” *Journal of Environmental Psychology*, 25, 2005.

④ Scott, David, & Fern K. Willits, “Environmental Attitudes and Behavior A Pennsylvania Survey.” *Environment and behavior*, 26, 1994. Bechtel, Robert B., Victor Corral-Verdugo, & Jose de Queiroz Pinheiro, “Environmental Belief Systems United States, Brazil, and Mexico.” *Journal of Cross-Cultural Psychology*, 30, 1999. Gooch, Geoffrey D., “Environmental Beliefs and Attitudes in Sweden and the Baltic States.” *Environment and behavior*, 27, 1995.

⑤ Albrecht, Don, G. Bultena, E. Hoiberg, & P. Nowak, “Measuring Environmental Concern: The New Environmental Paradigm Scale.” *The Journal of Environmental Education*, 13, 1982. Edgell, Michael CR, & David E. Nowell, “The New Environmental Paradigm Scale: Wildlife and Environmental Beliefs in British Columbia.” *Society & Natural Resources*, 2, 1989. Kanagy, Conrad L., & Fern K. Willits, “A ‘Greening’ of Religion? Some Evidence from a Pennsylvania Sample.” *Social Science Quarterly*, 74, 1993. Noe, Francis P., & Rob Snow, “The New Environmental Paradigm and Further Scale Analysis.” *The Journal of Environmental Education*, 21, 1990.

四维结构[①]甚至五维结构[②]，2000 版量表也被一些研究者证明具有多维结构[③]。

再次，是关于 NEP 量表对环境保护行为的预测能力问题。虽然有研究发现了 1978 版量表的分值与环保行为之间高度相关[④]，但更多的研究则表明，经 NEP 量表测出的环境关心水平较高的受访者中，大多数却缺乏参与保护环境的行为或环保意愿不强。[⑤] 在邓拉普等人提出和修订 NEP 量表的研究中，1978 版量表和 2000 版量表分值与个人环保行为之间的相

① Roberts, James A. , & Donald R. Bacon, "Exploring the Subtle Relationships between Environmental Concern and Ecologically Conscious Consumer Behavior. " *Journal of Business Research*, 40, 1997. Furman, Andrzej, "A Note on Environmental Concern in a Developing Country Results From an Istanbul Survey. " *Environment and Behavior*, 30, 1998.

② Geller, Jack M. , & Paul Lasley, "The New Environmental Paradigm Scale: A Reexamination. " *The Journal of Environmental Education*, 17, 1985.

③ Grendstad, Gunnar, "The New Ecological Paradigm Scale: Examination and Scale Analysis. " *Environmental Politics*, 8, 1999. Amburgey, Jonathan W. , & Dustin B. Thoman, "Dimensionality of the New Ecological Paradigm Issues of Factor Structure and Measurement. " *Environment and Behavior*, 44, 2012. Erdo ğ an, Nazmiye, "Testing the New Ecological Paradigm Scale: Turkish case. " *African Journal of Agricultural Research*, 4, 2007.

④ Tarrant, Michael A. , & H. Ken Cordell, "The Effect of Respondent Characteristics on General Environmental Attitude-behavior Correspondence. " *Environment and behavior*, 29, 1997.

⑤ e. g. Scott, David, & Fern K. Willits, "Environmental Attitudes and Behavior. A Pennsylvania Survey. " *Environment and behavior*, 26, 1994. Cordano, Mark, Stephanie A. Welcomer, & Robert F. Scherer, "An Analysis of the Predictive Validity of the New Ecological Paradigm Scale. " *The Journal of Environmental Education*, 34, 2003. Corral-Verdugo, Victor, & Luz Irene Armendáriz, "The 'New Environmental Paradigm' in a Mexican Community. " *The Journal of Environmental Education*, 31, 2000.

关系数分别是0.24[1]和0.30[2]，也可以说是只存在低度相关关系。

最后，是关于量表在美国之外的地区与国家中应用时的效能问题。如前所述，目前NEP量表已经成为世界范围内最为广泛使用的测量公众环境关心的工具。[3]一些研究证明了NEP量表在非西方和非工业发达国家同样具有较好的测量效果。[4]但是，另外一些研究则对NEP量表在其他国家移植的可能性指出了质疑。例如，古奇在东欧转型国家拉脱维亚和爱沙尼亚的调查发现，1978版量表的克朗巴哈α信度系数（Cronbach's Alpha）分别只有0.35和0.52，显示量表的信度不高。[5]再如，舒尔茨和泽勒尼的一项跨国比较研究表明，1978版量表的分值与美国、西班牙和墨西哥公众的环保行为呈现显著的正相关关系，但在尼加拉瓜、秘鲁的调查却发现二者并不显著相关，由此证明量表在一些国家可能失去了预测效度。[6]据此有学者认为，NEP量表所测量的"新生态价值观"（即一般性的环境关心）可能只适用于北美社会，并不能准确测量其他文化背景、经济发

---

① Dunlap, Riley E., & Kent D. Van Liere, "A Proposed Measuring Instrument and Preliminary Results: The 'New Environmental Paradigm'." *Journal of Environmental Education*, 9, 1978.

② Dunlap, Riley E., Kent D. Van Liere, Angela G. Mertig, & Robert Emmet Jones, "New Trends in Measuring Environmental Attitudes: Measuring Endorsement of the New Ecological Paradigm: A Revised NEP Scale." *Journal of Social Issues*, 56, 2000.

③ Hawcroft, Lucy J., & Taciano L. Milfont, "The Use (and Abuse) of the New Environmental Paradigm Scale over the Last 30 Years: A Meta-analysis." *Journal of Environmental Psychology*, 30, 2010.

④ Pierce, J. C., N. P. Lovirch Jr, T. Tsurutani, & T. Abe, "Environmental Belief Systems among Japanese and American Elites and Publics." *Political Behavior*, 9, 1987. Adeola, Francis O., "Environmental Contamination, Public Hygiene, and Human Health Concerns in the Third World the Case of Nigerian Environmentalism." *Environment and Behavior*, 28, 1996.

⑤ Gooch, Geoffrey D., "Environmental Beliefs and Attitudes in Sweden and the Baltic States." *Environment and behavior*, 27, 1995.

⑥ Schultz, P. Wesley, & Lynnette C. Zelezny, "Values and Proenvironmental Behavior: A five country survey." *Journal of Cross-Cultural Psychology*, 29, 1998.

展水平和意识形态社会公众的环境关心水平。[①]

2008年，为了纪念NEP量表问世30周年，量表的主要作者邓拉普发表了一篇名为“NEP量表：从边缘到全球普及”的文章，对三十年来NEP量表的提出、修订过程及目前应用情况进行了系统的回顾，并围绕以上几点争议问题逐一进行了回应。[②]

其一，针对NEP量表的“过时”问题，邓拉普承认1978版量表确有不足，但是因为NEP量表测量的是关于人与环境关系的一般性看法，特别是新修订的2000版量表为了适应环境问题的变化已经结合一些批评意见调整了量表的项目内容和措辞，从而有效避免了内容效度下降的问题。[③] 尽管如此，仍然有学者对2000版量表的内容效度存在质疑。

其二，针对NEP量表的维度问题，邓拉普认为，从心态体系（belief system）[④] 的视角来看，公众的环境心态体系会因为其所处的不同文化背景和阶层差异而存在不同的组合方式，NEP量表的潜在多维性正是不同群体看待人与环境关系方式有所不同的真实反映。[⑤] 心态体系视角的引入，使得原本关于NEP量表的维度争论从分散走向了统一。在近期的一项研究中，肖晨阳、邓拉普和洪大用使用CGSS2003数据对中国城市居民环境关心的本质与社会基础进行了深入的分析，指出与在北美的相关发现

---

① Chatterjee, Deba Prashad, “Oriental Disadvantage versus Occidental Exuberance Appraising Environmental Concern in India: a Case Study in a Local Context.” *International Sociology*, 23, 2008.

② Dunlap, Riley E., “The New Environmental Paradigm Scale: From Marginality to Worldwide Use.” *The Journal of Environmental Education*, 40, 2008.

③ Ibid..

④ 英文“belief system”，是西方社会科学研究中一个比较常见的分析概念，可以理解为一系列相互支持、紧密联系的看法组成的认知图式。直译过来应该是“信仰/信念体系”，但这种译法过于西化且很容易与宗教信仰等狭义层面的“信仰”相混淆。本文采用了“心态体系”的译法，希望可以最大限度地反映出“belief system”原概念中“由相互约束和有机相关的一系列观点、态度所组成的构型”（Converse, 1964）之含义。此外，“心态”的提法也更加符合目前中国民众的日常生活特征。

⑤ Dunlap, Riley E., “The New Environmental Paradigm Scale: From Marginality to Worldwide Use.” *The Journal of Environmental Education*, 40, 2008.

一样，中国公众中也存在一个相对连贯的环境心态体系。①

其三，针对 NEP 量表不能有效预测环境行为的问题，邓拉普指出，态度与行为之间的落差与不一致源于使用广义的态度去预测具体的行为，因此不能奢求 NEP 量表成为预测具体环境行为的强力工具，并建议引入其他变量来提高对环境行为的预测力。② 在斯特恩③的价值—观念—规范（Value-Belief-Norm，VBN）模型中，他尝试将 1978 版量表部分项目整合为影响环境行为几种心理性构念中的一种，从而有效提高了对个人环保行为的预测力。

其四，针对 NEP 量表的推广应用问题，邓拉普认为，量表在美国以外地区和国家的应用虽然效能一般会有所降低，但大多仍在可接受的统计标准以内，因此 NEP 量表具有很强的全球推广价值乃至可以用来做国际比较研究。④ 霍克罗夫特和米尔方特通过对 36 个国家 139 项研究中 NEP 量表的使用形式进行元分析，发现不同版本的 NEP 量表在各国应用的克朗巴哈 α 系数平均为 0.68（标准误差为 0.11），但仍有研究反映量表在一些国家应用时内部一致性较差。⑤

从我们所掌握的国外文献来看，可以说 NEP 量表在形式上仍然存在一定的改进空间。尽管很多研究仍然采用了两版量表之一的全部项目⑥，

---

① Xiao, Chenyang, Riley E. Dunlap, & Dayong Hong, "The Nature and Bases of Environmental Concern among Chinese Citizens." *Social Science Quarterly*, 94, 2012.

② Dunlap, Riley E., "The New Environmental Paradigm Scale: From Marginality to Worldwide Use." *The Journal of Environmental Education*, 40, 2008.

③ Stern, Paul C., "New Environmental Theories: Toward a Coherent Theory of Environmentally Significant behavior." *Journal of social issues*, 56, 2000.

④ Dunlap, Riley E., "The New Environmental Paradigm Scale: From Marginality to Worldwide Use." *The Journal of Environmental Education*, 40, 2008.

⑤ Hawcroft, Lucy J., & Taciano L. Milfont, "The Use (and Abuse) of the New Environmental Paradigm Scale over the Last 30 Years: A Meta-analysis." *Journal of Environmental Psychology*, 30, 2010.

⑥ Albrecht, Don, G. Bultena, E. Hoiberg, & P. Nowak, "Measuring Environmental Concern: The New Environmental Paradigm Scale." *The Journal of Environmental Education*, 13, 1982.

但也有相当一部分研究在使用量表时进行了或多或少的改进，改进的方向包括对一些项目进行删除①、引入一些新的测量项目②以及调整部分项目的措辞③等。霍克罗夫特和米尔方特的研究发现，在已有应用NEP量表的经验研究中，超过40%的研究只使用了新旧量表中的5—10个项目。④ 除了2000版量表外，邓拉普本人在其他研究中也曾尝试提出过NEP量表的精简版和儿童版。1981年，邓拉普在与美国大陆集团合作一项以环境为主题的大型社会调查时，因为合作方缩减量表长度的要求，曾将1978版量表精简为6项⑤，精简版的量表被一些研究者发现仍然具有很高的测量精确性并被引用⑥。2006年，邓拉普也曾与他人合作提出了一个儿童版的

---

① Geller, Jack M., & Paul Lasley, "The New Environmental Paradigm Scale: A Reexamination." *The Journal of Environmental Education*, 17, 1985. Pierce, J. C., N. P. Lovirch Jr, T. Tsurutani, & T. Abe, "Environmental Belief Systems among Japanese and American Elites and Publics." *Political Behavior*, 9, 1987. Noe, Francis P., & Rob Snow, "The New Environmental Paradigm and Further Scale Analysis." *The Journal of Environmental Education*, 21, 1990. Gooch, Geoffrey D., "Environmental Beliefs and Attitudes in Sweden and the Baltic States." *Environment and Behavior*, 27, 1995. Cordano, Mark, Stephanie A. Welcomer, & Robert F. Scherer, "An Analysis of the Predictive Validity of the New Ecological Paradigm Scale." *The Journal of Environmental Education*, 34, 2003.

② La Trobe, Helen L., & Tim G. Acott, "A Modified NEP/DSP Environmental Attitudes Scale." *The Journal of Environmental Education*, 32, 2000. Evans, Gary W., G. Brauchle, A. Haq, R. Stecker, K. Wong, & E. Shapiro, "Young Children's Environmental Attitudes and Behaviors." *Environment and Behavior*, 39, 2007.

③ e. g. Evans, Gary W., G. Brauchle, A. Haq, R. Stecker, K. Wong, & E. Shapiro, "Young Children's Environmental Attitudes and Behaviors." *Environment and Behavior*, 39, 2007.

④ Hawcroft, Lucy J., & Taciano L. Milfont, "The Use (and Abuse) of the New Environmental Paradigm Scale over the Last 30 Years: A Meta-analysis." *Journal of Environmental Psychology*, 30, 2010.

⑤ 分别是1978版量表的第2、4、5、6、9和11项。

⑥ Pierce, J. C., N. P. Lovirch Jr, T. Tsurutani, & T. Abe, "Environmental Belief Systems among Japanese and American Elites and Publics." *Political Behavior*, 9, 1987.

NEP 量表，该量表只保留了 2000 版量表中的 10 个项目，并对一些项目重新进行措辞以适应 10—12 岁儿童调查对象的特点。①

因此，出于提高测量精确性、切合研究主题、适应调查对象、节约调查时间等多种需要，对 NEP 量表进行项目构成、内容措辞等方面的改进应该说是一种合理的做法。但是，对于如何改造 NEP 量表的项目构成而又不损害测量工具的精确性，目前还没有统一的结论。有研究者从 2000 版量表的 5 个面向中各选择一正一负陈述的两个项目，组成了一个 10 项目的精简版量表，其内部一致性甚至较 15 项更好。② 也有学者将 1978 版和 2000 版量表重合和相近的 8 个项目组成一个新量表，并证明了这个量表具有更好的信度和效度。③ 更为常见的做法是，研究者根据因子分析的结果，将共同负载在某一因子上的项目挑选出来组成新的量表。④ 但无论如何，测量工具的明确维度以及良好的信度效度水平，应当成为对 NEP 量表进行改造的首要参考标准。

（二）NEP 量表在中国的应用与评估

NEP 量表引入中国内地的时间较晚。20 世纪 90 年代末，香港学者钟

---

① Manoli, Constantinos C., Bruce Johnson, & Riley E. Dunlap, "Assessing Children's Environmental Worldviews: Modifying and Validating the New Ecological Paradigm Scale for Use with Children." *The Journal of Environmental Education*, 38, 2007.

② Milfont, Taciano L., & John Duckitt, "The Structure of Environmental Attitudes: A First-and Second-order Confirmatory Factor Analysis." *Journal of Environmental Psychology*, 24, 2004.

③ La Trobe, Helen L., & Tim G. Acott, "A Modified NEP/DSP Environmental Attitudes Scale." *The Journal of Environmental Education*, 32, 2000. Cordano, Mark, Stephanie A. Welcomer, & Robert F. Scherer, "An Analysis of the Predictive Validity of the New Ecological Paradigm Scale." *The Journal of Environmental Education*, 34, 2003.

④ Hawcroft, Lucy J., & Taciano L. Milfont, "The Use (and Abuse) of the New Environmental Paradigm Scale over the Last 30 Years: A Meta-analysis." *Journal of Environmental Psychology*, 30, 2010.

珊珊和潘智生[①]以及卢永鸿和梁世荣[②]曾将1978版量表译为中文并运用在广东省的一些社会调查之中。2003年，洪大用将2000版量表引入中国综合社会调查之后，越来越多的内地学者开始使用2000版量表来研究中国公众的环境关心与行为[③]，但在量表项目的取舍方面却存在很大分歧：有的采用了全部量表项目，有的只采用了部分项目，有的还引入了新的项目。这种状况说明国内学者在环境关心的测量工具方面还没有达成共识，由此导致经验研究之间的可比性仍然不强，不利于学术对话和知识积累。因此也就有了进一步探讨更为科学的环境关心测量工具的必要性，这也是本文写作的一个重要背景。

基于2003年中国综合社会调查（城市部分）数据，洪大用[④]指出，2000版量表的第4项和第14项的分辨力系数低、内部一致性系数以及探索性因子分析中对主轴因子负载都低于可接受标准，而删除这两项后量表信度水平和内部一致性都会有明显的改善。因此，洪大用提出在中国应用2000版量表时有必要删除其第4项和第14项，只保留剩下的13个项目。进一步，在与肖晨阳的合作研究中，洪大用对2000版量表的维度进行了重点检验，发现CGSS2003数据既不能支持量表的五维度假设，也不能支持量表的单一维度假设。根据项目的因子负载情况，洪大

---

① Chung, S－S., & C－S Poon, "The Attitudes of Guangzhou Citizens on Waste Reduction and Environmental Issues." *Resources, Conservation and Recycling*, 2, 1999. Chung, S－S., & C－S Poon, "A Comparison of Waste－reduction Practices and New Environmental Paradigm of Rural and Urban Chinese Citizens." *Journal of Environmental Management*, 62, 2001.

② Lo, Carlos Wing Hung, & Sai Wing Leung, "Environmental Agency and Public Opinion in Guangzhou: The Limits of a Popular Approach to Environmental Governance." *China Quartly-London*: 2000.

③ 常跟应、李曼、席亚宏、刘书朋：《中国公众对"限塑令"态度的影响因素——以兰州市为例》，《地理科学进展》2011年第2期；段红霞：《跨文化社会价值观和环境风险认知的研究》，《社会科学》2009年第6期。

④ 洪大用：《环境关心的测量：NEP量表在中国的应用评估》，《社会》2006年第5期。

用再次建议可以采用2000版量表中的8个正向措辞的测量项目加上第8和第10项，建构一个包含10个项目的单一维度的“中国版NEP量表”（参见表7）。[①]

在洪大用和肖晨阳的研究之后，一些学者也对2000版量表在中国的应用情况进行过类似的评估。吴建平等[②]基于对278名大学生和11620名城市居民的问卷调查结果发现，2000版量表在中国应用时具有较好的信度与效度，量表项目明显对半区分为NEP（新环境范式）和HEP（人类里外范式）两个维度。[③] 刘静、欧阳志云和苗鸿[④]于2008年通过对重庆缙云山国家级自然保护区112名农民、政府官员、商人和游客的调查发现，2000版量表各测量项目的R_{i-t}值为0.12—0.36，α值为0.53—0.58，量表的内部一致性并不理想。王玲和付少平（2011）在陕北乡村的调查结果则表明，2000版量表在乡村地区的应用情况并不理想，在删除第1、2、4、6、7、8、9、11、14项后，由其余6个项目（分别是第3、5、10、12、13和15项）构成的农村版NEP量表则具有更好的信度和效度。吴玲琼（音译）[⑤] 使用2000版量表在深圳三所小学进行了两轮调查后，在不改变原意的前提下对直译成中文的2000版量表的部分项目重新措辞以更适应中国儿童的特点。根据第三轮针对10—12岁中国小学生的调查结果，量表的α系数为0.65，删除R_{i-t}值较低的第1、7、13项，α

① 肖晨阳、洪大用：《环境关心量表（NEP）在中国应用的再分析》，《社会科学辑刊》2007年第1期。

② 吴建平等：《新生态范式的测量：NEP量表在中国的修订及应用》，《北京林业大学学报》（社会科学版）2012年第4期。

③ 根据该文所呈现出来的结果，我们倾向于认为，其所发现的NEP/HEP两个维度可能是由于量表项目内容的陈述方向引起的统计“假象”。

④ Liu, Jing, Zhiyun Ouyang, & Hong Miao, “Environmental Attitudes of Stakeholders and Their Perceptions Regarding Protected Area-community Conflicts: A Case Study in China.” *Journal of Environmental management*, 91, 2010.

⑤ Wu, Lingqiong, “Exploring the New Ecological Paradigm Scale for Gauging Children's Environmental Attitudes in China.” *The Journal of Environmental Education*, 43, 2012.

系数提高到0.66。以上研究表明，2000版量表在中国具有一定应用价值的同时，也存在一定局限。考虑到这些研究的数据基础大多具有明显的缺陷，利用更加权威、更有代表性的数据进行深入检验就显得更有必要。

二　基于CGSS2010数据检验NEP量表的优势与策略

中国综合社会调查是由中国人民大学联合有关单位实施的连续性抽样调查，具有很强的权威性。2010年度调查中包含了比较完整的环境模块，其中很多内容与2003年度调查完全一致，调查对象包含了城市居民和农村居民。此次调查获得的数据为我们进一步检验2007版量表是否是一个具有较好适用性的中国版量表（CNEP）提供了很好的基础。

（一）数据说明

中国综合社会调查（CGSS）第二期（2010—2019）的抽样设计采用多阶分层概率抽样设计，其调查范围覆盖了国内全部31个省级行政区划单位（不含港澳台地区），调查对象为17岁以上的居民，问卷的完成方式以面对面访谈为主。与CGSS2003相比，CGSS2010在乡村地区进行样本的随机收集，因此研究结论可以进行全国城乡层次的推广。在CGSS2010的问卷中，环境模块为选答模块，所有受访者通过随机数均有1/3的概率回答此模块，因此也具有全国范围的代表性。CGSS2010最终的有效样本量为11785个，应答率为71.32%，其中环境模块的样本量为3716个。

CGSS2010调查沿用了CGSS2003问卷中2000版量表（量表项目参见表1）。为确保研究数据的可靠性，根据被访者对2000版量表的回答情况，我们对样本进行了筛选。首先，将所有15个项目均回答“不确定/

无法选择”的样本剔除；其次，对于缺省情况在15项中超过5项的样本予以删除；最后，确定进入数据分析的有效样本为3480个。这其中，城市居民所占比例为65.1%，乡村居民占34.9%；男性和女性的比例分别为47.6%和52.4%；年龄在25岁以下、25—35岁、36—55岁以及56岁以上者所占的比例分别为9.1%、16.0%、44.3%和30.6%；文化程度为小学及以下、初中、高中和高中以上所占比例分别为32.2%、29.7%、20.8%和17.3%。

在数据分析中，由于量表中第1、3、5、7、9、11、13、15项是正向问题，所以被访者回答“非常同意”“比较同意”“说不清/不确定”“不太同意”和“很不同意”，被赋分值依次为5、4、3、2、1分；而量表中第2、4、6、8、10、12、14项是负向问题，被访者回答“非常同意”“比较同意”“说不清/不确定”“不太同意”和“很不同意”，则被依次赋值为1、2、3、4、5分。对于不回答的项目则以该项目的均值进行填补。在CGSS2010中，被访者对2000版量表的回答情况见表1。

表1　　2000版量表在中国的调查结果（CGSS2010）

2000版量表的NEP项目	总样本（n＝3480）		城市样本（n＝2264）		乡村样本（n＝1216）		分辨力系数
	平均值	标准差	平均值	标准差	平均值	标准差	
1. 目前的人口总量正在接近地球能够承受的极限	3.59	0.96	3.66	0.96	3.45	0.95	0.90
2. 人是最重要的，可以为了满足自身的需要而改变自然环境	3.17	1.19	3.28	1.21	2.98	1.13	1.46
3. 人类对于自然的破坏常常导致灾难性后果	3.94	0.89	4.04	0.86	3.75	0.91	0.97
4. 由于人类的智慧，地球环境状况的改善是完全可能的	2.38	0.98	2.38	1.01	2.36	0.94	0.37

续表

2000 版量表的 NEP 项目	总样本（n = 3480）		城市样本（n = 2264）		乡村样本（n = 1216）		分辨力系数
	平均值	标准差	平均值	标准差	平均值	标准差	
5. 目前人类正在滥用和破坏环境	3.85	0.98	3.96	0.92	3.65	1.06	1.12
6. 只要我们知道如何开发，地球上的自然资源是很充足的	2.92	1.17	3.01	1.21	2.75	1.09	1.21
7. 动植物与人类有着一样的生存权	4.07	0.90	4.15	0.86	3.93	0.95	0.94
8. 自然界的自我平衡能力足够强，完全可以应付现代工业社会的冲击	3.40	1.04	3.53	1.06	3.16	0.97	1.44
9. 尽管人类有着特殊能力，但是仍然受自然规律的支配	3.93	0.90	4.02	0.89	3.75	0.90	0.93
10. 所谓人类正在面临环境危机，是一种过分夸大的说法	3.40	1.03	3.53	1.03	3.17	0.98	1.33
11. 地球就像宇宙飞船，只有很有限的空间和资源	3.74	0.98	3.86	0.97	3.51	0.98	1.22
12. 人类生来就是主人，是要统治自然界的其他部分的	3.33	1.16	3.45	1.17	3.11	1.10	1.55
13. 自然界的平衡是很脆弱的，很容易被打乱	3.76	0.95	3.87	0.94	3.56	0.94	1.13
14. 人类终将知道更多的自然规律，从而有能力控制自然	2.80	1.10	2.83	1.15	2.74	1.01	0.79

续表

2000版量表的NEP项目	总样本（n＝3480）		城市样本（n＝2264）		乡村样本（n＝1216）		分辨力系数
	平均值	标准差	平均值	标准差	平均值	标准差	
15. 如果一切按照目前的样子继续，我们很快将遭受严重的环境灾难	3.69	1.02	3.81	1.01	3.46	1.00	1.31

我们首先对量表中所有项目的分辨力进行了检验（见表1）。分析结果显示，量表的多数项目具有可接受的分辨力，适合作为测量项目。但第4项的分辨力系数相对偏低，只有0.37，说明根据该项可能难以区分中国公众对于“人类例外主义”态度的不同程度。

（二）2007版量表的检验策略

在接下来的分析中，我们将采用一种反向逐步检验的策略来检验2007版量表作为最佳结构的中国版NEP量表在项目构成与测量精度方面的合理性。即根据2000版量表在中国应用时初步的维度检验结果，在采取删除量表项目的改造方式下，间接验证2007版量表是不是中国版NEP量表的最佳保留项目；如果被证实，则进一步将2007版量表的信度与效度进行全面评估，以验证2007版量表是否具有良好的信度与效度水平。其中，第一步被证伪则表明最佳结构的中国版NEP量表可能存在与2007版量表不同的其他项目构成形式，第二步被证伪则表明还需要采取其他方向的改造（如重新措辞、加入新的测量项等）。只有两步检验都被证实，才能证明2007版量表确实可以作为最佳结构的中国版NEP量表。具体分析技术和步骤如下。

第一，使用验证性因子分析法（Confirmatory Factor Analysis，简称CFA）对2000版量表的维度进行检验，以确定量表的最佳项目构成。传统的探索性因子分析方法（Exploratory Factor Analysis，简称EFA），在检验量表的维度时存在很多缺陷：因为完全依赖数据分析的结果，缺乏必要的理论指导，其正交预设可能会掩盖因子之间的真实关系，很容易导致将并不相关的不同因子误以为不同的维度。相比之下，CFA 不仅可以检验已有的理论维度模型和控制测量项目的误差相关，还可以检验不同维度因子间的相关性。因此，越来越多的学者开始应用 CFA 的方法来研究不同版本 NEP 量表的维度问题，既可以有效避免 EFA 分析方法过程中的盲目性，也提高了数据结果的可靠性。[①] 根据 CFA 的结果，我们使用 CGSS2010 数据重新检验 2000 版量表的潜在维度，对影响量表明确维度的项目予以确认，并与 2007 版量表检验结果进行比较。同时，通过对量表维度和各个项目因子负载的检查，可以检验量表的信度。第二，在第一步的检验的基础上，使用相关统计指标对 2007 版量表的效度进行全面评估，以了解这一改造后的测量工具其精确性是否受影响。第三，进行必要的总结，概括中国版 NEP 量表并讨论进一步研究的方向。

三 2007 版量表是否具有最佳项目构成？

一个量表是单一维度还是多维度，关乎我们对该量表分数意义的理解。举例来说，如果 NEP 量表是单维结构，那么项目总和分数较低则表示受访者的环境关心水平整体较低；反之，如果量表是多维结构，那么仅从较低的项目总和分数将无法判断受访者究竟是环境关心水平整体较低还是只在部分维度得分较低，这种情况下往往需要将每个维度的分数单独加权。也正因如此，NEP 量表的维度一直是学者们重点研究的问题。接下来，我们将使用 CGSS2010 数据检验 2000 与 2007 两版量表的维度。

① e. g. Nooney, J. G., E. Woodrum, T. J. Hoban, & W. B. Clifford, "Environmental Worldview and Behavior Consequences of Dimensionality in a Survey of North Carolinians." *Environment and Behavior*, 35, 2003.

（一）2000版量表维度的再检验

结合最新数据，我们拟沿用肖晨阳和洪大用（2007）文章中的五维模型和单维模型（图1），采用CFA的方法对2000版量表的维度进行检验。由图1可知，模型A是用来检验2000版量表五维假设一个高阶CFA模型：NEP量表的15个观测项目每3个为一组分别负载在自然平衡、人类中心主义、人类例外主义、生态危机和增长极限5个第一阶的潜因子上，而量表所测量的环境关心（椭圆中的NEP）是第二阶的潜性因子，总辖5个一阶因子。模型B是检验2000版量表单维假设的CFA模型，相较于模型A，其最大的不同在于撤掉了5个一阶因子，将15个观测项目直接负载于量表所测量的环境关心（椭圆中的NEP）上。e1至e15分别表示2000版量表15个观测项目可能存在的测量误差，模型A中的z1至z5表示5个一阶因子的测量误差。需要特别说明的是，以上两个模型都允许测量项目之间的误差相关，但因数量太多而版面有限未在图上标出。

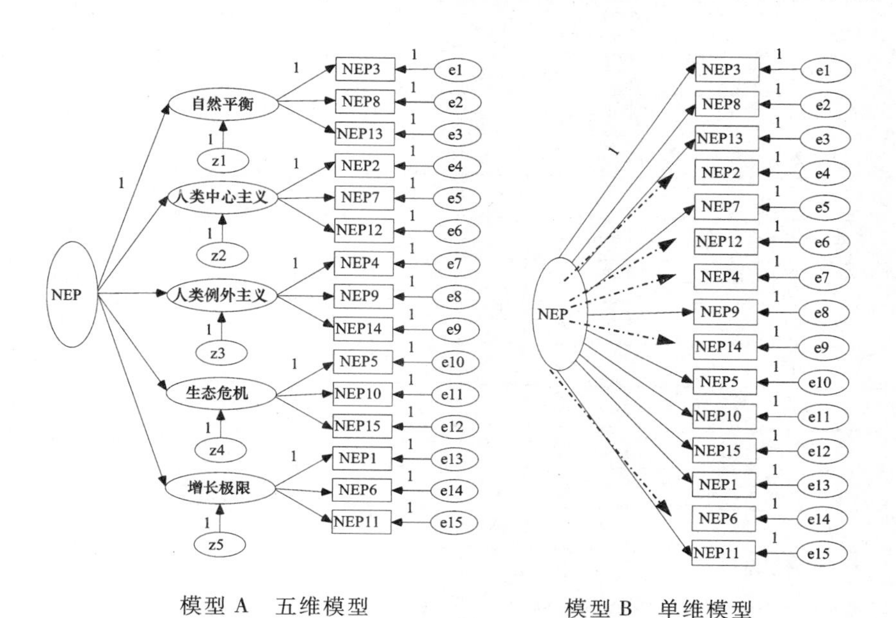

图1　NEP量表的维度检验模型

对于模型 A 和模型 B 的统计估计，产生了大量的数据结果（见表 2）。我们首先关注的是两个理论假设模型的数据拟合情况。从表 2 来看，在依照模型修正指数（MI）逐步牺牲了一定的模型自由度后，两个模型都达到了饱和，各项模型拟合度指标都达到了可接受标准。尽管两个理论模型的数据拟合情况都较好，但就此还无法判断模型是否达标以及哪个模型更好，需要结合因子负载情况来进一步认定。

表 2　2000 版量表五维模型和单维模型的 CFA 检验结果（CGSS2010）

	模型 A					模型 B
	自然平衡	人类中心主义	人类例外主义	生态危机	增长极限	
二阶负载	1.039	1.004	-0.836	0.921	0.899	—
一阶负载						—
NEP3	0.552	—	—	—	—	0.548
NEP8	0.323	—	—	—	—	0.325
NEP13	0.560	—	—	—	—	0.564
NEP2	—	0.193	—	—	—	0.193
NEP7	—	0.485	—	—	—	0.524
NEP12	—	0.270	—	—	—	0.261
NEP4	—	—	0.170	—	—	-0.150
NEP9	—	—	-0.575	—	—	0.506
NEP14	—	—	0.028	—	—	-0.023
NEP5	—	—	—	0.522	—	0.460
NEP10	—	—	—	0.402	—	0.384
NEP15	—	—	—	0.649	—	0.628
NEP1	—	—	—	—	0.392	0.351
NEP6	—	—	—	—	0.120	0.107
NEP11	—	—	—	—	0.564	0.513

模型拟合情况

模型 A：CMIN/df = 47.663/42，p = 0.253，GFI = 0.998，NFI = 0.995；

模型 B：CMIN/df = 49.625/46，p = 0.331，GFI = 0.998，NFI = 0.994。

表2给出了模型估计的标准化因子负载。如前所述，在数据分析之前我们已经对2000版量表中的7个负向陈述的项目进行反向赋值。所以从理论上来说，无论是一阶因子负载还是二阶因子负载，其标准化因子负载都不可能大于1或小于0。模型A中，二阶因子负载中有3个因子出现了违背统计理论值的情况，自然平衡、人类中心主义对环境关心的因子负载大于1，这直接导致了模型A的结果被判定为不可用（not admissible）。同时，人类例外主义以及一阶因子负载中NEP9对人类例外主义的因子负载都小于0，这在理论上无法解读。模型B中，NEP4和NEP14的因子负载都小于0，这也不符合我们的理论假设。撇开这些超出理论值的项目，如果以0.3为因子负载标准的话，模型A和模型B中还存在很多量表测量项目因子负载过低的情况（例如，NEP6在五维模型和单维模型中因子负载都很低）。综合来看，尽管模型A和模型B具有较好的模型拟合度，我们依然将验证五维假设的模型A判定为不达标，而模型B的结果则表明经验数据不支持单维假设。至此，2000版量表的五维假设和单维假设在CGSS2003数据之外，又一次没有得到有效支持。

CGSS2010数据分析表明，2000版量表的15个测量项目既不能以单维结构组合在一起，也没有沿袭量表提出时所依据的5个面向形成5个确定的维度。结合CGSS2003的分析结果（洪大用，2006；肖晨阳、洪大用，2007），我们似乎更有把握地得出结论：2000版量表在中国应用时既不是五维的也不是单维的，其经验维度与既有理论维度存在明显的不一致。这一结果再次提示我们，在中国应用2000版量表时，不加检验地将量表的所有项目加和（假设量表是单维的）或者依据量表5个理论面向来单独加和（假设量表是五维的），都可能会降低研究结论的精确性。

如前所述，尽管NEP量表的单维结构在一些西方研究中得到证实，但是更多研究则报告了量表的多维特征，这在美国以外的不同文化背景、经济发展阶段及意识形态的国家和地区的调查中得到了比较充分的证明（例如，Bechtel, Corral-Verdugo, & Pinheiro, 1999; Bechtel et al., 2006; Bostrom et al., 2006）。从心态体系的视角来看，不同研究中报告NEP量表存在差异维度结构，其实揭示的是不同样本群体看待人与环境关系的方式存在差异（Dunlap，2008）。从单维模型的 CFA 的结果来看，中国公众的环境心态体系与美国等西方公众具有相似性。首先，生态危机和自然平衡所辖共 6 个项目的因子负载都很高，这说明中国公众在看待“生态环境正在不断被破坏”和“自然平衡很脆弱”等问题的方式上与其他国家公众一致；其次，有 2/3 的项目（10 个）因子负载都达到了可接受的统计标准，表明东西方公众在看待人与自然环境关系的方式上正在趋同。这些也间接验证了 2000 版量表在中国应用的可能性。但是，CFA 结果中存在的一系列问题，也提醒我们应该看到中国公众在看待人与环境关系的方式上，目前存在一种特殊的心态体系，要想观察和描述这种特殊结构，则需要有与之相适应的、更为准确的测量工具。

（二）2007 版量表项目构成的再检验

在目前缺乏其他理论指导的情况下，要对 2000 版量表进行改造只能在五维和单维的结构下进行。从表 2 五维假设的一阶因子负载和单维假设的因子负载来判断，模型 A 和模型 B 中因子负载异常或较低的具有相同的 5 个项目，分别是 NEP2、NEP4、NEP6、NEP12 和 NEP14[①]，这一发现与 CGSS2003 的结果相同。如果剔除掉这五个项目，2000 版量表五维假设中的人类中心主义和人类例外主义因子将分别只剩下一个测量项目，五维假设也就不再成立；而单维假设中，剩下的 10 个项目正好与 2007 版量表的全部项目相吻合。这表明，2007 版量表的项目结构再次得到了 CGSS2010 数据的有效支持，并且可以作为单一维度的测量工具。需要特别指出的是，2003CGSS 和 2010CGSS 是两个不同时间段的独立样本，因此高度一致的结果强有力地支持了我们对 2007 版量表的判断，即这个量表具有符合中国情况的最佳项目构成。

在上述模型 B 的基础上，我们对肖晨阳和洪大用（2007）提出的

① 五维假设中 NEP9 的因子负载也是异常值。但我们认为，NEP9 在单维假设中因子负载达到了可接受标准，五维假设中因子负载的绝对值也大于 0.3 的标准，因此其方向的异常扭转主要是同属“人类例外主义”因子的 NEP4 和 NEP14 造成的。

2007 版量表进行了单一维度的检验，即剔除模型 B 中虚线箭头指向的 5 个不属于 2007 版量表的测量项目，分总样本、城市样本和乡村样本对其余 10 个项目关于同一因子（椭圆中的 NEP）的负载情况进行估计（见图 1）。模型估计的结果见表 3。

表 3　2007 版量表单维模型的 CFA 检验结果（CGSS2010）

	模型 B1 总样本（n = 3840）	模型 B2 城市样本（n = 2264）	模型 B3 乡村样本（n = 1216）
NEP1	0.379	0.346	0.340
NEP3	0.552	0.540	0.520
NEP5	0.463	0.512	0.349
NEP7	0.518	0.549	0.369
NEP8	0.325	0.356	0.175
NEP9	0.493	0.483	0.352
NEP10	0.384	0.407	0.259
NEP11	0.526	0.528	0.421
NEP13	0.561	0.528	0.615
NEP15	0.605	0.639	0.567

模型拟合情况

模型 B1：CMIN/df = 25.484/22，p = 0.275，GFI = 0.999，NFI = 0.995；

模型 B2：CMIN/df = 14.843/22，p = 0.869，GFI = 0.999，NFI = 0.996；

模型 B3：CMIN/df = 22.460/26，p = 0.663，GFI = 0.996，NFI = 0.983。

从表 3 模型拟合指标来看，模型 B1—B3 都具有较好的模型拟合度。模型 B1 和模型 B2 的因子负载值全都达到可接受的统计标准，这说明单一维度的 2007 版量表是一个不错的测量工具。使用乡村样本估计的模型 B3 结果表明，2007 版量表中有两个项目的因子负载低于 0.3 的统计标准，分别是 2000 版量表中 NEP8 和 NEP10。这说明，2007 版量表在中国乡村应用时的经验维度与理论的单一维度还是存在一定分歧。

进一步比较还可以发现，NEP8 和 NEP10 在模型 B1 和模型 B2 中的因子负载虽然达到了可接受标准，但较其他项目也存在偏低的情况。那么，有没有可能是这两个项目单独构成一个维度，从而对量表的单维性形成挑战呢？目前，尚无经验研究表明 NEP8 和 NEP10 可以作为 2000 版量表的一个维度，也缺乏相关的理论依据。NEP8 和 NEP10 分别属于“自然平衡”和“生态危机”两个面向，而这两个面向的所有项目都被 2007 版量表保留了下来，即使假设 2007 版量表是多维的，在理论上这两个项目更可能从属于原来两个面向形成不同维度。一个可能的解释是，NEP8 和 NEP10 的措辞方向影响了 2007 版量表的单维检验结果。2007 版量表中 10 个项目都是正向措辞，只有 NEP8 和 NEP10 是负向措辞，不同的措辞方向很可能会导致量表形成两个维度的“假象”，而这种维度本身并不存在理论意义。为了验证这一猜想，我们依据 2007 版量表各项目的措辞方向建立了双维模型 C 来重新估计数据（见图 2）。

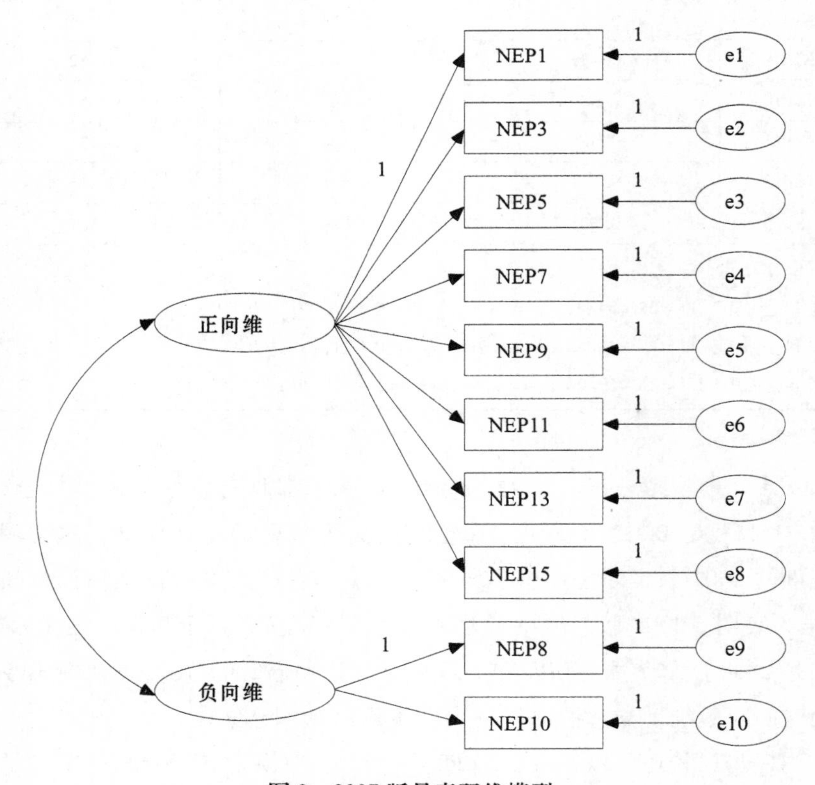

图 2　2007 版量表双维模型

表 4 是图 2 模型的数据估计结果。从模型 C1—C3 的拟合指标来看，双维模型对三种样本数据都能够较好拟合。三个模型中，正向维和负向维的相关系数为 0.43—0.62，说明 NEP8 和 NEP10 组成的负向维与所有正向项目所组成的正向维高度相关。比较模型 C1—C3 和模型 B1—B3 的因子负载值变化，可以发现在双维模型中，2007 版量表的所有正向项目都维持了单维模型中可接受的因子负载，而 NEP8 和 NEP10 的因子负载都有了很大的提升。特别是模型 C3 的结果表明，2007 版量表的双维模型较单维模型能够更好地拟合乡村样本数据，至少各项的因子负载都达到可接受的统计标准。

表 4　　2007 版量表双维模型的 CFA 检验结果（CGSS2010）

	模型 C1 总样本（n = 3840）		模型 C2 城市样本（n = 2264）		模型 C3 乡村样本（n = 1216）	
	正向维	负向维	正向维	负向维	正向维	负向维
NEP1	0.379	—	0.358	—	0.340	—
NEP3	0.552	—	0.540	—	0.520	—
NEP5	0.463	—	0.520	—	0.349	—
NEP7	0.518	—	0.548	—	0.369	—
NEP9	0.493	—	0.481	—	0.352	—
NEP11	0.526	—	0.527	—	0.421	—
NEP13	0.561	—	0.525	—	0.615	—
NEP15	0.605	—	0.637	—	0.567	—
NEP8	—	0.527	—	0.540	—	0.411
NEP10	—	0.623	—	0.618	—	0.567
正向维 <—> 负向维	0.616		0.657		0.426	

模型拟合情况

模型 C1：CMIN/df = 25.483/22，p = 0.275，GFI = 0.999，NFI = 0.995；

模型 C2：CMIN/df = 19.599/23，p = 0.666，GFI = 1.000，NFI = 0.995；

模型 C3：CMIN/df = 22.460/26，p = 0.663，GFI = 0.996，NFI = 0.983。

需要特别说明的是，双维模型得到数据的有效支持，只能证明措辞方向确实会影响 2007 版量表的单维结构以及为什么反向措辞的 NEP8 和 NEP10 因子负载较低，并不能据此就认为量表实际上具有两个维度。这首先是因为缺乏相关理论支持。其次，CGSS2010 城市样本和总样本的模型检验结果同样非常支持 2007 版量表的单维假设。从心态体系视角出发，可能合理的解释是：乡村样本在回答量表时很明显受到了 NEP8 和 NEP10 项目措辞方向的干扰，将这两项与其他正向项目所测量的环境关心概念视为存在显著差异（实际上只是措辞方向的差异），而城市居民样本和以城市居民为主的总样本也受到了影响但相对较小。尽管 2007 版量表在乡村样本中的单维假设没有得到有效支持，但亦未被完全否定。我们依然有理由相信，在统一项目措辞方向之后，2007 版量表在乡村地区的应用也会形成明确的单一维度。总之，在确保量表明确的单一维度的前提下，2007 版量表确实是具有可以应用于中国各种环境关心测量的最佳项目构成。

四　2007 版量表的测量精确性分析

2007 版量表只保留了 2000 版量表的 15 个项目中的 10 个，那么这种改造会不会降低 2000 版量表的精确性呢？我们对 2007 版量表进行信度、内容效度、建构效度与预测效度的分析。首先，以上的 CFA 检验结果很清楚地显示出 2007 版量表有明确的单一维度，而且量表各项目的因子负载都达标，因此有很好的信度。其次，我们认为 CNEP 具有良好的内容效度。第一，CNEP 基于 2000 版 NEP 量表，正如邓拉普指出，这一版的 NEP 考虑了 1978 版 NEP 内容和措辞上的不足，有效提高了内容效度。第二，CNEP 中保留了 2000 版 NEP 的 2/3（10 个）项目，更重要的是，所有 2000 版的五个理论面向（facets）都在 CNEP 中有至少一个项目。这使得 CNEP 具有良好的概念域（conceptual space）覆盖面。这避免了为片面追求量表的内在一致性而过度删除原版项目，从而导致 5 个理论面向不能都得到体现，危及量表的内容效度。下面，我们使用 CGSS2010 数据对

CNEP 量表的建构效度与预测效度水平进行详细分析。在进行效度检验之前，我们首先根据 CFA 结果的因子负载权重，加权累加了 CNEP 的 10 个项目的得分，得出了环境关心总得分。为了检验 CNEP 量表的建构效度，我们选用了年龄和教育两个指标。既有国内外研究一致表明，年龄越小的人、受教育水平越高的人的环境关心水平也相应越高。[①] 我们利用受访者的出生年份计算得出年龄变量，并用受教育年限来表示受访者的教育水平。从表 5 总样本的相关分析结果来看，年龄与 CNEP 呈现显著的负相关关系，受教育年限与 CNEP 为显著的正相关关系，这与既有研究结论相一致。分城乡样本的比较结果，进一步证实了 2007 版量表的建构效度在城乡地区都较好。

表 5　　2007 版量表的构建效度分析

	总样本 (n = 3480)	城市样本 (n = 2264)	乡村样本 (n = 1216)
CNEP <—> 年龄	-0.188*	-0.183*	-0.175*
CNEP <—> 教育	0.382*	0.328*	0.265*

注：$p < 0.05$。

为了检验 2007 版量表的预测效度，我们使用了 4 个效标，分别为“对中国环境状况的认知”“环境污染危害评价”“环境贡献意愿”和“个人环保行为”。其中，“对中国环境状况的认知”来自 CGSS2010 环境模块问卷中的问题——“根据您自己的判断，整体上看，您觉得中国面临的环境问题是否严重?”设计的选项有“非常严重”“比较严重”“既严重也不严重”“不太严重”和“根本不严重”，选择相应的回答被依次

① Van Liere, Kent D. & Dunlap, Riley E., “The Social Bases of Environmental Concern: A Review of Hypotheses, Explanations and Empirical Evidence”, *The Public Opinion Quarterly*, Vol. 44, No. 2, 1980. Jones, Robert Emmet, & Riley E. Dunlap, “The Social Bases of Environmental Concern: Have They Changed over Time?” *Rural Sociology*, 57, 1992; Xiao, Chenyang, Riley E. Dunlap, & Dayong Hong, “The Nature and Bases of Environmental Concern among Chinese Citizens.” *Social Science Quarterly*, 94, 2012.

赋值为 5、4、3、2、1 分，缺失值用均值填补。分值越高，表示受访者认为中国的环境问题越严重。

"环境污染危害评价"由问卷中的四个问题构成：（1）"您认为汽车尾气造成的空气污染对环境的危害程度是？"（2）"您认为工业排放废气造成的空气污染对环境的危害程度是？"（3）"您认为农业生产中使用的农药和化肥对环境的危害程度是？"（4）"您认为中国的江、河、湖泊的污染对环境的危害程度是？"选择"对环境极其有害""非常有害""有些危害""不是很有害"和"完全没有危害"被依次赋值为 5、4、3、2、1 分。"环境贡献意愿"由三个测量项目组成：（1）"您在多大程度上愿意支付更高的价格？"（2）"您在多大程度上愿意缴纳更高的税？"（3）"您在多大程度上愿意降低生活水平？"选择"非常愿意""比较愿意""既非愿意也非不愿意""不太愿意"和"非常不愿意"被依次赋值为 5、4、3、2、1 分。"个人环保行为"由三个测量项目组成：（1）"您经常会特意为了保护环境而减少居家的油、气、电等能源或燃料的消耗量吗？"（2）"您经常会特意为了环境保护而节约用水或对水进行再利用吗？"（3）"您经常会特意为了环境保护而不去购买某些产品吗？"选择"总是""经常""有时"和"从不"被依次赋值为 4、3、2、1 分。对基于多个测量项目建构的"环境污染危害评价""环境贡献意愿"和"个人环保行为"三个变量进行 CFA 检验的结果表明，各变量测量项目的因子负载范围为 0. 537—0. 890。根据 CFA 结果的因子负载权重，我们分别计算出了以上三个变量的分值。[①] 然后我们分别对这四个变量以年龄、教育和 CNEP 为自变量做多元回归分析。表 6 列出了分析结果。

从表 6 总样本分析的结果可以看出，2007 版 CNEP 量表的总分值与"对环境状况的认知""环境污染危害评价""环保贡献意愿"和"环境保护行为"都有显著的正回归系数，标准化系数分别为 0. 277、0. 238、0. 123 和 0. 246，这一结果与相关研究发现一致。同时需要指出的是，CNEP 的标准化系数比年龄和教育的相应系数都要高，而且在所有四个回

① 各变量的分值越高，分别表示受访者对环境污染的危害程度评价越高、环境保护的贡献意愿越强及在日常生活中践行环保行为的频率越高。

归分析中其系数都具有统计显著性。分城乡样本的结果也与以上发现完全一致。这更加有力地证明了2007版量表具有不错而且稳定的预测效度。

表6　　四个效标的多元回归分析结果

自变量	对中国环境状况的认知	环境污染危害评价	环境贡献意愿	个人环保行为
	回归系数	回归系数	回归系数	回归系数
总样本（n = 3480）				
CNEP	0.873(0.277)*	0.365(0.238)*	0.327(0.123)*	0.508(0.246)*
年龄	-0.004(-0.059)*	0.001(0.028)	0.002(0.030)	0.006(0.133)*
教育	0.037(0.170)*	0.019(0.180)*	0.015(0.081)*	0.028(0.195)*
修正 R^2	0.154	0.113	0.026	0.119
城市样本(n = 2264)				
CNEP	0.738(0.252)*	0.332(0.222)*	0.256(0.097)*	0.473(0.233)*
年龄	-0.004(-0.062)*	0.001(0.040)	0.003(0.062)*	0.007(0.178)*
教育	0.030(0.139)*	0.015(0.134)*	0.018(0.093)*	0.017(0.113)*
修正 R^2	0.117	0.079	0.020	0.086
乡村样本(n = 1216)				
CNEP	1.064(0.290)*	0.381(0.229)*	0.479(0.160)*	0.443(0.212)*
年龄	-0.006(-0.085)*	-0.001(-0.031)	-0.002(-0.030)	-0.001(-0.028)
教育	0.030(0.111)*	0.015(0.121)*	0.009(0.042)	0.016(0.104)*
修正 R^2	0.134	0.086	0.032	0.070

注：* $p < 0.05$。括号里是标准化回归系数。

五　结论与建议

基于CGSS2010数据，本文再次讨论了中国公众环境关心测量工具的建构问题，并对2007版量表进行了更为细致的检验和分析。其中，维度检验的结果表明，基于CGSS2003数据建构的2007版量表再次得到了

CGSS2010 数据的支持，可以说被证实具有最佳的项目构成；进一步分析结果表明，2007 版量表具有良好的信度以及内容、建构和预测效度。因此，我们倾向于认为 2007 版量表可以当作中国版 NEP 量表使用，其具有明确的单一维度结构和较好的信效度水平。为了将中国版 NEP 量表与其他版本 NEP 量表区别开来，我们将之命名为 CNEP 量表（见表 7），仍然沿用 2000 版量表的选项设置。

表 7　　中国版环境关心量表（CNEP 量表）

项目编码	项目陈述
CNEP1	目前的人口总量正在接近地球能够承受的极限
CNEP2	人类对于自然的破坏常常导致灾难性后果
CNEP3	目前人类正在滥用和破坏环境
CNEP4	动植物与人类有着一样的生存权
CNEP5	自然界的自我平衡能力足够强，完全可以应付现代工业社会的冲击
CNEP6	尽管人类有着特殊能力，但是仍然受自然规律的支配
CNEP7	所谓人类正在面临环境危机，是一种过分夸大的说法
CNEP8	地球就像宇宙飞船，只有很有限的空间和资源
CNEP9	自然界的平衡是很脆弱的，很容易被打乱
CNEP10	如果一切按照目前的样子继续，我们将很快遭受严重的环境灾难

我们认为，建构并推广使用 CNEP 量表较之直接应用 2000 版量表或者随意改造此量表，都具有更为重要的意义。第一，两次 CGSS 数据都表明，在中国直接照搬 2000 版量表，其应用情况并不理想，因而对量表的改造势在必行。第二，由于不同国家的文化背景不同、社会经济发展阶段不同、资源环境状况也存在着差异，公众的环境认知可能存在着差异化的心态体系，所以开发出更加适切的测量工具也是必要的。第三，虽然目前国内有着对 NEP 量表的不同改造，但是缺乏经过严格、权威的数据检验，因此其改造结果的科学性不足。第四，我们提出的 CNEP 量表在 NEP 量表的 5 个面向中都至少保留了 1 个项目，虽然在项目陈述的方向性方面有些失衡（因为项目的措辞方向已经明显干扰到量表的单一结构），但仍然

保持了很好的内容效度，可以用来全面准确地测量公众环境关心水平。第五，我们提出的CNEP量表只有10个项目，在问卷调查中具有节约调查时间的明显优势。第六，我们提出的CNEP量表经过了严格的、权威的数据检验，目前应该是最具有科学性的，可以推广使用。随着中国环境问题日益引发整个社会的关注并持续进入政策议程，国内学者针对公众环境关心的研究也越来越多。使用统一的测量工具有助于促进学术对话，有利于知识积累，也有利于实际政策的制定和完善。

需要指出的是，任何一种测量工具都不是完美无缺的，CNEP量表也依然有可以继续完善的地方。特别是，CFA分析的结果显示，CNEP量表单一维度可能会受到项目措辞方向的影响。因此，在未来问卷调查中应用CNEP量表时（特别是调查对象包含乡村居民样本时），可以在不改变内容原意的基础上，尝试将上述表7中反向措辞的CNEP5和CNEP7改为正向陈述，以确保量表的单维性。进一步而言，由于截面数据的局限，本文只是在对2000版量表项目进行取舍的基础上建构中国版NEP量表，后续研究可以考虑在调查实施前对2000版量表中被剔除的其他5个项目进行更加合理的重新措辞，也可以考虑引入一些新的测量项目，以便进一步提高量表的信度与效度。当然，在经验研究中，还可以根据不同研究对象的特点，考虑建构CNEP量表的儿童版、农民版等。

针对CNEP测量结果的分析而言，我们在本文中提到了环境关心的心态体系视角，这是值得引起关注的。的确，不同的人处在不同的文化背景和阶层结构中，其关于人与环境关系的认识存在着不同的内容组合方式。NEP量表在中国的应用以及CNEP量表的提出表明，中美两国公众环境心态体系确实存在差异，但也有着趋同的现象。中国城乡比较分析也发现了类似的差异与趋同并存的现象。如何解释不同国家和地区公众环境心态体系的差异与趋同，是一个具有挑战性的研究课题，对于深化环境关心的经验研究和促进理论创新都具有重要意义，这是我们进一步努力的方向。

（本文原载于《社会学研究》2014年第4期）

社会经济地位、环境意识与环境行为*

——一项基于结构方程模型的分析

焦开山**

[**摘要**] 本文利用CGSS2010的环境项目调查数据，借助结构方程模型对社会经济地位、环境意识与环境行为之间的关系强度以及影响路径进行分析。结果发现，童年期家庭社会经济地位对环境意识和环境行为的直接影响较弱，其通过影响个人成年期社会经济地位而产生的间接影响比较显著；个人社会经济地位对环境意识具有非常显著的影响，而对环境保护意愿和环境保护行为既有显著的直接影响，也有显著的间接影响；环境意识显著影响了环境保护意愿和环境保护行为，但是它们之间的关系强度受到客观情境因素的制约。

[**关键词**] 社会经济地位　环境意识　环境行为　结构方程模型

公众环境意识的高低以及与之相关的环境行为（或称环境保护行为）关系到一个国家的生存和可持续发展，因此成为环境社会学研究的重要内容。不过，我国公众的环境意识整体较低且处于比较浅的层次，环境行为发展滞后。[①] 要提升公民的环境意识以及促进相关的环境行为，需要深入

---

* 本文原载于《内蒙古社会科学》2014年第6期，此处有所修正。

** 作者简介：焦开山，任职于中央民族大学社会学系。

① 洪大用：《中国城市居民的环境意识》，《江苏社会科学》2005年第1期。

探究背后的影响因素。以往的大量研究发现，性别、年龄、受教育程度、城乡常住人口类型、收入等个人特征对环境意识有显著影响[1]，而环境意识与环境行为之间存在显著的正相关关系，不过两者之间的关系没有想象的那么紧密。[2] 在影响环境意识和环境行为的诸因素中，社会经济地位是非常重要的一个。不同社会经济地位群体之间在环境意识和环境行为方面存在显著差异。

尽管以往有关环境意识以及环境行为影响因素的研究取得了大量的成果，但是也面临着一些限制，比如，在环境意识和环境行为的测量方面很少考虑测量误差的问题，对环境意识和环境行为影响因素的研究相对较多，但很少有研究把环境意识和环境行为放在一起进行考察的，并且对环境意识与环境行为之间的关系形式以及理论解释还远没有达成一致结论。[3] 基于此，本研究利用中国 CGSS2010 环境项目调查数据，借助结构方程模型，深入考察社会经济地位、环境意识和环境行为之间的关系强度以及影响路径。

一　研究现状和研究问题

（一）环境意识、环境行为及其关系

由于学术界对环境意识、环境行为的定义及其操作化仍然存在广泛分歧，本研究首先对这两个概念的内涵及其测量方式做一个简要回顾，然后对两者之间的关系进行一个回顾。

---

① 包智明、陈占江：《中国经验的环境之维：向度及其限度》，《社会学研究》2011 年第 6 期。

② 武春友、孙岩：《环境态度与环境行为及其关系研究的进展》，《预测》2006 年第 4 期。

③ 周志家：《环境意识研究：现状、困境与出路》，《厦门大学学报》（哲学社会科学版）2008 年第 4 期。

环境意识有时也被称为“生态意识”“环境素养”“新生态范式”或者“环境关心”[①]，它们反映的都是人们对人与自然之间关系的看法。关于环境意识的基本内涵，比较有代表性的观点是邓拉普和 R. 琼斯提出的，他们认为环境意识是人们对与环境相关问题的认识，表达他们对解决这些问题的支持，并且个人愿意为这些问题的解决作出贡献的程度。[②] 国内有学者认为环保意识是人们通过一系列心理活动过程而形成的对环境保护的认识、体验与行为倾向。[③] 尽管在环境意识的内涵上有不同的观点，但是以往研究普遍认为环境意识应该是一个多维的概念，包括环境态度、环境价值观、环境知识等方面。[④] 有研究认为，环境意识应该包括环境问题认知、环保政策支持以及环境态度3个部分和全球环境问题感知、当地环境问题感知、经济发展和环境保护优先选择、新生态范式4个维度。由于选择的维度以及对每个维度的操作化定义不同，学者们设计出的环境意识量表大不相同，其中影响最大的主要有三个：Maloney/Ward 的“生态态度和知识”量表、Dunlap 等人的新环境范式量表和德国学者 Urban（1986）等人提出的环境意识量表。[⑤]

所谓的环境行为有广义和狭义之分，广义的环境行为既包括环境保护行为，又包括环境破坏行为，而狭义的环境行为主要指环境保护行为。比如，有研究认为环境行为应该包括三个方面，即环境影响行为、环境破坏

---

① 王民：《论环境意识的结构》，《北京师范大学学报》（自然科学版）1999 年第 3 期；周志家：《环境意识研究：现状、困境与出路》，《厦门大学学报》（哲学社会科学版）2008 年第 4 期。

② Dunlap, R. and R. E. Jones, “Environmental Concern: Conceptual and Measurement Issues.” in R. E. Dunlap and W. Michelson, Editors. *Handbook of Environmental Sociology*, Westport, CT: Greenwood Press, 2002.

③ 李宁宁：《环保意识与环保行为》，《学海》2001 年第 1 期。

④ 周志家：《环境意识研究：现状、困境与出路》，《厦门大学学报》（哲学社会科学版）2008 年第 4 期；宋言奇：《发达地区农民环境意识调查分析——以苏州市 714 个样本为例》，《中国农村经济》2010 年第 1 期。

⑤ 周志家：《环境意识研究：现状、困境与出路》，《厦门大学学报》（哲学社会科学版）2008 年第 4 期。

行为和环境保护行为[①]，不能把人类环境保护行为等同于环境行为[②]。不过，大部分的学者还是从狭义的角度定义环境行为。有学者指出尽管学术界对环境行为的定义有所不同，但其内涵基本一致，都强调个人主动参与、付诸行动来解决和防范生态环境问题。[③] 比如，有研究认为应该从个人的日常环保行为和个人的环保公众参与行为两个角度对“环境行为”进行界定。[④] 不过，有研究指出环境行为主要表现和目标不只是体现在生态环境的保护，还应包括生态环境的防范行为，故认为居民环境行为主要由环境保护行为、资源回收行为和能源节约行为等方面构成。[⑤] 另外有研究则直接使用“环境友好行为”这个概念，指的是人们意图通过各种途径保护环境并在实践中表现出的有利于环境的行为。[⑥] 对于环境行为的测量指标，有学者分成了两类：私人领域的环境行为和公共领域的环境行动，前者包括了垃圾分类与回收、购物与消费、家庭节能、汽车与交通、节水与净水等方面，后者包括了谈论环保问题、参与环境宣传、参加环保公益活动以及环境投诉等方面。[⑦]

人们普遍预期环境意识与环境行为之间存在较高的相关关系，即环境意识较强的人具有较多的环境保护行为。的确，有一些实证研究发现环境

---

① 唐国建、崔凤：《论人类的环境行为及其可选择性——基于环境社会学学科定位的思考》，《学习与探索》2010年第6期。

② 田翠琴、赵志林、赵乃诗：《农民生活型环境行为对农村环境的影响》，《生态经济》2011年第2期。

③ 孙岩：《居民环境行为及其影响因素研究》，博士学位论文，大连理工大学，2006年。

④ 周志家：《环境意识研究：现状、困境与出路》，载柴玲、包智明主编《环境社会学》，中国社会科学出版社2014年版。

⑤ 王琪延、侯鹏：《北京城市居民环境行为意愿研究》，《中国人口资源与环境》2010年第10期。

⑥ 龚文娟：《中国城市居民环境友好行为之性别差异分析》，《妇女研究论丛》2008年第6期；龚文娟、雷俊：《中国城市居民环境关心及环境友好行为的性别差异》，《海南大学学报》（人文社会科学版）2007年第3期。

⑦ 武春友、孙岩：《环境态度与环境行为及其关系研究的进展》，《预测》2006年第4期。

意识对环境行为有着显著的影响。[①] 不过，也有研究指出不能简单地认为环境意识与环境行为呈现相关或不相关关系，应更为具体地探讨不同类型的环境意识与不同类型的环境行为之间是否相关以及怎样相关。[②] 比如，德国学者迪克曼和普莱森多费尔提出了“低成本理论”。该理论认为只有在成本较低或者对行为的要求较低的情景中，环境意识与环境行为之间才可能呈现出较高的相关度。[③] 因此，要想增强环境意识对环境行为的影响力，就必须采取措施降低环境行为的成本。总之，在环境意识转化为具体的环境行为过程中，受到客观的社会情境的制约。

（二）社会经济地位对环境意识、环境行为的影响

社会经济地位作为个体的一种重要社会属性，对环境意识以及环境行为有着重要的影响。以往的大部分研究表明，不同社会经济地位群体在环境意识、环境行为方面有着显著差异。不过，以往研究大都考察某一个社会经济地位指标，比如教育、收入和职业类型对环境意识和环境行为的影响。

大量研究表明受教育程度与环境意识之间存在较强的正相关关系，即受教育程度越高的人群，其环境意识更强。[④] 关于收入对环境意识的影

---

① 李宁宁：《环保意识与环保行为》，《学海》2001 年第 1 期；彭远春：《我国环境行为研究述评》，《社会科学研究》2011 年第 1 期；钟毅平、谭千保、张英：《大学生环境意识与环境行为的调查研究》，《心理科学》2003 年第 3 期；王凤：《公众参与环保行为机理研究》，中国环境科学出版社 2008 年版。

② 刘建国：《城市居民环境意识与环境行为关系研究》，博士学位论文，兰州大学，2007 年。

③ 周志家：《环境保护，群体压力还是利益波及 厦门居民 PX 环境运动参与行为的动机分析》，《社会》2011 年第 1 期。

④ 卢春天、洪大用：《建构环境关心的测量模型——基于 2003 中国综合社会调查数据》，《社会》2011 年第 1 期；聂伟：《公众环境关心的城乡差异与分解》，《中国地质大学学报》（社会科学版）2014 年第 1 期；王建明、刘志阔、徐加桢：《谁更关心环境？——基于 CHIPS 数据的实证检验》，《江淮论坛》2011 年第 4 期；洪大用、卢春天：《公众环境关心的多层分析——基于中国 CGSS2003 的数据应用》，《社会学研究》2011 年第 6 期。

响，以往的研究还没有达成一致的结论。有研究发现，收入对环境意识具有显著的正效应，即收入越高的人环境意识越高。[①] 不过，有研究发现收入对城市居民的环境意识没有直接影响，而对农村居民的环境意识有显著影响。[②] 此外，有研究指出由于各种职业所接触的社会生活的层面不同，那么对作为社会问题之一的环境问题的认识也会呈现出明显的职业性差异。[③] 比如，政府工作者的环境意识具有双重性，即一方面认识到了环境生态建设对经济、社会发展的全局性决定作用；另一方面，在实际工作中当具体环境保护措施与经济发展产生矛盾时，又会不自觉地在认识上让位于经济优先；而普通职业者由于其职业并不直接涉及环境保护工作，其环境意识的内容也主要是与其切身利益相关。[④]

同样，社会经济地位对环境行为也有显著影响，不仅有着直接影响，而且通过影响环境信息获取途径对环境行为有间接影响。[⑤] 有研究发现，受教育程度与私人领域内环境友好行为成正相关。[⑥] 而且，受教育程度较高的居民在对环境污染问题的解决以及维权表达行动上更趋于积极主动，不过在上访、请愿等较为激烈的维权行为上，受教育程度则没有显著影响。[⑦] 至于收入对环境行为的影响，有研究发现，收入对深层环境行为有

---

① 洪大用：《中国城市居民的环境意识》，《江苏社会科学》2005 年第 1 期；王建明、刘志阔、徐加桢：《谁更关心环境？——基于 CHIPS 数据的实证检验》，《江淮论坛》2011 年第 4 期。

② 聂伟：《公众环境关心的城乡差异与分解》，《中国地质大学学报》（社会科学版）2014 年第 1 期。

③ 喻少如：《社会分层与环境意识》，《理论月刊》2002 年第 8 期。

④ 同上。

⑤ 彭远春：《国外环境行为影响因素研究述评》，《中国人口·资源与环境》2013 年第 8 期。

⑥ 龚文娟、雷俊：《中国城市居民环境关心及环境友好行为的性别差异》，《海南大学学报》（人文社会科学版）2007 年第 3 期。

⑦ 周志家：《环境保护，群体压力还是利益波及 厦门居民 PX 环境运动参与行为的动机分析》，《社会》2011 年第 1 期。

长期显著影响，而对浅层环境行为没有影响。[①] 根据一项全国性的调查报告，各类环保行为类型的强度基本随家庭月收入的增加而提高。而且，个人收入对居民的各类参与，尤其是诉求性参与和抗争性参与具有显著的促进作用。[②] 不过，也有研究并没有发现个人收入与环境行为之间的关系。[③] 相对于心理意识因素来说，人口统计因素对于预测公众环境行为的作用非常有限。[④]

综上所述，由于环境意识和环境行为都具有多维性，不同研究的操作化定义和方式也有所不同，进而得到的结论也不完全一致。尽管这样，我们还是看到在受教育程度对环境意识和环境行为的影响上，以往的研究结论比较一致，而在收入对环境意识和环境行为的影响上，以往的研究结论分歧较大，对于职业类型的影响，以往的研究涉及较少。

（三）以往研究的限制和本研究的问题

通过文献回顾，我们发现以往有关社会经济地位、环境意识和环境行为之间关系的研究面临着以下几个方面的限制。

首先，以往研究很少考虑到对环境意识和环境行为的测量误差问题。由于环境意识和环境行为都是内涵非常丰富的概念，以往的研究也提出了一些测量的指标或量表，但是在使用这些指标或量表的时候基本上都是采用项目得分加总的方式，即把每个指标上的得分加在一起作为调查对象的环境意识或者环境行为得分，然后作为因变量进行分析。这样一种操作方式忽略了社会测量的一个核心问题——测量误差，而且没有对测量的信度

---

① 王凤、阴丹：《公众环境行为改变与环境政策的影响——一个实证研究》，《经济管理》2010 年第 12 期。

② 聂伟：《公众环境关心的城乡差异与分解》，《中国地质大学学报》（社会科学版）2014 年第 1 期。

③ 龚文娟：《中国城市居民环境友好行为之性别差异分析》，《妇女研究论丛》2008 年第 6 期。

④ 王建明：《公众资源节约与环境保护消费行为测度——外部表现，内在动因和分类维度》，《中国人口资源与环境》2010 年第 6 期。

和效度进行检验，从而大大影响了其研究结论的可靠性。此外，由于每个研究使用的指标数量和操作方式不同，简单的项目得分加总方式使我们无法对不同研究的结果进行比较。

其次，以往研究大都单方面地研究环境意识或者环境行为的影响因素，而很少把两者放在一起进行考察，因而缺少对社会经济地位、环境意识和环境行为三者之间关系路径的考察，即社会经济地位是如何通过环境意识而影响环境行为的。

最后，由于环境意识和环境行为是长期社会化的结果，其背后的一个重要因素就是个人所成长的家庭环境，尤其是父母亲的受教育程度和职业地位。但是，关于童年时期家庭社会经济地位因素对成年时期环境意识、环境行为的影响，以往研究还很少涉及。

基于以上考虑，本研究利用结构方程模型对儿童时期社会经济地位、成年时期社会经济地位、环境意识和环境行为之间关系强度和影响路径进行综合分析。具体如下：

（1）童年时期父母的社会经济地位对成年时期环境意识和环境有没有显著影响？如果有影响，是通过一种什么方式发挥作用的？

（2）成年时期社会经济地位对环境意识和环境行为有没有显著影响？其影响的路径是怎样的？

（3）在考虑测量误差的条件下，环境意识与环境行为之间是不是存在显著的正相关关系？

（4）在男性群体和女性群体中，在问题（1）—（3）上是否存在不同的结果？

二　研究方法

（一）数据来源

本研究所使用的数据来自中国综合社会调查（Chinese General Social

Survey，CGSS）2010年收集的数据。由于CGSS于2006年被国际社会调查合作组织（International Social Survey Programme，ISSP）接纳为代表中国的会员单位，CGSS在2010年的调查中纳入了ISSP在2010年调查时的全部环境调查项目，并与ISSP同步实施，因此根据CGSS2010环境调查数据获得的结果可以用来进行国际比较。CGSS2010的环境调查在全国范围内针对16岁以上的居民进行随机抽样，完成样本3716个，在删除缺失案例后，本研究的最终样本量为3086个，其中男性样本量为1471个，女性样本量为1615个。

（二）变量测量

本研究采用新生态范式（NEP）量表对环境意识进行测量，这一量表包括了人类与环境关系的15个问题，详情参见表1。在进行调查时，针对每个问题设置了6个选项，分别是“完全不同意”“比较不同意”“无所谓同意不同意”“比较同意”“完全同意”以及“无法选择”。由于选择“无法选择”选项的案例较多[①]，不能当作缺失值进行删除[②]，需要把此项合并到其他选项中。本研究根据验证性因子分析[③]发现“无法选择”项与“无所谓同意不同意”项最接近，于是把两者合并。同时，我们的研究也发现“无所谓同意不同意”选项的强度并没有处于中间层次[④]，而应该处于最低的层次。也就是说，选择“无所谓同意不同意”的调查对象的环境意识最低，而不是处于中间层次。因此，本研究对15个题目的选项进行了重新编码。由于量表中的第1、3、4、5、7、9、11、13项和第15项是正向问题，被访者越是表示同意，表明环境意识越强，所以我

---

① 在每个题目上，都有超过8%以上的案例选择此项。

② 如果当作缺失值进行删除，会让样本量大大减少。

③ 把15个题目看作15个多分类变量，“无法选择”项作为其中一类，然后进行验证性因子分析，结果发现“无法选择”项的因子载荷值与“无所谓同意不同意”项最接近。

④ 设计者的初衷是把每个题目的选项设计成一个强度不断递减（递增）的李克特量表形式，因此被看作一个序次变量（order variable）。

们把回答“无所谓同意不同意”“无法选择”“完全不同意”“比较不同意”和“比较同意”和“完全同意”分别赋值1、1、2、3、4、5分，而对于项目2、6、8、10、12和14等6个负向问题，受访者表示越同意，表明环境意识越弱，所为我们把回答“无所谓同意不同意”“无法选择”“完全不同意”“比较不同意”“比较同意”和“完全同意”分别赋值1、1、5、4、3、2分。这样，在15个项目上取值越大，表明环境意识越强烈。改进后的量表整体信度非常高，Cronbach's Alpha值达到了0.91。

表1　环境意识测量指标及其样本分布情况

测量指标（括号内为变量名）①	无所谓同意不同意	完全不同意	比较不同意	比较同意	完全同意
人口总量接近地球承受的极限（w1）	946 (30.65)	71 (2.30)	320 (10.37)	1268 (41.09)	481 (15.59)
对自然的破坏常常导致灾难性后果（w3）	601 (19.48)	46 (1.49)	173 (5.61)	1508 (48.87)	758 (24.56)
地球环境状况改善是完全可能的（w4）	839 (27.19)	70 (2.27)	358 (11.60)	1290 (41.80)	529 (17.14)
目前人类正在滥用和破坏环境（w5）	538 (17.43)	89 (2.88)	245 (7.94)	1478 (47.89)	736 (23.85)
动植物与人类有着一样的生存权（w7）	515 (16.69)	42 (1.36)	137 (4.44)	1361 (44.10)	1031 (33.41)
人类仍然受自然规律的支配（w9）	758 (24.56)	47 (1.52)	128 (4.15)	1334 (43.23)	819 (26.54)
地球只有很有限的空间和资源（w11）	916 (29.68)	62 (2.01)	239 (7.74)	1140 (36.94)	729 (23.62)
自然界的平衡很容易被打乱（w13）	864 (28.00)	59 (1.91)	228 (7.39)	1264 (40.96)	671 (21.74)
很快将遭受严重的环境灾难（w15）	955 (30.95)	80 (2.59)	291 (9.43)	1057 (34.25)	703 (22.78)

① 为节省篇幅，对每个测量指标的表述进行了简化，下同。

续表

测量指标（括号内为变量名）	无所谓同意不同意	完全不同意	比较不同意	比较同意	完全同意
人可以为了满足需要而改变环境（w2）	706 (22.88)	245 (7.94)	767 (24.85)	990 (32.08)	378 (12.25)
地球上的自然资源是很充足的（w6）	806 (26.12)	344 (11.15)	877 (28.42)	812 (26.31)	247 (8.00)
自然界可以应付现代工业社会的冲击（w8）	1148 (37.20)	129 (4.18)	428 (13.87)	923 (29.91)	458 (14.84)
“环境危机”是一种过分夸大的说法（w10）	1044 (33.83)	111 (3.60)	481 (15.59)	1045 (33.86)	405 (13.12)
人类要统治自然界其他部分的（w12）	885 (28.68)	216 (7.00)	527 (17.08)	974 (31.56)	484 (15.68)
人类终将有能力控制自然（w14）	1065 (34.51)	361 (11.70)	888 (28.78)	556 (18.02)	216 (7.00)

注：括号内为百分比。

在本研究中，环境行为主要指环境保护行为，进一步分为环境保护行为意愿和实际的环境保护行为。环境保护行为意愿由CGSS2010中的四个问题进行测量，分别是：(1)“为了保护环境，您在多大程度上愿意支付更高的价格?”(2)“为了保护环境，您在多大程度上愿意缴纳更高的税?”(3)“为了保护环境，您在多大程度上愿意降低生活水平?”(4)“即使要花费更多的钱和时间，我也要做有利于环境的事”。对于第(1)—(3)个问题，受访者表示越愿意，表明环境保护行为意愿越强，因此我们把“非常愿意”“比较愿意”“既非愿意也非不愿意”“比较不愿意”和“非常不愿意”分别赋值5、4、3、2、1分。对于第(4)个问题，受访者表示越同意，表明环境保护行为意愿越强，因此我们把“完全不同意”“比较不同意”“无所谓愿意不愿意”“比较愿意”和“完全愿意”分别赋值1、2、3、4、5分。对于四个问题中的“无法选择”项，根据验证性因子分析结果发现，其反映的是最低的环境保护行为意愿，因此赋值为1。环境保护意愿各测量指标的样本分布情况参见表2。

表2　环境保护意愿指标及其样本分布情况

测量指标（括号内为变量名）	非常不愿意	比较不愿意	无所谓愿意不愿意	比较愿意	非常愿意
支付更高的价格（p1）	462 （14.97）	741 （24.01）	560 （18.15）	1057 （34.25）	266 （8.62）
缴纳更多的税（p2）	547 （17.73）	906 （29.36）	572 （18.54）	883 （28.61）	178 （5.77）
降低生活水平（p3）	598 （19.38）	979 （31.72）	544 （17.63）	808 （26.18）	157 （5.09）
花费更多钱和时间（p4）	257 （8.33）	621 （20.12）	790 （25.60）	1053 （34.12）	365 （11.83）

注：括号内为百分比。

本研究对环境保护行为的测量采用了CGSS2010中的五个问题[①]，分别是：（1）“您经常会特意将玻璃、铝罐、塑料或报纸等进行分类以方便回收吗？”（2）“您经常会特意购买没有施用过化肥和农药的水果和蔬菜吗？”（3）“您经常会特意为了保护环境而减少居家的油、气、电等能源或燃料的消耗量吗？”（4）“您经常会特意为了环境保护而节约用水或对水进行再利用吗？”（5）“您经常会特意为了环境保护而不去购买某些产品吗？”对于每一个问题，把“总是”“经常”“有时”“从不”分别赋值5、4、3、2、1分，对于第（1）—（2）个问题中的选项“我居住的地

① CGSS2010对环境保护行为的测量还有其他问题，比如“您经常会特意为了环境保护而减少开车吗？”考虑到汽车在中国还不是很普及，大部分的受访者在此问题的回答是缺失的，因此本研究没有选择此问题。此外，CGSS2010还调查了受访者“是否参加环保社团”“是否为某个环境问题签署请愿书”“是否为环境团体捐钱”以及“是否为某个环境问题参加抗议”等。鉴于受访者在回答“是”的比例上非常低，本研究没有选择这些问题。

方没有回收系统”和“我居住的地方没有提供”则合并到“从不”一类，赋值为1分。这样，每个问题的得分越高表示受访者环境保护行为越多。关于环境保护行为各测量指标的样本分布情况，参见表3。

表3　环境保护行为测量指标及其样本分布

测量指标（括号内为变量名）	从不	有时	经常	总是
垃圾分类（y1）	1381 (44.75)	751 (24.34)	602 (19.51)	352 (11.41)
购买蔬果（y2）	1529 (49.55)	876 (28.39)	486 (15.75)	195 (6.32)
减少能源消耗（y3）	848 (27.48)	1257 (40.73)	690 (22.36)	291 (9.43)
节约用水（y4）	547 (17.73)	1054 (34.15)	976 (31.63)	509 (16.49)
不购买某些产品（y5）	1084 (35.13)	1276 (41.35)	520 (16.85)	206 (6.68)

注：括号内为百分比。

对社会经济地位的测量，本研究采用了国际标准职业（ISCO88）社会经济地位指数（简称ISEI）和受教育程度两个指标。我们采用STATA的程序包iscosei，把国际标准职业类型转换成社会经济地位指数，取值范围在16—90。如果受访者已经退休，则利用其最后一次职业类型。本研究把受教育程度看作一个定距变量，取值范围在1（从未上过学）—13（研究生及以上）。本研究的受访者本人的社会经济地位变量，也包括受访者14岁时父母的社会经济地位变量。其中，我们把受访者14岁时父母的受教育程度和社会经济地位指数看作对受访者童年时期家庭社会经济地位的测量，参见表4。

表4　社会经济地位的测量指标及其描述性统计

测量指标（括号内为变量名）	均值	标准差	极小值	极大值
受教育程度（s1）	4.84	3.24	1	13
社会经济地位指数（s2）	35.68	15.18	16	90
父亲受教育程度（x1）	2.76	2.31	1	13
父亲社会经济地位指数（x2）	30.50	14.24	16	90
母亲受教育程度（x3）	1.99	1.85	1	13
母亲社会经济地位指数（x4）	25.19	10.85	16	88

（三）分析方法

本研究采用了结构方程模型（Structural Equation Model，简称 SEM）来考察社会经济地位、环境意识以及环境行为之间的关系。如图 1 所示，我们将首先分析童年时期家庭社会经济地位（X）、对环境意识（W）、环境保护意愿（P）和环境保护行为（Y）的直接影响，然后分析童年时期家庭社会经济地位是如何通过影响成年时期社会经济地位（S）而对环境意识、环境保护意愿以及环境保护行为产生间接影响的。其次，我们将分析成年时期社会经济地位对环境意识、环境保护意愿以及环境保护行为的直接影响。接着，我们将分析童年社会经济地位和成年时社会经济地位是如何通过影响环境意识而间接影响环境保护意愿和环境保护行为的。最后，我们将分析环境意识是如何影响环境保护意愿和环境保护行为的。需要强调的是，所有的这些分析都是在一个模型框架内展开的，这是结构方程模型的一大优势。

另外，我们还将检验社会经济地位、环境意识与环境行为的关系在不同性别群体中是否等同的问题，为此我们拟合了多组结构方程模型。全部的模型估计和检验借助统计软件 Mplus 7① 完成。

① 参见 http：//www.statmodel.com/。

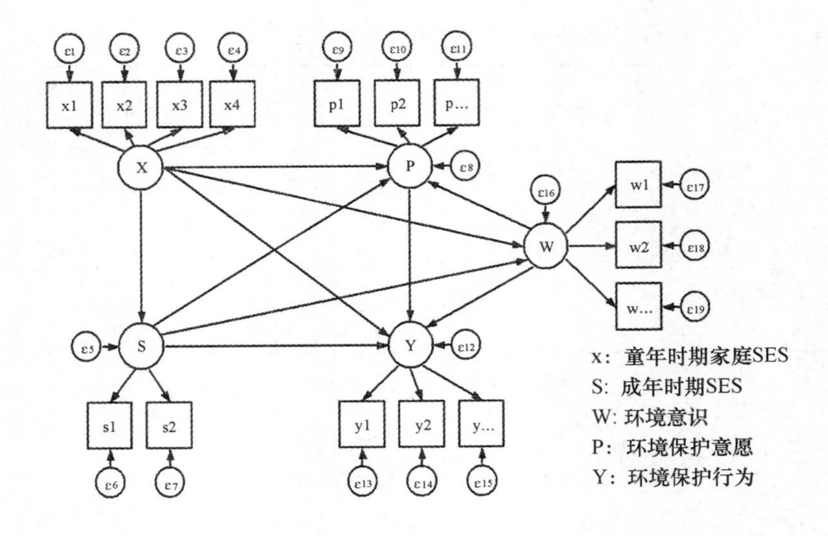

图1　社会经济地位、环境意识与环境行为关系的结构方程模型

三　研究结果

我们首先分别拟合男性样本和女性样本的 SEM，然后再把男性样本和女性样本合在一起拟合一个多组 SEM，表 5 给出了模型的拟合度指标。我们看到，三个模型的 RMSEA 值都在 0.05 以下，CFI 和 TLI 值都在 0.95 以上，这说明模型拟合得非常好。与分别拟合男性样本 SEM 和女性样本 SEM 相比，把男性样本和女性样本放在一起拟合一个整体的多组 SEM 相对更好。

在多组 SEM 中，男性样本和女性样本的测量部分被限制为相等。也就是说，潜变量的因子载荷跨组不变，但是潜变量之间的关系（结构路径系数）没有被限制为相等。也就是说，男性样本和女性样本在潜变量之间的关系上允许不相等。表 6 给出了对不同样本的结构路径系数是否相等进行检验的结果。我们看到，除了童年时期家庭社会经济地位对成年社会经济地位的影响路径存在显著的性别差异之外，其他的结构路径系数都不存在显著的性别差异。因此，在下面的分析中，我们把男性样本和女性样本整合在一起进行分析，见表5、表6。

表5　　分组SEM和多组SEM的模型拟合度指标

	男性样本SEM	女性样本SEM	多组SEM
RMSEA	0.049	0.051	0.046
RMSEA的90%置信区间	(0.046, 0.051)	(0.049, 0.053)	(0.044, 0.047)
RMSEA≤0.05的概率	0.828	0.268	1
CFI	0.959	0.955	0.96
TLI	0.955	0.95	0.96

表6　　男性样本和女性样本结构路径系数等同性检验

检验的路径（效应）	卡方检验值	自由度	P值
X - >S	15.022	1	0.0001
X - >W	0.02	1	0.8863
X - >P	0.477	1	0.4899
X - >Y	1.471	1	0.2252
S - >W	1.016	1	0.3134
S - >P	0.758	1	0.3838
S - >Y	1.579	1	0.2089
W - >P	0.755	1	0.385
W - >Y	0.038	1	0.8451
P - >Y	1.001	1	0.3172

图2显示了基于统合样本的结构方程估计结果（完全标准化）。从模型的几个拟合度指标看，此模型拟合得非常好。在模型的测量部分，我们看到每个观察指标的因子载荷都比较高，其数值都在0.5以上，这说明我们的测量具有很高的信度。比如，在童年期家庭社会经济地位的测量上，父亲受教育程度和母亲受教育程度的因子载荷都在0.78以上，父亲职业社会经济地位指数和母亲职业社会经济地位指数的因子载荷也在0.6左右。在个人社会经济地位的测量上，两个指标的因子载荷都达到了0.7以

上。对于环境意识的测量，有 8 个指标的因子载荷在 0.7 以上，w4 和 w14 的因子载荷最低，分别是 0.518 和 0.571。有研究在对环境意识测量时，把 w4 和 w14 这两个指标进行了排除，但是这两个指标的因子载荷并不低，都在 0.5 以上，因此符合信度要求。在环境保护产生意愿的测量上，除了 p4 的因子载荷是 0.678 之外，其他三个指标的因子载荷都达到了 0.7 以上。对于环境保护行为的测量，有三个指标的因子载荷超过了 0.7，剩下两个指标的因子载荷也在 0.6 左右。

在模型的结构部分，我们看到童年时期家庭社会经济地位（X）对成年时期社会经济地位（S）具有显著的正影响，两者的相关系数[①]达到了 0.628，即前者能够解释后者 39.4%[②]的变异。童年时期家庭社会经济地位对环境意识（W）的直接影响较小，两者的相关系数只有 0.045 并且统计不显著（P = 0.093），不过，表 7 显示了童年期家庭社会经济地位对环境意识的间接效应（从 X - > S - > W）达到了 0.275 且统计显著，也就是说童年社会经济地位通过影响成年社会经济地位间接影响了环境意识。成年时期社会经济地位对环境意识的直接影响非常显著，两者的相关系数达到了 0.438，也就是说，有近 20% 的环境意识是由成年时期的社会经济地位决定的。总之，童年期家庭社会经济地位对环境意识的影响主要是一种间接影响，而成年期社会经济地位对环境意识的直接影响较为显著。

在对环境保护意愿的影响上，童年时期家庭社会经济地位的直接影响是显著的，不过标准化路径系数值是 -0.099，这表明两者呈现出比较弱的负相关。童年期家庭社会经济地位对环境保护意愿的总间接效应是 0.203，这包括了三条影响路径：（1）从 X - > S - > P，这一部分的间接效应是 0.083，即童年家庭社会经济地位通过影响成年期社会经济地位而对环境保护意愿产生的影响；（2）从 X - > W - > P，这一部分的间接效应是 0.017，不过统计上已经不显著了（P = 0.097）；（3）从 X - > S - > W - > P，这一部分的间接效应是 0.103，即童年家庭社会经济地位通过影响成年社会经济地位进而影响环境意识而对环境保护意愿产生的影响。

---

① 完全标准化的路径系数等于相关系数。

② 即标准化路径系数的平方，也就是决定系数值。

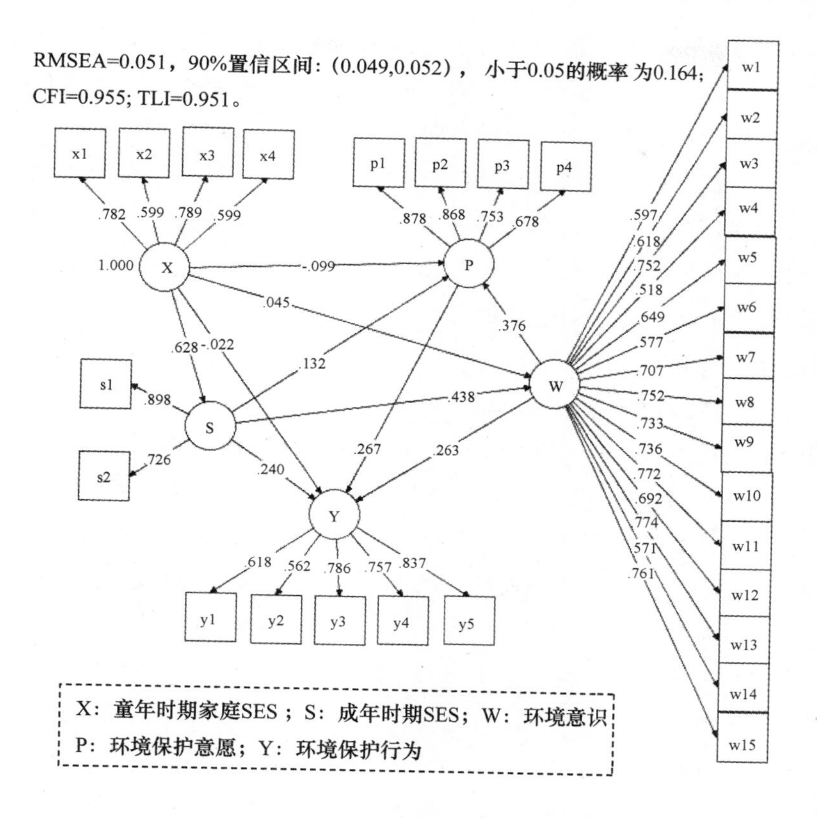

图2　结构方程模型估计结果（标准化）

总之，童年期家庭社会经济地位对环境保护意愿影响以间接影响为主，且都是通过影响成年期社会经济地位进而影响环境保护意愿的。成年期社会经济地位对环境保护意愿既有显著的直接影响，也有显著的间接影响，其中直接效应为0.132，间接效应为0.165，即成年社会经济地位借助影响环境意识进而对环境保护意愿的影响。

在对环境保护行为的影响上，童年期家庭社会经济地位的直接效应只有－0.022且统计上不显著（P＝0.445），不过其总间接效应达到了0.263且统计显著，主要包括了七条影响路径：（1）从X－＞S－＞Y，这是一条最重要的影响路径，这一部分的间接效应达到了0.15，即童年家庭社会经济地位通过影响成年期社会经济地位而对环境保护影响产生的影响；（2）从X－＞W－＞Y，此路径表达的是童年期家庭社会经济地位通过影响环境意识而对环境保护的影响，不过结果显示这条影响路径并不显著；（3）从 X－＞P－＞Y，即童年期社会经济地位通过影响环境保护意愿而对环境保护行为产生的间接效应，其数值为－0.026；（4）从X－＞S－＞W－＞Y，即童年期社会经济地位通过影响成年社会经济地位和环境意识进而对环境保护行为产生的间接效应，数值为0.072；（5）从 X－＞S－＞P－＞Y，此路径表示的是童年期家庭社会经济地位通过影响成年社会经济地位和环境保护意愿进而对环境保护行为产生的间接效应，其数值相对较小，只有0.022；（6）从 X－＞W－＞P－＞Y，此路径表达的是童年期社会经济地位通过影响环境意识和环境保护意愿进而产生的对环境保护行为的间接效应，不过在统计上已经不显著了（P＝0.098）；（7）从 X－＞S－＞W－＞P－＞Y，这是一条相对较长的影响路径，其中间环节较多，它表达的是童年期家庭社会经济地位通过影响成年社会经济地位、环境意识以及环境保护意愿进而产生的对环境保护行为的间接效应，数值相对较小，只有0.028。总之，童年期社会经济地位对环境保护行为的影响绝大多数是间接影响，其中主要是通过影响成年社会经济地位而对环境保护行为产生的影响。

成年期社会经济地位对环境保护行为的直接影响效应为0.24，间接影响效应总计达到了0.194。成年期社会经济地位对环境保护行为的间接效应主要包括三个部分：（1）从 S－＞W－＞Y，即成年社会经济地位借助影响环境意识而产生的对环境保护行为的间接效应，其数值为0.115；（2）从 S－＞P－＞Y，即成年社会经济地位借助影响环境保护意愿而产生的对环境保护行为的间接效应，其数值相对较小，只有0.035；（3）从 S－＞W－＞P－＞Y，即成年社会经济地位借助影响环境意识、环境保护意愿而产生的对环境保护行为的间接效应，其数值也相对较小，为0.044。总之，成年期社会经济地位对环境保护行为的影响以直接影响为主，不过其通过影响环境意识而带来的间接影响也比较显著。

此外，图2也显示了环境意识与环境行为之间存在显著的关系。我们看到，环境意识对环境保护意愿直接的影响效应是0.376，对环境保护意愿直接的影响效应是0.263。此外，环境意识对环境保护行为还有间接效应，即从 W－＞P－＞Y，也就是环境意识借助影响环境保护意愿而产生的对环境保护行为的间接影响，其数值为 0.1。总之，环境意识对环境保护行为的影响以直接影响为主。最后，我们看到环境保护意愿与环境保护行为之间存在显著的正相关，相关系数达到了 0.267，见表 7。

表 7　　　　标准化的直接效应、总间接效应和总效应

	直接效应	总间接效应	总效应
从 X 到 S	0.628		0.628
从 X 到 W	0.045	0.275	0.321
从 S 到 W	0.438		0.438
从 X 到 P	-0.099	0.203	0.104
从 S 到 P	0.132	0.165	0.297
从 W 到 P	0.376		0.376
从 X 到 Y	-0.022	0.263	0.241
从 S 到 Y	0.24	0.194	0.434
从 W 到 Y	0.263	0.1	0.363
从 P 到 Y	0.267		0.267

四　讨论与结论

本研究利用 CGSS2010 数据集，借助结构方程模型探讨了社会经济地位、环境意识和环境行为之间的关系。与以往研究相比，本研究的一大优势就是不仅获得了社会经济地位对环境意识和环境行为的直接影响，而且获得了其对环境意识和环境行为的间接影响。同时，对环境意识与环境行为之间的关系进行了探讨。

本研究发现童年时期由父母受教育程度以及职业社会经济地位指数所代表的家庭社会经济地位对环境意识、环境保护意愿以及环境保护行为的直接影响较小，其主要是通过影响成年期社会经济地位而产生间接影响。以往的大量研究发现，家庭社会经济地位对个人的社会经济地位具有非常显著的影响，而个人社会经济地位对环境意识具有非常显著的影响，随着社会经济地位的提升，环境意识也会显著增强。不同社会经济地位群体在环境意识上的差异，一个可能的解释来源马斯洛的需求层次理论。[①] 人们只有在满足了基本的物质需求之后，才会有关注环境问题的需求和可能。对环境质量的要求属于一种较高层次的需求，在经济上和社会地位上相对较高的群体才会有时间有意识地去关注各种环境问题，良好的环境意识也由此产生。[②] 与需求理论相似，"后物质主义价值观"理论认为当社会逐渐富裕起来后，人们会从原来的"物质主义价值观"向"后物质主义价值观"转移，后者更加关注生活质量和自我表达，从而促进了环境意识的提升。[③] 此外，环境意识的产生还和人们对生态环境问题的认识以及拥有的相关知识有关，社会经济地位较高群体由于拥有相对较高的受教育程度，掌握了更多的与生态环境问题产生机制有关的信息和知识，因此也会有更强的环境意识。[④]

对于环境保护意愿上，社会经济地位不仅具有直接影响，而且通过环境意识产生间接影响。在本研究中，环境保护意愿所指的是为了保护环境而在时间、金钱和精力上的付出程度。社会经济地位越高的群体，有相对较多的业余时间和较多的金钱，从而也具有了为环境保护而进行支付的条件。另外，如上文所述，社会经济地位与环境意识具有较高的相关关系（相关系数值等于 0.438），而环境意识又对环境保护意愿具有显著影响（相关系数值等于 0.376）。因此，我们可以说，不同社会经济地位群体在环境保护意愿上的差异，其中有一部分是来自不同社会经济地位群体在环境意识上的差异。因此，不同社会经济地位群体在环境保护意愿差异主要来源有两个方面：第一个方面是不同社会经济地位群体在客观的支付条件

---

① Maslow, A. H., et al., *Motivation and Personality*. Vol. 2, 1970: Harper & Row New York.

② 喻少如：《社会分层与环境意识》，《理论月刊》2002 年第 8 期。

③ Inglehart, R., *Modernization and Postmodernization: Cultural, Economic, and Political Change in* 43 *Societies*, Princeton, NJ: Cambridge Univ. Press, 1997.

④ 宋言奇：《发达地区农民环境意识调查分析——以苏州市 714 个样本为例》，《中国农村经济》2010 年第 1 期。

上有显著差异；第二个方面就是不同社会经济地位群体在环境意识上的差异。

本研究结果也显示，社会经济地位对环境行为具有显著的正影响，处于较高社会经济地位的群体表现出更多的环境保护行为。首先，环保行为的背后需要有一定的环境保护知识和信息，比如如何进行垃圾分类、对环保产品的认识等。很明显，社会经济地位较高的群体在此方面具有较大优势。另外，对一些环保产品的消费需要一定的经济基础，收入水平较低的群体在此方面受到很大的限制。其次，环境意识对环境保护行为有显著影响（两者的相关系数等于 0.263），随着环境意识的提升，人们会表现出更多的环境保护行为，而社会经济地位对环境意识又有非常显著的影响，因此，社会经济地位通过影响环境意识进而对环境保护行为产生了重要影响。最后，如上文所述，随着社会经济地位的提高，环境保护意愿也会随之提升，而环境保护意愿的提升又显著促进了环境保护行为（两者相关系数等于 0.267），因此，社会经济地位对环境保护行为的影响有一部分是其对环境保护意愿的影响所致。

本研究也发现环境意义与环境行为之间存在显著关系，但是没有想象的那么大，比如环境意识与环境保护意愿的相关系数是 0.376，而与环境保护行为的相关系数只有 0.267，这与以往的研究结论基本一致。[①] 实际上，从环境意识转化为环境行为，中间受到很多客观条件的限制。德国学者为此提出的“低成本理论”具有一定的解释力。[②] 实施环境行为是需要付出一定成本的，比如购买环保性产品要付出经济成本，对垃圾进行分类要付出时间成本等。一些环境行为的成本相对较高，比如减少开私家车转而乘坐公共交通；而另外一些环境行为的成本相对较低，比如不随手扔垃圾。对于一些低成本的环境行为，环境意识的影响要更大一些，而对于一些高成本的环境行为，环境意识的影响就可能小一些。因此，总体来看，环境意识越强，实施环境行为的可能性也越大，但是这受到行为情景的制

① 周志家：《环境意识研究：现状、困境与出路》，载柴玲、包智明主编《环境社会学》，中国社会科学出版社 2014 年版。

② 同上。

约。未来对环境意识与环境行为关系的研究，应该进一步区分环境意识与低成本环境行为、高成本环境行为关系的差异性。

总之，本研究进一步阐释了社会经济地位、环境意识和环境行为之间的关系强度和影响路径，这对于我们如何进一步提升公众的环境意识以及促进更多的环境行为有一定的借鉴意义。在环境问题日益加重的今天，提升公众环境意识的一个重要途径就是提升公众的社会经济地位，包括受教育程度的提升、收入的增加等。通过环境意识的提升，进一步促进环境保护行为的实施。需要注意的是，为了增强环境意识对环境行为的影响力，就需要采取措施降低环境行为的成本，从而提升环境行为对于一般公众的吸引力以及减轻他们的行为负担。在此方面，政府和相关组织应该创造出有利的条件。

［本文原载于《内蒙古社会科学》（汉文版）2014 年第 6 期］

城市居民环境认知对环境行为的影响分析*

彭远春**

[摘要]　基于2003年与2010年中国综合社会调查环境模块的数据，本文围绕城市居民环境认知对环境行为的影响进行了探讨。研究发现：我国城市居民环境认知水平与环境行为参与水平较低，呈现出“知行皆不易”的特征。环境保护知识假设、环境问题严重性假设得到验证，而环境风险认知假设仅得到部分验证。具体而言，环境保护知识更丰富的城市居民，会实施越多的环境行为；日常环境风险认知对私域环境行为有着显著的正向影响，但科技环境风险认知对私域环境行为并无显著影响；认为环境问题越严重的城市居民，会实施越多的环境行为，但全国环境问题严重性认知对环境行为的影响小于当地环境问题严重性认知的相应影响，且当地环境衰退严重性认知对环境行为的影响更大。本文进而提出多元社会主体积极开展形式多样、寓教于行的环境宣传、环境教育与环境保护体验等活动，以进一步提升公众的环境认知水平，促发更多的环境行为。

[关键词]　环境行为　环境保护知识　环境风险认知　环境问题严重性认知

---

* 基金项目：国家社科基金项目“我国公众环境行为及其影响因素研究”（12CSH033）、教育部人文社会科学重点研究基地重大项目“国际比较视野下的中国城乡居民环境意识研究”（13JJD840006）、中国博士后第55批面上资助项目（2014M552144）。

** 作者简介：彭远春（1981—），男，湖南邵阳人，中南大学公共管理学院副教授，主要研究方向为环境社会学。

在工业污染、生态破坏依旧严重的同时，随着城市生活方式与消费主义的迅速扩展，生活污染已成为我国环境问题的重要方面，“生活者的致害者化”愈发凸显，即居民的日常行为与生活方式很大程度上已成为环境污染与生态破坏的重要致因。① 与此同时，人们亦逐渐意识到严峻的环境状况与自身行为密切相关，故除了采取科学与技术治理手段之外，还需正确认识与理解环境行为，识别相应影响因素以更好地培育环境行为，进而达到改善环境状况、提升环境质量的目标。

而在日常生活中，人们常将认知视为行为的基础，认为行为往往在一定认知水平上所展开，推崇“知行合一”的理想模式。实际上，认知与行为的关系较为复杂，如“知难行易”强调认知获致不易的同时，预设认知对行为有着较强甚至决定性的作用，而“知易行难”则在强调实施行为有着诸多条件与较大困难的同时，预设认知对行为的影响较弱。若具体到环境认知与环境行为二者之间的关系，环境认知对环境行为有无切实影响、有着怎样的影响，本文将结合环境社会学的相关理论与国内外研究成果，利用 2003 年与 2010 年中国综合社会调查环境模块的数据尝试做出回答。这有助于推动环境社会学中程理论的构建以及推进环境社会学、环境心理学、环境教育学等相关学科之间的交流与发展。

一 文献回顾与研究假设

自罗斯（Roth）1968 年提出环境素养概念以来，通过环境教育以提升人们的实际环境知识与环境问题认识水平的观点日渐流行开来。马洛尼（Maloney）等较早对环境知识与环境情感、口头承诺、实际承诺之间的关系进行了研究，发现环境知识与三者之间不存在相关关系，其对此予以解

① 彭远春：《试论我国公众环境行为及其培育》，《中国地质大学学报》（社会科学版）2011 年第 5 期。

释：环境知识涉及范围过广，较难测量；民众难以获取环境知识，环境知识水平较低。① 后续的研究亦发现环境知识与环境行为之间没有关系②、较弱③或者最多中等程度的相关④。

对此，部分学者提出应将环境知识进行区分，以更好地把握不同类型的环境知识与环境行为之间的关系。如马西科洛斯基（Marcinkowski）将环境知识分为环境问题知识、环境行为策略与技能和自然环境知识三类，并认为与较为抽象的自然环境知识相比较，较为具体的环境问题知识、环境行为策略与技能和环境行为的相关性更强。⑤ 埃伦（Ellen）则指出，关心环境和实施环境行为的居民的客观知识水平较低，而环境知识的主观感

---

① Maloney, M. P., Ward, M. P., "Ecology: Let's Hear from the People: An Objective Scale for the Measurement of Ecological Attitudes and Knowledge." *American Psychologist*, Vol. 28, No. 7, 1973.

② Schan, J., Holzer, E., "Studies of Individual Environmental Concern: The Role of Knowledge, Gender, and Background Variables." *Environment and Behavior*, Vol. 22, No. 6, 1990; Grob, A. A, "Structural Model of Environmental Attitudes and Behaviour." *Journal of Environmental Psychology*, Vol. 15, No. 3, 1995.

③ Ellen, P. S., "Do We Know What We Need to Know? Objective and Subjective Knowledge Effects on Pro-ecological Behaviors." *Journal of Business Research*, Vol. 30, No. 1, 1994; Moore, S., Murphy, M., Watson, R., "A Longitudinal Study of Domestic Water Conservation Behavior." *Population and Environment*, Vol. 16, No. 2, 1994.

④ Hines, J. M., Hungerford, H. R., Tomera, A. N., "Analysis and Synthesis of Research on Responsible Environmental Behavior: A Meta - Analysis." *The Journal of Environmental Education*, Vol. 18, No. 2, 1987; Oskamp, S., Harrington, M. J., Edwards, T. C., Sherwood, D. L., Okuda, S. M and Swanson, D. C., "Factors Influencing Household Recycling Behavior." *Environment and Behavior*, Vol. 23, No. 4, 1991; Gamba, R. J., Oskamp, S., "Factors Influencing Community Residents' Participation in Commingled Curbside Recycling Programs." *Environment and Behavior*, Vol. 26, No. 5, 1994.

⑤ Marcinkowski, T. J., *An Analysis of Correlates and Predictor of Responsible Environmental Behavior.* South Illionois Unviversity at Carbondale, 1988.

知与环境行为有着较强关系。[①] 另外弗里克（Frick）等人将环境知识区分为三类：关注生态系统如何运转或环境问题的系统知识、与行为选择或可能行为过程相关的知识即行为相关知识、关注具体行为的生态效应的效力知识；同时发现，行为相关知识与效力知识直接影响环境行为，而系统知识通过影响前两种知识形态对环境行为起着间接作用。[②] 进而可以这样认为，特殊的环境行为知识与技能比抽象的环境知识或环境议题知识更能预测环境行为。

概言之，环境知识具有促使公众关心环境，进而采取环境行为的效应，但效应的大小主要受两个因素的影响：一是环境知识类型及其抽象程度：自然规律、生态平衡等方面的环境知识，往往较为抽象且离具体环境行为相对较远，从而与环境行为关系较弱或没有直接关系；而涉及环境问题、行为选择、行为过程与行为结果的相关环境知识，相对较为具体且与日常生活密切相关，从而对环境行为的实施有着较大的影响。[③] 二是环境知识直接影响环境行为的同时，亦借助环境关心等中介因素间接影响环境行为。[④] 故本文提出环境保护知识假设：介于具体环境行为知识与抽象环境知识之间的环境保护知识与环境行为有着正向关系，即环境保护知识更丰富的城市居民，会实施更多的环境行为。

---

① Ellen, P. S., "Do We Know What We Need to Know? Objective and Subjective Knowledge Effects on Pro-ecological Behaviors." *Journal of Business Research*, Vol. 30, No. 1, 1994.

② Frick, J., Kaiser. FG., Wilson. M., "Environmental Knowledge and Conservation Behavior: Exploring Prevalence and Structure in a Representative Sample." *Personality and individual differences*, Vol. 37, No. 8, 2004.

③ 参阅国家环境保护总局、教育部《全国公众环境意识调查报告》，中国环境科学出版社 1999 年版；任莉颖《环境保护中的公共参与》，载杨明《环境问题与环境意识》，华夏出版社 2002 年版；王凤、阴丹《公众环境行为改变与环境政策的影响——一个实证研究》，《经济管理》2010 年第 2 期。

④ 参阅王凤《公众参与环保行为影响因素的实证研究》，《中国人口·资源与环境》2008 年第 6 期；于伟《基于计划行为理论的居民环境行为形成机理研究——基于山东省内大中城市的调查》，《生态经济》2010 年第 6 期。

此外，诚如乌尔里希·贝克（Beck）所言，现代性正从古典工业社会的轮廓中脱颖而出，正在形成一种崭新的形式——（工业的）“风险社会”。[①] 在这一社会形态中，风险无处不在、无时不有，诸多风险类型彼此交织，且时常以潜隐的形式存在，其有赖于个体经验与认知、科学理性与社会理性等予以识别、确立与应对。而环境风险作为较为特殊的风险类型，如大气、水、垃圾、食物中的毒素与污染物以及环境衰退对动植物和人体有着短期或者长期的影响，但这类影响往往具有滞后性和不易察觉性。而个体一旦察知这类风险，会促使其更为关心环境，并积极寻求应对之策。有研究发现，若个体意识到环境问题所可能带来的风险或威胁，他们更可能关心环境问题的缓解以及环境质量的改善，进而采取负责任的环境行为。也就是说，环境问题认知影响环境行为。[②] 由此我们提出环境风险认知假设：认为环境风险越严重的城市居民，会实施更多的环境行为。

同时，亦有学者指出，不能将环境问题或环境议题视为统一整体加以探讨，应看到其内在区分及其对环境关心与环境行为的不同影响。如帕克斯基和克鲁克曾经区分了两种环境议题：一种是关注污染和环境公害的“棕色议题”，另一种是保护和追求相对洁净的自然环境的“绿色议题”。[③] 戴维森（Davidson）等作了类似的区分，一是与健康和安全相关

---

① ［德］乌尔里希·贝克：《风险社会》，何博闻译，译林出版社 2004 年版，第 2 页。

② Grob, A. A., “Structural Model of Environmental Attitudes and Behaviour.” *Journal of Environmental Psychology*, Vol. 15, No. 3, 1995. 国家环境保护总局、教育部：《全国公众环境意识调查报告》，中国环境科学出版社 1999 年版。任莉颖：《环境保护中的公共参与》，载杨明《环境问题与环境意识》，华夏出版社 2002 年版。Baldassare, M. &Katz, C. “The Personal Threat of Environmental Problems as Predictor of Environmental Practices.” *Environment and Behavior*, Vol. 24, No. 5, 1992. Axelrod, L. J. &Lehman, D. R., “Responding to Environmental Concern: What Factors Guide Individual Action?” *Journal of Environmental Psychology*, Vol. 13, No. 2, 1993.

③ 转引自洪大用等《中国民间环保力量的成长》，中国人民大学出版社 2007 年版。

的“污染议题”，二是与健康和安全并不直接相关的“其他议题”。[①] 综上所述，本文提出环境问题严重性认知假设：环境问题认知对环境行为有着正向影响，即认为环境问题越严重的城市居民，实施越多的环境行为，但影响大小可能因环境问题认知的不同而类型各异。

二　变量测量与数据分析

本文利用2003年与2010年中国综合社会调查（CGSS）城市居民环境模块的数据进行分析。[②] 因经费不足等原因，2003年中国综合社会调查仅针对城市居民，但覆盖了全国所有城市地区，最终样本量为5073份，其中男性占48.2%，女性占51.8%；年龄在25岁以下占9.6%，26—35岁占21.2%，36—55岁占48.5%，56岁以上占20.8%。2010年中国综合社会调查采用多阶分层概率抽样设计，其调查点遍及了国内所有省级行政单位。最终对全国100个县（区），480个居（村）民委员会，12000户家庭中的约12000名个人进行了主体问卷的调查，获得11785个有效样本。另外，继续对在2月、9月、11月及12月出生的被访者进行了环境模块的调查。2010CGSS环境模块的最终有效样本量为3716人，其中城市居民样本为2392人，占环境模块样本的64.4%，其中男性占46.9%，女性占53.2%；年龄在25岁以下占9.6%，26—35岁以上占17.6%，36—55岁占42.3%，56岁以上占30.5%。

---

① Davidson, D. J. &Freudenburg, W. R. "Gender and Environmental Risk Concerns: A Review and Analysis of Available Research." *Environment and Behavior*, Vol 28. No. 3, 1996.

② 具体抽样设计及其他相关资料请参见 http://www.chinagss.org/。笔者感谢中国人民大学社会学系与洪大用教授提供的数据支持与帮助，当然，文责自负。

（一）变量测量

1. 因变量及其测量

本研究的因变量为环境行为，是指个体在日常生活中主动采取且有助于改善环境状况与提升环境质量的行为。2003CGSS 环境模块使用一个包含 10 个项目的行为量表对环境行为加以调查，具体询问了调查对象在过去一年里是否“从不”“偶尔”抑或“经常”从事：（1）垃圾分类投放，（2）与亲友讨论环保问题，（3）自带购物篮或购物袋，（4）重复利用塑料包装袋，（5）为环境保护捐款，（6）关注环境问题与环保信息，（7）参与环境宣教活动，（8）参与民间环保团体举办的环保活动，（9）自费养护树林或绿地，（10）参加要求解决环境问题的投诉或上诉等不同的行为或活动。在分析中，我们将“从不”“偶尔”“经常”选项分别赋值为 0 分、1 分和 2 分。根据表面效度以及探索性因子分析的结果①，我们将第（1）、（2）、（3）、（4）、（6）项相加形成私域环境行为指标，均值为 4.31，标准差为 2.19；将第（5）、（7）、（8）、（9）、（10）项相加形成公域环境行为指标，均值为 1.57，标准差为 1.91。

2010CGSS 环境模块则从分类回收、购买未曾施用化肥与农药的水果与蔬菜、减少开车、减少能源或燃料消耗、节约用水或再利用水、抵制消费某些非环保产品这六个方面测量私域环境行为，本文将其实施频率“从不、有时、经常、总是”相应赋值为 0、1、2、3 分。对私域环境行为量表的信度分析发现，剔除第三项“减少开车”后的修正量表的内部一致性较强，量表的 alpha 系数由 0.684 升至 0.758。再采用探索性因子分析对修正后的私域环境行为量表进行研究，发现所有项目都聚集在一个因子之上。故本研究将剩下的 5 项相加生成私域环境行为指标，均值为 6.26，标准差为 3.42。可见，从 2003 年到 2010 年 7 年间，我国城市居民环境行为水平整体上尚无太多变化，呈现出弱参与、日常性、简易性、浅

① 因环境行为项目仅包含三个不同数据取值，所以它们不适合做验证性因子分析。

层性等特征。

2. 自变量及其测量

本文探讨的环境认知是指对环境及其相关问题的各种认识和基本理解，主要包括环境保护知识、环境风险认知和环境问题严重性认知三个方面。2003CGSS 与 2010CGSS 环境模块调查采用同一环境保护知识量表，被访者需对下述 10 项说法做出判断，究竟是正确、错误，还是无法选择（详见表 1）。可见，虽然相比 2003 年，2010 年“不知道”回答比例下降，实际正确率比例上升，即人们的环境保护知识水平有所提高，但大多数选项的正确率并不高，甚至较低，我国城市居民环境知识水平实则有待进一步提升。信度分析表明，两次调查的环境保护知识量表都具有较好的信度和内部一致性，可以看作单一维度的量表。因此，我们把各项目相加，就得出环境保护知识水平，2003 年与 2010 年相应均值分别为 5.18、5.82，标准差均为 2.65。

表 1　　环境保护知识项目及其频率

	2003 年			2010 年		
	正确	错误	不知道	正确	错误	不知道
（1）汽车尾气对人体健康不会造成威胁	8.8	84.6	6.4	9.8	86.5	3.7
（2）过量使用化肥农药会导致环境破坏	84.3	7.3	8.2	87.6	7.9	4.5
（3）含磷洗衣粉的使用不会造成水污染	10.2	59.0	30.7	11.1	69.7	19.3
（4）含氟冰箱的氟排放会成为破坏大气臭氧层的因素	55.8	4.8	39.2	62.0	9.1	28.9
（5）酸雨的产生与烧煤没有关系	7.4	34.8	57.6	10.8	51.1	38.1
（6）物种之间相互依存，一个物种的消失会产生连锁反应	52.8	3.7	43.4	61.8	5.1	33.1
（7）空气质量报告中，三级空气质量意味着比一级空气质量好	9.3	31.3	59.3	10.8	32.7	56.5
（8）单一品种的树林更容易导致病虫害	49.2	7.0	43.7	48.8	8.7	42.6
（9）水体污染报告中，V（5）类水质意味着要比 I（1）类水质好	6.3	13.2	80.2	7.7	19.4	73.0

续表

	2003年			2010年		
	正确	错误	不知道	正确	错误	不知道
（10）大气中二氧化碳成分的增加会成为气候变暖的因素	52.6	4.0	43.2	63.4	4.7	31.9

注：第1、3、5、7、9项为错误的说法，其他为正确的说法。每项判断正确则赋值为1，其他回答被重新编码为0。

2010CGSS环境模块调查了环境风险认知，需要被访者对汽车尾气、工业废气、农药与化肥、江河与湖泊污染、气候变化、转基因作物、核电站这7个方面对环境的危害程度做出判断，回答选项分别是“完全没有危害”“不是很有害”“无法选择”“有些危害”和“非常有害”和“对环境极其有害”，相应赋值为0、1、2、3、4、5分。统计分析发现，7项环境风险认知项目的alpha值为0.769，R_{i-t}值均在0.406—0.532不等，且在删除对应项目之后，alpha系数普遍降低，即有着较好的信度和内部一致性。对其的探索性因子分析发现，7项环境风险认知项目可以提取两个因子，二者共解释了61.09%的变异量。其中汽车尾气、工业废气、农药与化肥、江河与湖泊污染、气候变化等对环境的危害聚集在因子1上，因为这些风险在日常生活中较为常见，故命名为日常环境风险认知，将上述5项相加构成这一新变量，均值为18.69，标准差为3.48；而转基因作物、核电站对环境的危害聚集在因子2上，其共同特征都与科技的推进有关，故命名为科技环境风险认知，均值为5.49，标准差为2.00。

2003CGSS环境模块调查从当地、全国两个层面对环境问题严重性认知加以测量，需要被访者对其所在地区的空气污染、水污染、噪声污染、工业垃圾污染、生活垃圾污染、绿地不足、森林植被破坏、耕地质量退化、淡水资源短缺、食品污染、荒漠化、野生动植物减少这12个方面以及全国整体环境问题的严重程度做出判断，回答选项分别是“很严重”、“比较严重”“一般”“不太严重”和“根本不严重/没有该问题”，相应赋值为5、4、3、2、1分。统计分析发现，12项当地环境问题严重性认知项目的alpha值为0.854，R_{i-t}值为0.476—0.569不等，即有着较好的信度和内部一致性。

由于空气污染、水污染、噪声污染、工业垃圾污染、生活垃圾污染、食品污染这6个环境污染项目明显与健康和安全相关，而绿地不足、森林植被破坏、耕地质量退化、淡水资源短缺、荒漠化、野生动植物减少这6个环境衰退项目则离日常生活相对较远，与健康和安全并不直接关联。基于这一假定区分，我们对以上12个项目进行验证性因子分析，模型拟合度较好，两个因子的相应负载较强，0.47—0.75不等，同时因子间的相关关系较强，为0.67，从而可以这样认为，上述12个项目实则包含当地环境污染严重性认知和当地环境衰退严重性认知两个维度，笔者利用验证性因子分析获得的因子负载对相应项目进行加权累加，形成当地环境污染严重性认知和当地环境衰退严重性认知两个变量①，均值分别为10.78、8.02，标准差分别为3.51、3.65。

2010CGSS环境模块则仅对全国环境问题严重性认知进行了调查，需要被访者对我国整体环境问题的严重程度做出判断，回答选项分别是"非常严重""比较严重""既严重也不严重""不太严重"和"根本不严重"，相应赋值为5、4、3、2、1分，而"无法选择"则处于模糊状态，将其赋值为中间取值3分。

为了更清楚地考察环境认知与环境行为之间的关系，我们引入了性别（男=0、女=1）、年龄（2003年均值为43.51岁、2010年均值为46.52岁）、受教育年限（2003年均值为10.43年、2010年均值为10.32年）、婚姻状况（未婚=0、已婚=1）等控制变量。

（二）数据分析

将环境认知变量纳入模型，以性别、年龄、受教育年限、婚姻状况为

---

① 相应方程式为：$Y_{环境污染认知} = 0.61x_{空气污染} + 0.64x_{水污染} + 0.57x_{噪声污染} + 0.69x_{工业垃圾污染} + 0.62x_{生活垃圾污染} + 0.54x_{食品污染}$；$Y_{环境衰退认知} = 0.47x_{绿地不足} + 0.75x_{植被破坏} + 0.67x_{耕地退化} + 0.59x_{淡水短缺} + 0.57x_{荒漠化} + 0.65x_{动植物减少}$。限于篇幅，验证性因子分析路径图及具体结果未予呈现。

控制变量，分别以私域环境行为、公域环境行为为因变量进行多元线性回归分析，相应结果详见表2。

表2　　环境行为的多元线性回归（OLS）之标准回归系数

	2003CGSS 环境模块		2010CGSS 环境模块
	私域环境行为	公域环境行为	私域环境行为
	模型1	模型2	模型3
环境保护知识	0.252*** (0.013)	0.047** (0.012)	0.160*** (0.031)
日常环境风险认知	—	—	0.169*** (0.023)
科技环境风险认知	—	—	0.010 (0.037)
当地环境污染严重性认知	0.043** (0.010)	0.025# (0.009)	—
当地环境衰退严重性认知	0.114*** (0.009)	0.179*** (0.009)	—
全国环境问题严重性认知	0.033** (0.028)	0.001 (0.026)	0.095*** (0.083)
控制变量			
性别	0.120*** (0.058)	0.022 (0.053)	0.036# (0.138)
年龄	0.098*** (0.003)	-0.013 (0.002)	0.145*** (0.005)
受教育年限	0.197*** (0.009)	0.151*** (0.008)	0.113*** (0.019)
婚姻状况	-0.033* (0.106)	-0.035* (0.098)	0.047* (0.237)
调整后的 R^2	0.197	0.090	0.139
F	153.967	62.604	46.822
P	0.000	0.000	0.000

注：括号内的数字为标准误；#p<0.1；*p<0.05；**p<0.01；***p<0.001。

首先，所有的模型均通过了F检验，具有统计显著性，都可被接受。较之公域环境行为而言，环境保护知识、环境风险认知、环境问题严重性认知等环境认知因素对私域环境行为的解释力更大些，如模型1、模型3的解释力为19.7%、13.9%，而公域环境行为模型的解释力仅为9.0%。当然，上述模型的解释力亦有限，故影响环境行为的重要因素还有待进一步发掘。

其次，在控制其他变量的情形下，环境保护知识、日常环境风险认知、当地与全国环境问题严重性认知对私域环境行为有着显著的正向影响，即环境保护知识越丰富、日常环境风险认知水平越高、认为当地环境污染与环境衰退以及全国环境问题越严重的城市居民，则实施更多的私域环境行为。相对而言，环境保护知识、日常环境风险认知、当地环境衰退严重性认知对私域环境行为有着更大的影响。另需注意的是，科技环境风险认知对私域环境行为的实施并无显著影响，也就是说不同类型环境风险的认知对私域环境行为有着差异性影响。

最后，在控制其他变量的情形下，环境保护知识、当地环境问题严重性认知对公域环境行为有着显著的正向影响，即环境保护知识越丰富，认为当地环境污染与环境衰退越严重的城市居民，会实施更多的公域环境行为。相对而言，当地环境衰退严重性认知、环境保护知识对公域环境行为有着更大的影响。需要注意的是，全国环境问题严重性认知对公域环境行为并无显著影响，即不同类型的环境问题严重性认知对公域环境行为有着不同影响。此外，在所有模型中，教育年限均对环境行为起着显著的正向作用，这意味着提升公众的教育程度，在教育过程中增加环境认知等教育内容，有助于激发其实施更多的环境行为。

三 讨论与结论

如前所述，我国城市居民环境认知水平尚有较大的提升空间，环境行为参与水平亦较低，整体呈现出“知行皆不易”的特征。同时，环境保护知识、全国环境问题严重性认知、当地环境污染严重性认知以及当地环境衰退严重性认知对私域环境行为与公域环境行为有着正向影响；其中环境保护知识对二者影响都较强，而相对全国层面的环境问题严重性认知而言，当地层面的环境问题严重性认知对环境行为的影响更大，另外，当地环境衰退严重性认知较环境污染严重性认知对环境行为的影响更大。故环境保护知识假设、环境问题严重性假设得以验证。此外，日常环境风险认知对私域环境行为有着显著的正向影响，但科技风险认知对私域环境行为并无显著影响，故环境风险认知假设得到部分验证。

首先，与马西科洛斯基①、国家环境保护总局等②开展的研究发现类似，环境保护知识对环境行为有着较强的影响，这反映出我国城市居民遵循“环境保护知识—环境行为”的内在模式。这与我们强调知识指导日常生活实践以及推崇“知行合一”文化有关，即在实施某一行为之前，需要对其相关知识有着一定的了解与把握；同时，本研究测量的环境保护知识与空气污染、水污染等具体环境问题有关，抽象程度较低且与日常生活联系较为紧密。进言之，开展形式多样的环境教育，提升公众的环境知识水平，对促进其关心环境和实施环境行为有着重要的意义。需要指出的是，本研究未能对与垃圾分类、节能回收、环保关注与讨论、环境保护活动等相关知识以及被访者对自身环境知识的评价与感知予以研究，或许环境行为相关知识以及主观环境知识对环境行为有着更强的影响③，这值得

---

① Marcinkowski, T. J., *An Analysis of Correlates and Predictor of Responsible Environmental Behavior.* South Illionois Unviversity at Carbondale, 1988.

② 参阅国家环境保护总局、教育部《全国公众环境意识调查报告》，中国环境科学出版社 1999 年版；任莉颖《环境保护中的公共参与》，载杨明《环境问题与环境意识》，华夏出版社 2002 年版；王凤、阴丹《公众环境行为改变与环境政策的影响——一个实证研究》，《经济管理》2010 年第 2 期。

③ Ellen, P. S., “Do We Know What We Need to Know? Objective and Subjective Knowledge Effects on Pro-ecological Behaviors.” *Journal of Business Research*, Vol. 30, No. 1, 1994. Frick, J., Kaiser. FG., Wilson. M., “Environmental Knowledge and Conservation Behavior: Exploring Prevalence and Structure in a Representative Sample.” *Personality and individual differences*, Vol. 37. No. 8, 2004. 孙岩：《居民环境行为及其影响因素研究》，博士学位论文，大连理工大学，2006 年。

在后续研究中予以进一步探讨。

其次，与格罗博（Grob）等[①]、任莉颖等人[②]的研究结果不一致，并非所有的环境风险认知对环境行为产生同等的影响，实际上环境风险本身存在着较为细致的区分，而不同类型的环境风险认知对私域环境行为的实施有着不同的影响。可能的原因在于，相比转基因作物以及核电站风险而言，汽车尾气、工业废气、农药化肥、水污染、气候变化等环境风险与日常生活世界联系更为紧密，更易凭借自身感觉、体验等察觉与判断其对自身健康与生活质量的可能影响，并且容易将其致因与日常生活实践关联起来，从而促使个体更为关心环境问题的缓解以及环境质量的改善，进而采取负责任的环境行为。而转基因作物以及核电站风险与公众的日常生活世界相距较远，其影响更为潜隐与不易察觉，往往需依赖专家系统知识才能判断与理解，从而致使公众一定程度上漠视这类风险的存在及其影响，并将这类风险的防范与干预推给专家和专业技术人员而置身事外。可能正是这种面对科技环境风险的陌生感、应对科技环境风险的无力感以及对专家系统的依赖感阻碍了其对环境行为的影响。

最后，认为环境问题越严重的城市居民，实施更多的环境行为，但全国环境问题严重性认知对环境行为的影响小于当地环境问题严重性认知的相应影响。这可能与相关问题认知在城市居民日常生活世界中所处的区域有关。实际上人类生活的世界是一个具有多重现实的世界，由不同的层次构成：主体可以直接触及、影响或改变的区域——操作区域或操纵区域占据了全部现实的核心，带给人以最切实的现实感；从这一核心往外推，就是主体可以潜在触及的区域和不可能直接触及，但可以施加间接影响的区域等。可见，离操作区域越近，则带

---

① Grob, A., "A Structural Model of Environmental Attitudes and Behaviour." *Journal of Environmental Psychology*, Vol 15. No. 3, 1995.

② 参阅国家环境保护总局、教育部《全国公众环境意识调查报告》，中国环境科学出版社 1999 年版；任莉颖《环境保护中的公共参与》，载杨明《环境问题与环境意识》，华夏出版社 2002 年版。

给人更强的现实感。由于当地环境问题处于城市居民日常生活的操作区域或潜在触及区域，全国环境问题则归属于不可能直接触及的区域，故当地环境问题严重性认知带给城市居民更强的现实感和紧迫感，进而促使其更为积极地关心环境和参与环境行为。由于2003CGSS、2010CGSS调查没有对城市居民居住社区以及全球层面的环境问题严重性认知进行测量，很遗憾，未能就层圈型环境认知[①]对环境行为的影响进行全面探讨。

与戴维森等人的预设不同，与健康和安全相关的当地环境污染严重性认知对环境行为的影响反而不及与健康和安全并不直接相关的当地环境衰退严重性认知之相应影响。可能的原因在于，日常环境风险逐渐演变成空气、水、噪声、生活垃圾等现实性环境污染问题，日益成为城市居民日常生活世界的一部分，久而久之，其对环境污染的敏感性下降以及反思性减弱，甚至产生惯常的适应。虽然当地环境污染可能带给城市居民健康与安全方面的影响，但这类影响较为细微、较为分散、更为潜隐，且不良后果往往迟滞而不易显现，由此，城市居民无形之中低估或忽视环境污染所可能带来的健康与安全影响。故城市居民对当地环境污染问题的惯常适应以及对随之而来的敏感性降低与反思性缺失，相对削弱了其关心环境和实施环境行为的动力。而绿地不足、森林植被破坏、耕地质量退化、淡水资源短缺、荒漠化、野生动植物减少等环境衰退问题离城市居民日常生活相对较远，虽与健康和安全并不直接关联，但易给城市居民带来新奇与惊愕之感，且易为大众传媒所关注，进而强化其负面影响与破坏效果，最终促使城市居民反思自身的环境观念与相应行为，并落实到日常生活实践。

总体而言，环境认知对环境行为有着一定影响，但影响大小因环境认知类型而异。这就需要政府部门、公司企业、社会组织等不同主体积极开展形式多样、寓教于行的环境宣传、环境教育与环境保护体验等活动，以进一步提升公众的环境认知水平，进而促发更多的环境行为。需要指出的是，本文仅考察了环境认知对环境行为的直接效

① 居住社区、所在地区、全国、全球等环境问题构成等级有序的层。

应，至于其借助环境关心、环境价值观、环境情感、环境行为意向等中介因素对不同类型的环境行为有着怎样影响，以及对城乡居民环境行为的认知影响作对比与历时分析，值得日后进一步探究。

（本文原载于《中南大学学报》2015 年第 3 期）

第三单元

环境抗争与环境运动

变动的组织模式与发展的运动网络

——对华南某县一起环境抗争运动的分析*

童志锋**

［摘要］　在动员结构与社会运动发展关系研究中，西方学者比较强调正式组织与运动网络在其中的作用。由于我国运动组织的发展受到一定的制度约制，其组织形式与网络关系呈现出独特的模式。但仅指出这一点是不够的，在一些社会运动发展中，组织模式和网络关系未必是静态的，而是随着运动的发展而不断变动的。通过对发生在华南某县一起环境抗争运动的分析，文章展现了组织模式从无组织化到维权组织再到环境正义团体的发展可能路径。当一个地方性的环境正义团体被纳入全球化的绿色网络中后，运动网络将不仅限于熟人关系网络。这也表明，运动网络也会随着运动的发展和组织模式的变迁而不断重构。

［关键词］　组织　网络　环境抗争运动

---

* 本文的调查得到了中国环境文化促进会“绿色中国与和谐社会”项目的大力支持，本文的个案材料是与课题组其他成员黄家亮、刘伟伟、谢婧怡、陈首、杨腊、张丽娟一起收集的，特此感谢！除特别说明外，本文引用的关于该个案的材料均来自我们收集的一手材料。本文涉及的人名、地名都按学术惯例做了处理。

** 作者简介：童志锋，1978年生，男，湖南涟源人，浙江财经大学社会工作系副教授，社会学博士，中国社会学会理事，从事社会运动、社会管理研究。

当前中国环境保护运动主要分为以下两类，一是中产阶层发起的以保护生态环境为主的自然保育运动；二是针对具体污染问题的环境抗争运动。本研究重点关注农村环境抗争运动的动员机制。

一　文献回顾

作为社会运动中的一种，环境抗争运动受到了学术界的关注。比如，有学者通过三起对农民的环境抗争案例分析表明，中国文化在动员的过程中扮演了重要的角色。在动员过程中，村民们常常诉诸亲属关系、宗教、道德意识、传统的公正观等资源。[①] 有学者则以林镇的三起群体性事件为例，以社会网络理论为分析工具，得出了“在乡镇社会里，社会网络所提供的社会资本的总量同集体行动的暴力水平成反比。具体来说，社会网络所提供的社会资本的总量越高，集体行动越倾向于常规化或非暴力；社会网络所提供的社会资本的总量越低，集体行动越倾向于破坏或暴力”。[②] 有学者认为，与自然保育运动相比，环境抗争运动的组织化程度相对较低，主要依赖邻里/熟人动员，资源主要依赖内部或外部筹集，也就是说依赖自身运作与外界关注。在现有的网络方面，环境抗争运动主要依赖熟人关系网络。[③]

这些研究具有重要的价值，但由于农村环境抗争运动的复杂性，有一些细微的动员机制尚未揭示。动员机制不是静态的，而是一个动态的过程，在不同的阶段，其动员机制可能是不一样的。换言之，随着事件的发

---

① Jing, Jun., “Environmental Protests in Rural China.” In *Chinese Society: Change, Conflict and Resistance*, edited by Elizabeth Perry and Mark Selden, New York: Routledge, 2000, pp. 143 – 160.

② 王国勤：《社会网络下的集体行动——以林镇群体性事件为案例的研究》，博士学位论文，中国人民大学，2008年。

③ 童志锋：《动员结构与自然保育运动的发展》，《开放时代》2009年第9期。

展，动员也在发生细微的变化。本研究试图通过一起发生在华南某省环境抗争运动过程的分析，丰富对社会运动动员机制的理解。

二 RP反化工厂事件[①]

RP反化工厂事件发生在华南P县，是农村村民反污染抗争中的一起典型案例，时间持续二十年之久。

1. 事件起因

1992年，福州市闹电荒，电价奇高，用电大户福州第一化工厂计划将高耗能的氯酸钾产品的生产向能源丰富、电价较低的山区转移。此时恰逢福建省关于经济发达地区帮助和带动贫困地区经济发展的“山海协作”政策出台，P县丰富、廉价的水电资源和积极的引资政策吸引了福州一化。在福建省有关方面的高度重视与支持下，福州一化出资70%、P县电力公司出资30%共同组建的RP联营化工厂落户P县溪坪村。化工厂于1993年建成投产，当时年产氯酸钾一万吨，由于经济效益显著，1998年工厂又进行了二期扩建。扩建完工后，年产量达到三万吨氯酸钾和一万吨氯酸钠，是P县最大的一家企业，也是德市（P县的上级行政部门）唯一一家产值过亿元的企业。很快，化工厂就成了P县的主要财政支柱，承担着全县财政收入的1/3，每年还为当地提供了500万元的运输业务，解决了当地600多人的就业问题。副县长林如屏这样说：“没有RP厂的贡献，我们的公务员、教师的工资可能就难以按时发放。”

然而，从RP化工厂一期工程投产之后，工厂周边即发生农作物、果树歉收和竹木死亡现象。特别是RP厂二期工程投产以后，污染危害日趋严重，工厂周围的植被、竹、木大面积枯死，果树、农作物绝收，下游溪

---

① 课题组的黄家亮博士对这一事件进行了详细的描述，具体参见黄家亮《通过集团诉讼的环境维权——基于华南P县一起环境诉讼案件的分析》，《中国乡村研究》第6辑。

河鱼虾不能生存。而且居民、村民们经常感到头晕、腹痛、恶心、鼻塞、胸闷、皮肤瘙痒难忍。癌症患病率也比工厂建设前大幅度增加。1994 年，村民开始不断地与化工厂交涉，向地方政府陈情，要求赔偿损失。1995 年，化工厂也曾对个别村民进行了象征性的补偿。随着时间的流逝，污染的累积效应爆发，尤其是二期工程上马之后，污染更是加剧，而化工厂并没有进一步赔偿，在村民不断的信访中，也逐渐产生了反污染的领头人与抗争群体。

2. 事件发展

在 1999 年之后，身为乡村医生的章金山继村民柳大元之后成为村里投诉化工厂的主力。2000 年下半年他开始通过网络在各大媒体上发帖，据他介绍，其间他也曾收到国家环保总局宣教中心的回信，但是问题并没有获得解决。2002 年 1 月，由于章金山不断地投诉，《方圆》杂志的杨建民记者来到了 P 县进行采访并撰写了《还我们青山绿水》的报道，同时告诉村民可以寻求中国政法大学污染受害者法律帮助中心（后简称“法大帮助中心”）援助，通过司法途径保护权益，村民大受鼓舞。3 月 12 日，收到杂志之后的第二天，村民就开始在县政府前的广场募捐，准备状告化工厂。3 月 13 日，县委召开了专题会议讨论 RP 化工厂的污染问题，之后形成会议纪要，“坚决反对极少数别有用心的人搞非法活动，破坏社会稳定，对触犯法律的，要坚决依法严肃处理”，3 月 15 日、16 日，章金山等募款村民与县城管队发生了冲突。

4 月的一天，“法大帮助中心”一行四人前来调查，其中中心工作人员、记者、律师、环境医学专家各一人。调查共进行了 6 天，调查组走访了 P 县、德市、福建省的相关部门。在离开之前，调查组交代了提起诉讼应该注意的问题。自此，后来声势浩大的“千人大诉讼”正式拉开了帷幕。

从村庄事件到社会事件

村民的行动引发了外界的关注，包括《法制晚报》《光明日报》等媒体开始报道，媒体的声音得到了国家环保总局的回应。2002 年 7 月 11 日，国家环保总局举行的新闻发布会上通报的重点查处的 55 家环境违法企业名单中，福建省 P 县 RP 化工厂名列其中，当天，国家环保总局检查组来到了P县，虽然村民最终没有见到总局领导，但是他们大受鼓舞。

11月20日，省环保局在P县主持召开了P县RP化工厂年产两万吨氯酸盐技改项目环保验收征求意见会，村民受邀参加，并形成了保护环境的“十条纪要”。紧接着国家环保总局办公厅和国务院办公厅下发的文件以及国家信访局《群众反映》内刊中都点了福建P县RP化工厂的名，将其作为破坏环境的典型。《中国环境报》等媒体也继续跟进报道。化工厂与村民的冲突已逐渐从一个村庄事件走向了一个社会事件，尤其是2003年4月12日中央电视台《新闻调查》栏目以“溪坪村旁的化工厂”为题将村民们与化工厂的恩怨纠葛全方位地展现在了公众面前，引起了社会的极大关注。《新闻调查》播出后，仅2003年，就有15篇对这个事件比较深入的报道。

千人环保诉讼

回到诉讼本身。2002年11月7日，1643名（后来增加到1721名）村民向德市中级人民法院提起集团诉讼，并提交16000元诉讼费（“法大帮助中心”支援村民8000元）；2002年11月13日法院受理了本案；2002年12月28日又向法院递交了《鉴定、评估申请书》，2003年3月31日法院通知预交委托鉴定、评估费3万元，村民们第二天就把这笔费用交上去了（“法大帮助中心”支援1.5万元）；原定于2003年5月14日进行庭前交换证据，后因“非典”突发，推至当年7月17日。

令村民们极为不满的是法庭既不认可他们自己提交的损失评估，又收取了他们的委托鉴定、评估费，却迟迟不委托鉴定，导致无法开庭审理。他们认为法院的这种行为是在有意偏袒被告。原告代理律师王灿发这样说：“环境诉讼的案子损害赔偿鉴定时效性很强，证据稍纵即逝，他们这样拖着，明显是为了偏袒被告。”

在原告们和他们的代理律师多次与法院交涉下，2004年4月，法院委托江西惠普会计师事务所出面做评估鉴定。接到会计师事务所提交的评估鉴定报告后，2005年1月24日，德市中院正式开庭审理此案。2005年4月15日，德市中院宣布了他们的判决结果，其中包括赔偿1721位村民总计24万余元、化工厂“立即停止侵害”等四项判决。村民认为这与他们请求的13534640元（其中经济损失10331440元，精神损失3203200

元）的标的相差太大。化工厂认为严格按照法律条文的话，他们无须做出任何赔偿。因此，双方都于5月30日上诉至高院。

2005年11月16日，福建高院宣布的判决书中，对被告主张的“于2001年和2002年已通过政府的‘农业灾情减免款’补偿给原告434415.2万应该从这次的损害赔偿中扣除”不予支持，并判决“RP化工公司应于本判决生效之日起一年内对厂内及后山的含铬废渣进行清理，并按规范进行处置。对原后山的堆场进行封场”，高院驳回了原告的其他请求。按照判决，村民在判决生效的十日内就可以拿到68万多元的赔偿款。

扑朔迷离赔偿款

然而，当章金山等5名诉讼代表于2006年正月初八到RP化工公司准备领取此笔赔偿款时，该公司一副厂长及保卫科科长却告知此笔款项已经转给P县法院。

他们马上赶到P县法院，法院领导告诉章金山等人必须得拿出一个方案，把这笔赔偿款分配清楚，并在张榜公布后，由法院去调查，要在所有委托人百分之百没有意见的情况下，P县法院才能将此笔款交给五位代表人。而实际上，在集团诉讼之前，村民们就已经自己协商好了分配的方案。因此，村民认为是P县有关领导有意刁难，随即不断与法院交涉并继续向各界投诉。

3. 事件结果

2007年10月，在“法大帮助中心”律师的帮助下，村民拿到了68万多元的赔偿款。据“法大帮助中心”的律师介绍，虽然赔偿款离村民的要求差距较大，但在环境诉讼胜少败多的情况下，这依然是值得欣慰的成绩。

三　组织模式：从“维权小组”到“环境正义团体”

资源动员理论强调社会运动组织在运动中的核心作用。而学术界也指出，在中国，维权类的社会运动组织由于环境因素生存艰难，因此，即使出于策略的考虑，大多数的抗争运动维持在无组织化或低组织化的状态。但由于本案例持续时间长，涉及人数广，同时又有外界的广泛支持，为我们提供了观察不同于一般的突发性环境事件的组织模式的机会。

1. 无组织化：抗争积极分子的上访

从1994年到2002年3月，长达8年的时间里，P县的环境抗争都是处于“无组织化”的阶段，其间，产生了两个上访积极分子，先是柳大元，后是章金山。他们两人都是积极地投诉、上访，但是并没有形成一个稳定的维权小组。

1994年，RP化工厂建成投产，由于废气和废水任意排放，农田河流污染，农民经济受损，P县的村民开始信访，刚开始是由柳大元领头。

据柳大元回忆，他不仅向县政府、地区政府写材料举报，还直接给中央领导写信。但都石沉大海，没有得到回复。

1999年年底，章金山第一次给德市环保局和德市市政府写信反映，同样没有回应。随后，他不断给各级政府、媒体写信反映情况。2000年下半年买了电脑之后，又不断在网上各大论坛发帖子揭露问题。2001年12月6日，他声称收到国家环保总局宣教中心发来的回复邮件，让他们提交正式的投诉材料给指定部门。于是他立即着手准备相关材料。一方面请人实地拍摄录像，并开始有意识地收集证据；另一方面，他马上写了一份正式的投诉书，拿到化工厂附近几个村让村民们签字。村民们也很受鼓舞，有1300多人签字。不过，这两个指定单位都没有反馈意见。

2. 维权小组：推动运动发展的动力

维权小组是目前中国环境抗争中最为普遍的形式。这样的小组具有如下特点：（1）暂时性的联合，一般而言，事件结束之后，就自然解体；（2）不稳定性，地方政府或者污染企业常常会对此类小组中的核心成员进行压制、分化，因此，小组成员会出现变动。

在P县RP事件中，1999年章金山参与环境维权后，推动了事件向前发展。由于村民经常到章金山的诊所去看病，诊所成为很多村民讨论村里疾病及其死亡和化工厂污染的主要地方。后来集团诉讼代表的核心人物几乎都是从围绕在章金山诊所经常聊天的村民中选出来的。对于章金山的信访，各级政府反映不一，地方政府基本上对这些信访投诉不置可否。而投诉到国家机关（国家环保总局）的大量的信访信件都被转给省里，省又转到市，市里最后都是督促县里办理，这使得大量的投诉基本上没有起到多大的作用。据章金山介绍，他被县委县政府多次找去谈话，县领导直接给他看了他们的投诉信件，并告知他，“最后还是得县里来处理”。[①] 其间，政府也开过协调会，但是污染问题依旧，而且，在1998年，RP化工厂不但没有停止污染，还开始了第二期工程的扩建。

2002年4月，在“法大帮助中心”律师的主持下，村民公开选举了诉讼代表，以章金山为核心的五人诉讼代表小组正式成立。

维权小组的成立是事件发展的一个转折阶段，使得环境抗争不再是个别积极分子与一些松散的活跃分子的临时性抗争，而是有了一个相对稳固的弱组织。由于集团诉讼不同于一般的维权，是一个专业性很强的活动，如果没有专业人士的指导，诉讼小组一般很难成立。之后，这个诉讼小组在证据的收集与统计损失方面做了大量的工作。

从2002年到2004年，在P县的环境抗争中，抗争进入了弱组织化阶段。在这一阶段，五人诉讼小组发挥了重要的作用，例如2002年5月13日，诉讼小组组织村民们24小时日夜轮流监视采集了5种污水水样送至德市、福州市、福建省环保部门检测。之后，小组又发动村老人会、左邻右舍等挨家挨户收集各家的损失状况的资料并进行汇总。

在整个过程之中，诉讼小组做了大量事务性的工作。章金山在其中起到关键作用。地方政府对这起声势浩大的集团诉讼非常头痛，尤其是当有新闻记者、上级政府来访调研的时候，他们往往会“敲山震虎”，多次做小组成员的工作。在无效的情况下，态度会逐渐强硬。比如，有村民这样说：“我们这些人都在公安局黑名单上面，要抓16个。章金山、柳大元等3个要狠狠处理一下。”[②] 在P县某派出所访谈中，所长也表示在随时关注他们的动态，只要他们危害公共秩序，就处理。

3. 环境正义团体：链接环保NGO界

这里的环境正义团体不同于自然之友等全国性的环保NGO，基层性

---

① 访谈章金山（调研笔记），2007年8月6日，资料编号：PN20070806TZF。

② 访谈某村民（调研笔记），2007年8月7日，资料编号：PN20070807TZF。

是其核心特征，主要专注于社区健康与环境保护，而不是生态保育。

2004 年，P 县“绿色之家”以组织名义开展活动，从形式上看，该组织是一个较为正式的草根环保社团，它有网站、有章程，也有愿景、使命、核心理念、战略发展目标、迫切的需求等组织发展规划。但是，从大量的村民访谈与实地观察来看，这还只是一个准组织，组织中的分工并不明确。

P 县“绿色之家”并没有专门的办公场所，就设在章金山家中。2004 年，章金山开始谋求在县民政局正式注册，但由于无业务主管单位，一直未获得回应。2007 年 9 月，民政局通告取缔 P 县“绿色之家”。“绿色之家”成立之后，前期以环境诉讼为主，其后也通过写材料的方式参与其他环境问题方面的维权。

有两个原因促使了 P 县“绿色之家”的成立，一是受到了“地球村”“绿色家园”“绿色和平”等诸多环保组织的帮助；二是如章金山所言：“当时想，要想使我们的行动能够维持下去，产生长远的影响的话，就应该成立个组织。”[①] 事实上，正是由于章金山在环保 NGO 界不断资助下参加各种会议，其产生了这样一个想法。最终在环保 NGO 的帮助下成立了该组织。例如，2004 年 3 月后，章金山首次作为污染受害者代表参与了“法大帮助中心”与日本环境会议联合在日本熊本大学召开的环境纠纷处理研讨会。同年，他又参与了两次环保 NGO 领域的会议。也是在这一年，P 县“绿色之家”正式宣布成立。该组织运行的资金大多来源于环保 NGO 领域的资助。在“绿色和平”赖芸的帮助下，“全球绿色资助基金会”分别于 2004 年 12 月、2005 年 2 月、2006 年 4 月共计资助“绿色之家”3100 美元。另一环保 NGO“绿网”帮助 P 县“绿色之家”设计了网站。

① 访谈章金山（调研笔记），2007 年 8 月 6 日，资料编号：PN20070806TZF。

四　运动网络的初步:熟人关系网络

一个关系网络紧密结合的熟人社会客观上为集体行动的发生发展提供了管道。如学者指出："在日常生活中，既有的家族、邻里、朋友、教友、同事、同学关系都是重要的人际网络，可以提供社会运动的管道。"[①]当前，以家族、地缘、宗族等为核心的熟人关系网络已经成为农村集体行动的管道基础并承担了沟通、团结的功能，具有其独特优势。[②]

（1）邻里网络与动员。在农村，自然村仍是村民生产、生活活动的主要发生地。人民公社化运动强化了农村的地缘联系，共属一个生产队的村民居住在一起，常年从事集体劳动，增强了人际交往和沟通。这种地缘关系因其中渗透的行政管理、人情往来、共同经济利益（如与地缘有关的水利、生产协作等）等得到不断的加强。[③] 比如，在农村社会中，遇到帮工、婚丧嫁娶等情况，邻里之间会形成一个较为紧密的互助网络。[④] 这样一种以地缘为基础的网络在集体行动中作用明显。比如，维权核心人物章金山家门口每天都聚集了很多个村民，这些村民大多是章金山家的左邻右舍或者亲朋好友，这些村民也是在集团诉讼、集体募款过程中出力最大、最多的。

（2）家族网络与动员。通过血缘、姻亲等亲属关系进行动员是农村集体行动中较为常见的方式。在农村，起作用的仍是五服以内的宗亲及姻亲。这与传统的家族定义不同，家族是以血缘关系为基础的男性继嗣群，

---

① 何明修：《绿色民主：台湾环境运动的研究》，台北群学出版有限公司 2006 年版，第 106—107 页。

② 童志锋：《动员结构与农村集体行动的生成》，《理论月刊》2012 年第 4 期。

③ 仝志辉：《农民选举参与中的精英动员》，《社会学研究》2002 年第 1 期。

④ 童志锋：《乡村社区的人际信任研究——以赵家沟、旧沟为例》，硕士学位论文，西北师范大学，2003 年。

而在今日农村，姻亲的人际联系功能越来越强。[①] 这样一种以血缘、姻亲关系为核心的动员网络在集体行动中也会发挥重要的作用。例如，在P县RP集团诉讼的准备阶段，要发动村民共同诉讼，其中，一些积极分子就是通过血缘、姻亲关系的口口相传，把信息和其中的利弊讲清楚，使得有上千人参与了签名并支持集团诉讼。

（3）宗族网络与动员。尤其是在东南沿海等宗族观念较为强盛的区域，宗族在农村的抗争过程中也是非常重要的。P县地处福建，而福建是中国宗教社会表现最为明显的地区，聚讼而居是其历史传统。[②] 在中国农村宗族血缘内部，关系到宗族集体最大利益时，个人利益一般服从于集体利益，否则，我们无法解释宗族械斗时，双方宗族组织都能动员全体男性加入到流血冲突行列中去。[③] 而在宗族观念强的地方，宗族就是认同单位。[④] 例如，在RP事件中，宗族在增强村民的凝聚力方面还是起到了重要的作用。

> 村里的宗族势力是很大的。村里主要是宋、张两家。两家都建有宗祠。像宋家每年8月初都会举行一次活动，聚餐。会有100多人参加。这可以增加家族的凝聚力。老人理事会是由家族里比较有威望的老人组成。家族聚餐也是由这些老人组织。[⑤]

---

① 杨善华、沈崇麟：《城乡家庭——市场经济与非农化背景下的变迁》，浙江人民出版社2000年版，第130—136页。

② ［英］莫里斯·弗里德曼：《中国东南的宗教组织》，刘晓春译，上海人民出版社2000年版。

③ 甘满堂：《暴力下乡·社区资源动员与当前农民有组织就地暴力抗争——以福建沿海三起暴力抗争性集体行动案例为研究对象》，“经济全球化进程中的和谐社会建设与危机管理”国际学术研讨会论文集，西南政法大学，2007年12月13—15日。

④ 何雪峰：《农民行动的逻辑·认同与行动单位的视角》，《开放时代》2007年第1期。

⑤ 访谈宋延寿（调研笔记），2007年8月7日，资料来源：PN20070807ZLJ。

在溪坪村中，家族、宗族与老人理事会的关系错综复杂，很多家族、宗族中的老者本身也是老年人理事会的核心成员。而章金山又在老年人理事会中担任秘书长，使得他们能够共同地推动环境维权。

五 运动网络的拓展：资源链接与绿色网络

麦卡锡（MaCarthy）与匝尔德（Zald）在一篇经典论文中曾指出，资源即金钱和人力。[①] 利普斯基（Lipsky）指出，组织资源是构成社会运动的重要因素，但是他只是列举了专业人士的能力与财力两种资源。[②] 其实，除了这两项基本的类型，空间、知名度、决策管道等要素也可列入资源的内容。何明修指出：要详尽地列出所有的资源种类是不可能的任务，也是没有必要的工作。[③] 简单来说，资源即社运组织能够控制，并且有助于动员过程的东西。

1. 资源运作与关键性资源的获得

在 RP 事件中，章金山及其维权小组是如何进行资源运作，其中影响运动发展的关键性资源是什么呢？

（1）信访与资源的获得

1999 年之后，章金山等人就开始了不断信访，2000 年下半年，为了整理医疗档案，他买了一台电脑。在学习上网的过程中，他也开始利用网络进行投诉，在强国论坛、天涯等大的论坛上频繁地发帖子。他自述："先开始在论坛上发帖子很少有人理会，后来附上了一些照片，回的人就

---

① J. D. McCarthy. and M. N. Zald, "Resource Mobilization and Social Movements: A Partial Theory." *American Journal of Sociology*. Vol. 82, No. 6, 1977.

② M. Lipsky, "Protest as a Political resource." American Political Science Review, 62 (4), 1968.

③ 何明修：《绿色民主：台湾环境运动的研究》，台北群学出版有限公司 2006 年版，第 262 页。

比较多了。"[①] 他还通过电子邮件向各个媒体、政府机构大量地投诉，"能找到邮件地址的有关单位和领导都给他们发了，包括国家的各大部委，但基本都没有回应。"[②] 2001 年 12 月 6 日，章金山声称收到了国家环保总局宣教中心的回信。2002 年 1 月 12 日，章金山又声称收到了中央某领导的回信。

之后，他们加大了向各大媒体的投诉力度。2002 年 1 月，《方圆》杂志的记者杨建民来到了 P 县。该杂志和《检察日报》一样是最高人民检察院举办的，正是后者将章金山的投诉信转给了他们。

由此可见，信访是一种非常重要的获得资源的方式。处于底层的农民并不认识记者，也不认识人大代表，他要获得外界的关注，一般是通过两种方式：一是信访（上访），二是引起新闻媒体的重视与关注。对于农村的环境抗争而言，信访渠道和媒体渠道中获得的资源都可以相互补充。例如，一旦维权的农民获得了任何的政府部门的回复或者新闻媒体的报道，在下一次上访或向新闻媒体投诉的过程中，他们或者在上访信件中引述新闻媒体的报道，或者在给新闻媒体的投诉中引述政府部门的回复。通过这样一种方式，不断地盘活有利于自己的资源。

（2）关键性资源的作用

所谓关键性资源是指在运动事件中起到了极为重要作用的资源。在农村的环境抗争中，中央媒体的支持性报道成了最关键性的资源。

媒体掌握话语设置权，尤其是诸如新华社、《人民日报》等官方媒体对于地方环境污染的报道，会使基层受到来自上级部门和社会舆论的双重压力。因此，媒体的支持成为农民维权的关键性资源，地方政府会千方百计阻止事件的曝光，而维权的农民也千方百计地希望引起舆论与上层的重视。

在 P 县 RP 事件中，除了媒体的支持性报道外，专业环保法律援助（帮助）组织的支持与 NGO 界的支持也起到了独特的作用。P 县 RP 事件能够坚持下来并获得集团诉讼的成功，与后两种资源的支持同样密不

---

① 访谈章金山（调研笔记），2007 年 8 月 6 日。

② 同上。

可分。

第一，媒体的支持性报道。对于环境污染问题，一旦在全国媒体上“亮相”，上级部门就会逐级要求督办，这就会对地方政府造成压力。因此，媒体对于污染的曝光，实际上是村民的增量资源，能够增强其对抗以污染企业为核心的利益集团的实力。获得此类资源，尤其中央级别媒体的支持就成为维权运动能否获得转机的一个很重要的条件。但是，农民整体上的弱势使他们并不能通过关系网络而直接获得此类资源的支持，很多情况下都是媒体的主动介入使得维权事件发生转机。在RP事件中，自从2002年3月，《方圆》杂志以“还我们青山绿水”为题曝光了P县的环境污染问题之后，就不断有新闻媒体进行追踪报道，这令地方政府很“头痛”。尤其是2003年4月12日，中央电视台《新闻调查》曝光P县的污染之后，章金山等人参与的环境诉讼与维权获得了空前的关注。第二天，省环保局就专程来P县调查污染真相，对于P县农民的环境抗争客观上起到了大力支持的作用。据不完全统计，自从《方圆》杂志报道之后，《人民日报》《法制日报》《中国环境报》《中国青年报》以及新华社等全国各大新闻媒体共刊发了独立报道50余篇，网上的转载、摘要等不计其数。而且，几乎所有的报道都是揭露污染，这对P县的村民环境抗争是一个很大的支持，也对地方政府造成了较大的压力。

第二，专业环保法律援助（帮助）组织的支持。据2005年7—12月中华环保联合会在全国范围内组织的“中国环境民间组织现状研究”，截至2005年年底，我国的环保民间组织共2768家。其中已经有了专业提供环境法律维权帮助或援助的民间组织，如中国政法大学污染受害者帮助中心。自1999年成立以来，该中心已经援助了100多件环境侵权案件。2005年4月，中国环保联合会成立，两年时间内，支持诉讼案件15起，配合和协调国家环保总局督办案件7起。[①] 随着民间环保组织的不断发展，此类组织还会逐渐涌现，这对于通过法律手段的公

① 《李恒远副秘书长在环境法律服务中心首届律师志愿者环境法律研习班开幕式上的讲话》，http：//www.acef.com.cn，2007年12月1日。

民环境维权运动有较大的促进作用。P县集团诉讼之所以能够胜诉并产生这么大的社会影响，原因之一就在于专业环保NGO中国政法大学污染受害者法律帮助中心为受害者们提供免费的法律帮助。他们先后派出或协调法律专家学者、律师及环境工程专家赴当地调查，指导当事人收集证据，统计损害结果，帮助寻找评估鉴定机构，并投入了近20万元援助资金。

由于环境诉讼中的证据收集等都需要一些专业的指导，如果没有“法大帮助中心”律师的帮助，农民甚至不懂最基本的采集污水的规则。更为关键的是，由于集团诉讼的费用较高，没有援助，司法途径就要受到极大的限制。

第三，环境网络的支持。随着中国环境NGO的不断发展，NGO之间的联系也日益紧密，客观上已经形成了一个环境NGO的网络。由于环境网络已经能够动员起诸多的资源，因此，环境网络的关注与支持将会对村庄的环境抗争运动产生一定的影响。以P县为例，自法大帮助中心介入此集团诉讼案件之后，中华环保联合会、全球绿色资助基金会、“绿色和平”组织、“天下溪”、阿拉善生态协会、“自然之友”、“北京地球村”、“绿网”、“厦大绿野协会”等诸多的环保组织都给予了村民实际的支持或道义的支持。

2004年3月后，章金山首次作为污染受害者代表参与了“法大帮助中心”与日本环境会议联合在日本熊本大学召开的环境纠纷处理研讨会。此次会议之后，截至2007年7月，章金山总共参与了国内外各种NGO机构组织的活动16次，其中2004年3次、2005年7次、2006年上半年6次，或为演讲嘉宾，或者参加培训会。2008年8月，P县“绿色之家”创设人章金山被《财经》杂志社评为2008年度环保人物，并受邀到北京看奥运。2011年6月，章金山荣获“第四届SEE·TNC生态奖”。这表明章金山及其所代表的机构已经成功地被吸纳到环境网络中了。这些组织的介入以及章金山不断参与环境领域的会议过程中，不但丰富了章金山等人的社会资本，也使村庄污染问题日益被媒体所关注，地方政府在采取行动的时候也越来越有所顾忌。

2. 资源再生

资源并非一个常量，资源是可以在运动的过程中不断地被创造出来的。这主要取决于运动的核心人物的动员能力。

在P县环境抗争中，正是因为《方圆》杂志的曝光，村民维护自己权益的积极性受到了很大的鼓舞。而正是在《方圆》记者的介绍下，“法大帮助中心”得以介入。由于法大帮助中心也是一个环保NGO，它又为章金山等提供了参与国内外环境会议的机会。而章金山在会议期间认识的环保NGO人士，又给予了章金山诸多支持。在这个过程中，P县“绿色之家”也宣告成立（未注册成功），这又使他能够以组织的名义参与更多的会议，获得更多的资源。实际上，在运动的过程中，资源是可以不断地再生产出来的。而这主要取决了领头人的能力与组织的资源运作。

六 小结

随着社会运动的发展，组织模式是处于变化之中的。比如，本研究就展示了社会运动从无组织化到维权组织再到环境正义团体的发展过程。这未必是所有环境抗争运动的通常路径，但提供了一种环境抗争运动发展的可能路径。另外，运动网络也会随着运动的发展和组织模式的变迁而不断重构。当一个地方性的环境正义团体被纳入全球化的绿色网络中后，运动网络将不局限于熟人关系网络。

熟人关系网络是农村环境抗争运动的组织动员基础。其中，邻里、家族、宗族关系仍然在动员的过程中占据了重要的地位，这与村民独特的生活场域与相似的村庄社会记忆是紧密相连的。尤其是这样一种共同生活的经历使得村民能够共享基本相似的认知逻辑，这样一种认知逻辑在一个较为封闭的空间中不断地传播、共振，会强化人们对于环境问题共同的认同感。当村庄中出现了维权的领头人的时候，这样一种网络机制就能够迅速地发挥作用并推动集体行动的发生与发展。

在农村的环境抗争中，媒体报道、民间环保组织的支持等关键性资源对于运动的发展起到了非常重要的作用。这类资源往往会成为改变抗争中的双方力量平衡的突破口，如果运动积极分子能够成功地运作资源，就可以不断地创生资源。

（本文原载于《南京工业大学学报》2014年第1期）

“维稳压力”与“去污名化”

——基层政府走向渔民环境抗争对立面的双重机制

陈 涛 李素霞*

[摘要] 环境污染事件发生后，基层政府往往与企业形成利益共谋关系，压制底层社会的环境抗争。“政经一体化”机制能够深刻解释内陆地区的这种现象，但难以解释海洋溢油事件中的基层政府行为。在蓬莱19－3溢油事件中，康菲公司对基层政府的GDP、税收、就业和政绩等都没有贡献，但是基层政府依然走向了渔民环境抗争的对立面。研究发现，维稳压力和去污名化是基层政府走向渔民环境抗争对立面的双重机制。其中，维稳压力机制运转由基层政府对上负责体制推动，去污名化机制运转由市县范围内旅游和海产品出口等经济利益驱动。扭转基层政府走向渔民环境抗争对立面的格局，其根本在于顶层设计和制度创新。

[关键词] 基层政府 维稳机制 去污名化 环境抗争 制度创新

* 作者简介：陈涛（1983— ），安徽霍邱人，河海大学社会学系副教授，主要从事环境社会学研究；李素霞（1990— ），女，河南济源人，中国海洋大学法政学院社会学研究所硕士研究生，主要从事环境社会学研究。

一 文献回顾与问题提出

关于对基层政府行为的研究，学术界可谓汗牛充栋，形成了丰富的研究成果。比如，杨善华、苏红用"谋利型政权"形容计划经济向市场经济转型之后的基层政权，指出基层政权在承受巨大压力的同时，自身的利益意识空前觉醒，在可以自由活动的机会和空间面前，想尽办法为自己创收，同时也指出了基层政府与之间的复杂关系。[①] 孙立平、郭于华在基层政府征收订购粮事件研究中，对人情、面子等非正式策略嵌入正式权力中的过程和逻辑进行了深入研究，得出了基层政府在处理矛盾时是"软硬兼施"，并将其称为"正式权力的非正式运作过程[②]，指出了基层政府在处理矛盾时扮演角色的多样性。吴毅用"权力—利益结构之网"概括了转型期中国政治的复杂性和过渡性特点，指出现代中国农民抗争屡陷困境主要就源于乡村社会复杂的"权利—利益结构之网"的阻碍。同时，他指出，以二元对立的分析框架解释维权上访中的抗争有其不可克服的局限。[③]

荣敬本等人以"压力型体制"解释社会转型期基层政府的运行机制。"压力型体制"实质上是政治承包制。所谓"压力型体制"，指的是各级政治组织（以党委和政府为核心）将各项任务量化分解到下级组织和个人，并根据完成情况进行政治和经济方面的奖惩。这些任务和指标中的一些主要部分采取的评价方式是"一票否决制"，即一旦某项任务未达标，

---

① 杨善华、苏红：《从"代理型政权经营者"到"谋利型政权经营者"——向市场经济转型背景下的乡镇政权》，《社会学研究》2002 年第 1 期。

② 孙立平、郭于华：《"软硬兼施"：正式权力非正式运作的过程分析：华北 B 镇定购粮收购的个案研究》，清华大学社会学系主编：《清华社会学评论》（特辑 1），鹭江出版社 2000 年版，第 21—46 页。

③ 吴毅：《"权力—利益的结构之网"与农民群体性利益的表达困境：对一起石场纠纷案例的分析》，《社会学研究》2007 年第 5 期。

就视其全年的工作成绩为零。因此，各级组织实际上是在这种评价体系的压力下运行的。他们指出，“压力型体制”是在中国目前发生的赶超型现代化以及正在完善的市场化进程中出现的。[①] 张玉林认为，在对农业剩余的提取逐渐减少并且越来越困难的背景下，政府维持运转的财力支撑以及政府工作人员工资与福利的确保，迫使地方政府必须着力培育和壮大企业，以扩大税源和财源。在农村税费改革导致农业税减少的背景下，“招商引资”风潮愈演愈烈，而这种情况在相当程度上就源自前述压力。这是中央政府抑制经济过热的努力往往难以抵挡地方政府投资冲动的主要症结之所在，而这种现象自然也是“压力型体制”这一框架所难以解释的。[②]

近年来，随着环境问题的恶化和环境群体性事件的增加，学术界对环境抗争事件中基层政府的角色扮演与行动逻辑展开研究。其中，张玉林的“政经一体化开发机制”生动地体现了基层政府与污染企业间的利益共谋关系，提供了学术研究的分析框架。他认为，基于“压力型体制”和自身的生存压力，政府必须着力培育企业和壮大企业，以扩大税源。由此，抽象而难以把握的“发展是硬道理”，转变成了具体而容易操作的“增长是硬道理”，基层政府在相当程度上已经演变为“企业型政府”或曰“准企业”。在增长与污染的关系方面，基层政府往往更加偏重短期的经济增长，而不是环境恶化及其社会后果。由此，部分地方政府与企业之间关系的亲密性，甚至超越了计划经济时期的政企合一与政企不分格局，出现了政经一体化倾向。因此，单就主要由制度压力和内在利益决定的地方政府的行为取向而言，非常容易导致它与企业结成牢固的“政商联盟”。于是，双重的和带有递进意义的“政经一体化”开发机制由此形成，它似

---

① 荣敬本、崔之元等：《从压力型体制向民主合作体制的转变——县乡两级政治体制改革》，中央编译出版社 1998 年版，第 28—29 页。

② 张玉林：《中国农村环境恶化与冲突加剧的动力机制》，吴敬琏、江平主编：《洪范评论》（第 9 辑），中国法制出版社 2007 年版，第 192—219 页。

乎已成为推动中国经济快速增长的主要动力机制。[①] 张玉林与顾金土指出，环境污染事件爆发后，政府"要么公开为污染企业辩护，要么否认肇事企业与受害事实之间的明确因果关系，要么对污染企业的'关停并转'态度暧昧乃至网开一面"。[②] 由此，作为国家意志和民众诉求的"环境保护"，在具体执行中大打折扣，甚至被悬空。所以，地方政府的优先保护对象是污染企业，而环境和民众的抽象的环境权以及具体的健康和生命安全，都退居其次。就政策的执行绩效而言，环境保护这一基本国策常常被异化为"污染保护"。[③]

在"政经一体化"机制下，GDP、税收、就业和政绩等因素，驱使着基层政府忙于招商引资。而出现环境污染事件后，这一机制又会促使地方政府压制底层的环境抗争。但是，如果污染企业与基层政府没有达成"利益共谋"关系，"政经一体化机制"还能作为解释框架吗？研究发现，"政经一体化机制"对于分析中国内陆区域的环境冲突具有深刻的解释力，但是无法有力地解释海洋溢油事件中基层政府的行为。在大型海洋石油开采项目中，石油企业一般不会为乡镇、县、市乃至省提供 GDP、税收和就业，也不可能服务于他们的"政绩"。另外，乡镇政府与当地渔民的关系更为密切，有着直接的社会交往与利益往来。但是，溢油事件发生后，企业依然不会支持渔民的环境抗争，最终还会走向渔民环境抗争的对立面。那么，基层政府走向渔民环境抗争对立面的社会机制是什么？其背后的驱动力是什么？为维护渔民权益，我们在制度设计层面需要如何突破？

---

① 张玉林：《政经一体化开发机制与中国农村的环境冲突》，《探索与争鸣》2006 年第 5 期。

② 张玉林、顾金土：《环境污染背景下的"三农问题"》，《战略与管理》2003 年第 3 期。

③ 张玉林：《政经一体化开发机制与中国农村的环境冲突》，《探索与争鸣》2006 年第 5 期。

二　研究区域与研究对象

本文以蓬莱 19－3 溢油事件为中心，研究海洋溢油事件中基层政府走向渔民环境抗争对立面的分析框架。本文中的基层政府主要是乡镇政府。

2011 年 6 月 4 日和 6 月 17 日，蓬莱 19－3 油田相继发生两起溢油事件，导致大量原油和油基泥浆入海，对渤海海洋生态环境造成严重的污染损害。溢油事件导致蓬莱 19－3 油田周边和西北部约 6200 平方千米的海域海水污染，这是中国海洋资源开发以来最严重的事故。[①] 溢油点及其所在海域以及周边区域如图 1 所示。蓬莱 19－3 油田是国内建成的最大的海上油气田，由中国海洋石油总公司和美国康菲石油公司的全资子公司康菲中国有限公司（以下简称康菲中国）合作开发。作业方也是此次事件的肇事方，是康菲中国。

图 1　蓬莱 19－3 溢油点与周边区域

① 国家海洋局海洋发展战略研究所课题组：《中国海洋发展报告（2013）》，海洋出版社 2013 年版，第 168 页。

本文的研究区域是一个海岛镇，即山东省的路易岛。路易岛位于渤海中部，也处于渤海与黄海交汇处，距所属县城 21.8 公里，岛屿面积 7.11 平方千米，岛岸线长度近 18 千米。岛上共有 8 个行政村，常住人口 7000 多人，主要靠养殖、海洋捕捞为生，见图 2。路易岛距离溢油的蓬莱 19－3油田仅 39 海里，与受到严重污染的河北省的乐亭县与昌黎县以及辽宁省大连市隔海相望。溢油事件发生后，路易岛渔民遭受严重损失，他们开展了持续的、长期的环境抗争，并于 2012 年 7 月走上"跨国索赔"道路，引起了广泛的社会关注，但迄今仍未得到任何赔偿。

图 2　调查区域路易岛草图

本文的田野调查资料主要源于 2012 年 8 月和 2013 年 11 月开展的实

地调查。2013 年 11 月 16 日，课题组对路易岛的受访渔民进行了电话回访，一是进一步确认相关信息，二是就研究需要收集新的研究资料。同时，我们还根据接受访谈者提供的信息，对渔民的代理律师进行了电话访谈。

三 溢油事件中的渔民与政府

（一）渔民的环境抗争

在渔民的环境抗争中，他们的首先反应是向基层政府申诉，表达利益诉求。后来，受到外界信息的刺激，他们开始借助律师的力量展开索赔，并向社会与媒体呼吁援助。而在国内赔偿被排除在外的情况下，他们走上了跨国索赔之路。在索赔的艰难历程中，他们多次通过媒体控诉地方政府以及向肇事公司表达抗议。

1. 向基层政府表达利益诉求

溢油事件发生于 2011 年 6 月 4 日，到了 6 月 21 日，该事件被微博曝光。但直到 7 月 5 日，国家海洋局才开始报道此事件。路易岛渔民在 7 月发现了养殖的虾夷扇贝[①]死亡现象，但对肇事方的确认则经历了更长的时间。在此期间，他们主要是向政府部门反映情况，希望找到海产品大面积死亡的缘由，得到补偿。

当地渔民知道康菲溢油事件是在 2011 年的 7 月。当时，本该是渔民 2009 年投放的虾夷扇贝苗子的收获季节，但是，多数养殖户发现虾夷扇贝大量死亡。看到这种现象后，渔民们纷纷将成熟的扇贝打捞上来，希望能减少一点损失。据渔民的统计，发现较早的死亡率已经达到了 60%，发现较晚的死亡率达到 90%。虾夷扇贝的生长期是 2 年，但是，渔民每

① 虾夷是中国古代对日本北海道地区的旧称，在那里发现的扇贝称为虾夷扇贝。目前，我国辽宁、山东等北方海域已经广泛养殖虾夷扇贝。

年都会投入新的贝苗，这一灾难意味着2009—2011年三年的投入损失殆尽。渔民最初并没有将虾夷扇贝的死亡与蓬莱19－3溢油事件挂钩，但他们也向乡镇政府反映过情况。政府的答复是，大面积死亡是渔民养殖过密，不够科学合理所致。后来，渔民断断续续地获取了蓬莱19－3溢油事件，开始将虾夷扇贝的死亡与康菲公司联系起来。在这一过程中，渔民曾在岸边发现油污。其中，东南村的王心玉和潘玉金搜集了一些油污，找到镇政府希望他们把情况上报给县里，查到污染源，为渔民挽回损失。

但直到2011年年底，渔民一直没有得到政府的回应，一些渔民着急了，就到镇政府问情况，镇里说县里没有公布结果，只能继续等待。这时，一些渔民找到西南村养殖大户潘玉金，让他带领渔民围堵镇政府向政府施压。潘玉金比较理性，他没有带头围堵政府。他建议渔民等到2012年元旦假期结束之后，看看有没有结果。通过说明利害，渔民的情绪得到控制，但镇政府一直没有给予回应。

2. 通过律师索赔

渔民明确的抗争和维权意识形成于2011年10月。当时，一位上济南办事的渔民，在亲戚家看到一份《济南时报》，上面报道了蓬莱19－3溢油事件以及河北乐亭等地渔民的索赔问题。随后，这一消息在路易岛炸开了锅。他们由此才知道蓬莱19－3油田离他们只有39海里。"河北离溢油点比咱们远得多，他们的渔民都在索赔，我们怎么没有这种意识?"（2013年11月，路易岛渔民调查资料）。

由于当地政府一直没有回应，加上河北渔民开展索赔活动的刺激，一些渔民开始寻找外界人士帮忙维权。他们通过亲戚朋友找到了《济南日报》的一名记者。记者告诉渔民这件事情很特殊，需要专业的律师来做，并帮助他们找到了北京的一名律师。后来，他们了解到，该律师事实上早在2011年8月就介入蓬莱19－3溢油事件，并已经来到山东受溢油影响的渔村开展调查、收集证据。而且，该律师在8月初，就以个人名义向海南省高院、天津和青岛海事法院提出对康菲公司和中海油的公益诉讼，要求设立100亿人民币赔偿基金。10月12日，该律师还在北京就溢油事件的证据收集等工作召开了新闻发布会。由此，渔民觉得索赔有望了。经过电话沟通与其直接接洽，2012年2月21日，该律师带来了北京和济南等地的媒体记者，在路易岛召开了“油污重灾区直接向康菲索赔新闻发布会”，此次发布会有204名渔民参加，这些渔民包括同县范围内的其他地区的渔民。他们在发布会上签订了起诉书，整理了油污、死亡的鱼虾和贝类等证据，向肇事方康菲公司索赔人民币6.06亿元。赔偿款由两个部分构成。一是2009—2011年，204户养殖户的经济损失3亿元。之所以包括2009年和2010年的损失，是虾夷扇贝等生长周期使然。二是2012—2042年30年间204户养殖户的基本生活费，按照每户每年5万元标准计算，共计人民币3.06亿元。之所以是30年，是因为溢油对海洋的影响一般都要持续到30年之后，损失赔偿应该包括这30年的基本生活费（2013年11月，渔民访谈资料）。但是，这种索赔至今没有任何进展。

3. 开启“跨国索赔”

经过行政调解，康菲中国在2012年和河北与辽宁渔民就赔偿达成协议。但是，山东渔民被排除在外。在国内索赔无望的情况下，他们在律师的帮助下走上了“跨国索赔”道路。

“跨国索赔”之所以能开启，首先得益于国内律师的直接引导和具体操作。同时，国内律师的环境公益诉讼引起了美国律师斯图尔特·史密斯等人的注意，对“跨国索赔”产生了直接影响。《南方周末》资料显示：史密斯是新奥尔良州一位专与石油巨头和污染大户打官司的职业律师，曾因2001年赢得针对埃克森美孚石油公司放射性污染物的官司而声名鹊起。此外，他还是2010年墨西哥湾溢油索赔的代理律师之一。他是2011年9月在北京出差期间，无意间在宾馆赠阅的China Daily上，比较深入地了解了蓬莱19-3溢油事件以及国内律师开展的公益诉讼报道。经过与国内律师的接触，他们一起促成了“跨国索赔”。“跨国索赔”方案启动后，相关律师联系了路易岛的养殖大户王心玉和潘玉金等人，商定到北京召开新闻发布会。2012年7月2日，王心玉和潘玉金等渔民代表参加了在北京召开的新闻发布会。发布会上，王心玉代表路易岛渔民介绍了当地的污染状况（2013年10月23日，路易岛渔民王心玉、潘玉金和周土山访谈资料）。参加“跨国索赔”的渔民，除了路易岛，还有很多其他地区的渔民，他们的起诉对象是美国康菲公司总部，请求美国法院判定康菲公司对渔民的财产和经济损失、自然资源破坏损失、生活质量损失、环境污染恢复时间内的损失等之外的损失负责。“跨国索赔”正式启动迄今，已有一年半，但尚未有实质性进展。虽然如此，当地多数渔民仍然认为这是他们最后的希望，表示要坚持到底。

（二）基层政府的行为与策略

在溢油事件中，基层政府行为可归纳为三个方面，即“做了哪些事”“没做哪些事”以及“做了哪些不该做的事”。所谓“做了哪些事”即基层政府为渔民环境抗争所提供的支持以及开展的工作，但调查发现，他们所做的只是简单地记录和单方面地向上汇报。所谓“没做哪些事”，即渔民期待基层政府开展的工作，但他们却没有实质性作为。所谓“做了哪些不该做的事”，即基层政府不但没有为渔民的环境抗争与维权提供支持，而且采取了控制性和限制性措施。

1. “慢作为”与“不作为”

2011 年下半年，刚意识到虾夷扇贝大量死亡可能是康菲中国溢油污染所致时，渔民代表王心玉、潘玉金等人就把浑身是油的鱼、虾、贝和搜集到的油污拿到镇政府，希望通过镇政府逐级向上汇报。镇政府拿到渔民搜集来的证据后，立即上报了县政府，县政府又上报到市相关部门。

调查发现，镇政府对“外来者”有着本能的敏感和排斥，不愿意过多谈及。但他们也表示，政府部门应该为渔民利益着想，但因为能力有限，他们能做的就是向上级政府反映路易岛的情况，尽可能获得上级的重视。此外，在村委会这个自治单位的调查发现，他们在溢油爆发之初也积极收集了油污。比如，西南村的党支部书记告知，为了掌握污染的最新情况，在溢油严重阶段，村委会的人轮流在海岸查看，一旦发现油污就搜集起来，上报到镇政府。镇政府也将他们收集到的信息向上级单位做了报告（2013 年 10 月 25 日访谈资料）。显然，这种作为只是一种简单的和单方面的“上报”和“汇报”，远远不符合渔民的心理预期。

受访的乡镇政府官员认为，他们不是不愿意介入渔民的利益受损问题，镇政府曾多次向县政府上报问题，提供污染证据，但是上级政府没有给他们答复，他们也没有办法向渔民做出承诺。面对渔民提起的诉讼等行为，镇政府没有加以直接的阻拦，只是在渔民需要盖章时履行自己的职责，审查渔民反映情况的真实性。而渔民如何起诉，有什么困难，基层政府没有做过统计，也没有提供过帮助（2013 年 10 月 25 日，镇政府访谈资料）。从镇政府那里获取的信息中，经常能听到“不是政府不愿帮忙，而是没有能力”的回应。而这些在渔民那里，都属于严重的“不作为”范畴。从渔民的角度而言，政府应该做的事情都以“不作为”和“慢作为”的形式呈现出来，政府部门并没有积极主动地、正面地回应他们的诉求。

2. “乱作为”与“反作为”

渔民抗争事件“问题化”后对基层政府产生了社会压力，而这又引起了他们对渔民抗争行为的态度转变。基层政府阻挠渔民参与“跨国索赔”事件以及烧油事件等“乱作为”和“反作为”，就是在这种背景下产生的。

首先，“跨国索赔”受阻事件。2012 年 7 月，养殖大户潘玉金收到北京律师邀请，要到首都参加“跨国索赔”新闻发布会。在登飞机之前，他接到了镇里打来的电话，劝他不要去。政府的态度是，“不要把事情搞得太大，不然，对自己、对镇政府都没有好处”。他认为，岛上环境抗争的组织者以及有关律师的行踪已经被当地政府的人监视了，一旦他们采取行动就可能会受到阻拦（10 月 24 日，访谈资料）。“受到监视”的主观判定虽然很难证实或证伪，但从被访谈者的口吻中能够看出他对镇政府的鲜明态度和内在情感。

其次，烧油事件。2013 年 2 月 16 日，国家海洋局发布公告称，康菲中国已取得蓬莱 19－3 油田总体开发工程和环境影响报告书的核准文件，后者随后开始复产。但复产不到两个月，2013 年 4 月 8 日，当地渔民在路易岛的东部、东北部以及西南部附近海滩发现了油污，随即上报镇政府。由于之前一直遭受政府的“冷处理”，他们此次想直接通过媒体的放大效应表达利益诉求。于是，他们不再像以前那样等待政府的信息反馈，而是直接通过律师联系到了中央电视台记者，并想通过社会影响促进索赔问题的解决。不久，中央电视台和济南电视台的几名记者来到路易岛，他们在村里进行了为期 4 天的调查走访。4 月 12 日，王心玉、周土山和央视记者午饭后发现，东南村海边本来到处都是的油污少了很多，他们怀疑可能是被头晚涨潮的海水冲走了。但是，当他们在海岸边走了一段后，闻到了油被烧焦的味道，还发现了冒着的黑烟。他们赶过去后发现，镇政府和县政府的几名官员正带着人对岸边收集的油污进行焚烧。记者和渔民问为什么要烧掉这些污油，他们不承认烧的是油，并坚持声称海边的油不是康菲中国的。看到记者在场，县政府官员很快离开了现场，但渔民精英和镇政府工作人员进行了一番激烈的争论（2013 年 10 月 25 日调查资料）。后来，国家海洋局北海分局给出的鉴定报告是，此次发现的油污并不是19－3 油田的新溢油，而是燃料油。而渔民质疑的是，既然有科学的检验，地方政府部门为什么变得如此紧张？为什么要藏着掖着？他们认为，政府之所以烧油，就是为了阻止媒体的报道。[①] 在某种程度上，烧油事件不但加剧了渔民对当地政府的不信任感，而且使渔民与基层政府对立的升级，并导致了正面冲突的爆发。

四　基层政府走向渔民环境抗争对立面的社会机制

石油公司在海上作业，无论是康菲中国还是中海油，它们与镇政府都没有直接的利益交集。因此，"政经一体化"机制中在 GDP、税收、就业和政绩等，在此均无法呈现。那么，乡镇政府为什么依然会走向底层环境抗争的对立面？

（一）维稳压力机制

在中国大陆的政治话语体系中，"稳定压倒一切"意味着维稳是政绩考核的重要指标。在维稳机制的运行中，上级政府将维稳指标下放到基层

① 中国广播网、凤凰网、人民网等多家网站都发布了"渤海湾再现漏油　康菲被指元凶　当地政府派人消除证据"的新闻。

政府，并作为政绩考核的指标。这种体制和运行机制，直接影响甚至决定了基层政府对底层环境抗争的态度、立场以及行为模式。

应星认为，20世纪90年代特别是2000年以来，随着社会利益失衡局面的日益严重，地方政府的维稳压力越来越大。而上级政府部门在维稳机制的运行中，对基层政府提出“小事不出村，大事不出乡，难事不出县，矛盾不上交”的要求。同时，上级政府对各地的信访总量排名并公开。在当前的“压力型体制”下，维稳压力层层转码，最终还是转到了基层政府，于是，后者必须实现上级关于“将矛盾解决在基层”“将矛盾消除在萌芽状态”的死命令，必须确保社会稳定指标的实现。[①] 可见，对于基层政府而言，维稳是一种巨大的政治压力。而底层的环境抗争被看作一种不稳定因素，本来合法的维权活动被基层政府视为“危害社会安全”的“利刃”。在蓬莱19－3溢油事件中，很多基层政府都在“维稳”的框架下，以“封堵式”的措施防范、限制甚至压制渔民的环境维权与抗争活动。

在维稳机制下，面对渔民的环境抗争，基层政府很难忠实地代表渔民的利益。而当环境抗争产生社会影响时，基层政府便不可能帮助渔民积极收集证据，更不可能为渔民的环境抗争摇旗呐喊。相反，他们常常以“不作为”和“慢作为”甚至“乱作为”的方式回应抗争者的利益诉求。在维稳体制下，基层政府之间能够形成共识，他们往往非常默契地产生着共同的行为方式。当然，在渔民环境抗争的不同阶段，基层政府的态度、立场和行为模式具有差异性。首先，当渔民简单地反映经济损失、提供污染证据时，不可能危及社会稳定，因此，基层政府开展了证据收集、汇总和向上级政府报告工作，并没有对渔民加以干预和限制。显然，在此阶段，基层政府没有干预和限制的必要。其次，在渔民到首都参加新闻发布会和开展“跨国索赔”阶段，则可能产生广泛的社会影响，农村精英与外部精英的联合很可能引起普通渔民的效仿与广泛参与，可能引发群体性事件，由此成为地方政府的“维稳对象”，进而出现了前述的“电话干

① 应星：《村庄集体行动的“反应性政治”逻辑》，《人民论坛·学术前沿》2012年第10期。

预"和"烧油事件"。

维稳机制运转的背后是基层政府的"对上负责"体制。因为政绩考核、晋升等机制的驱动，基层政府具有"向上看"的本能，他们行动的指南针和方向盘是上级政府的明确要求或对不言自明事项的理解。对路易岛镇政府而言，上级主管部门没有正式的回应，本身就是一种回应。而市级和县级政府的维稳要求和旅游与出口经济的诉求，也必然影响到路易岛镇政府对待渔民环境抗争的态度。此外，国家海洋局等部门对待渔民环境抗争的立场与态度也会作用到基层政府。蓬莱 19－3 溢油事件爆发后，国家海洋局等部门一度饱受社会批评，并出现了"律师状告国家海洋局不作为""中华环保联合会状告国家海洋局""21 家 NGO 联名呼吁农业部帮助渤海渔民维权"等事件和很多新闻。不难看出，相关部门在此受到了很大的社会压力。据《21 世纪经济报道》新闻信息，山东省的东营海洋与渔业局对起诉国家海洋局的原告进行"威逼"，要求其撤销对国家海洋局就蓬莱 19－3 油田复产批复的起诉。"北京市第一中院说要进行请示，但把起诉信息转告给了国家海洋局，国家海洋局又告知了山东地方部门，最后由东营市主管部门对原告进行劝说。"[①] 在特定的政治框架内，经过层层转发，必然影响到路易岛镇政府这个最基层政府的态度、立场和行为模式。

事实上，维稳本身无可厚非。任何国家和地区的政府部门都需承担维稳责任，都存在相应的维稳压力。但是，短期的和盲目的维稳观则会导致更严重的不稳定。唐皇凤认为，"中国式维稳"是一种刚性稳定和压力维稳，具有明显的运动式治理和组织化调控色彩。这种维稳模式具有明显的内在困境，集中体现为政治风险大，维稳成本高，有不断被异化和内卷化的趋势。[②] 在实践层面，这种维稳观往往忽视了底层社会的利益诉求。事实上，如果底层社会的权益得到充分保障，渔民在遭受污染后得到合理赔

① 尹一杰：《被"要求"撤诉？渤海漏油三年赔偿款未到位》，《21 世纪经济报道》2013 年 8 月 7 日。

② 唐皇凤：《"中国式"维稳：困境与超越》，《武汉大学学报》（哲学社会科学版）2012 年第 5 期。

偿，那么，“基层政府也就不必为维稳而与民众发生对抗或冲突，基层维稳机制也就能够实现有序运行的目标”。[①] 陈发桂指出，“基层维稳机制有序运行是使政府维稳权力与公民的维权行动均衡化的社会管理过程。否则，政府的维稳权力就可能成为侵害公民权利的一种国家力量，而受到公权侵害的公民可能采取体制外的非理性行为，有序的基层维稳机制也就难以有效实现”。在蓬莱 19－3 溢油事件中，基层政府没有及时、充分地回应渔民的利益诉求，也没有追问“社会失序的根源”，而是以站在渔民权利对立面的方式进行维稳。在某种程度上，基层政府的这种维稳思路，已经和石油开采企业形成了事实上的利益同谋关系，也在客观上导致肇事公司更加有恃无恐，甚至屡屡表现出傲慢态度。[②]

在维稳问题中，基层政府的处境很尴尬。作为国家在地方的代理人，基层政府需要妥善处理底层社会的诸种张力，还要积极应对上级政府各种压力。正如《黄河边的中国》中一名镇党委书记所言：“中国的官，越往下，权越小，责越重，作为中国最低一级的乡镇官，实在很难。”[③] 在维稳问题中，基层政府的位置更加尬尴。应星指出，基层政府无法从根本上解决问题，却背负着维稳的千钧重担。他们手中能够使用的利器只有高压手段，即集体行动刚一冒头，就对行动的组织者及其积极分子严厉打压，并通过“围追堵截”切断底层行动者向高层政府的诉求渠道。但是，由于被困在高压的煎熬中，基层政府常常疲于应对，忙中出错。而一旦出了乱子，无论源头何在，基层政府往往都会成为被问责的对象：有时成为民众的出气筒，有时则成为高层政府推卸责任的替罪羊。[④] 因此，从“治本”的角度而言，对基层政府和某些部门的责难与要求不可能产生实质性效果，扭转基层政府走向底层环境抗争对立面的格局，必须从制度层面

---

① 陈发桂：《民权保障：基层维稳机制有序运行的逻辑起点》，《福建论坛》（人文社会科学版）2012 年第 9 期。

② 同上。

③ 曹锦清：《黄河边的中国——一个学者对乡村社会的观察与思考》，上海文艺出版社 2001 年版，第 500—501 页。

④ 应星：《村庄集体行动的“反应性政治”逻辑》，《人民论坛·学术前沿》2012 年第 10 期。

进行底层设计。

（二）去污名化

在压力型体制下，经济发展是考核基层政府工作成效的主要指标。张玉林认为，“以经济建设为中心”的战略目标决定了经济总量和增长速度是地方官员政绩考核的重要指标。经济发展需要良好的生态环境做支撑，而溢油污染这种“污名”则会影响旅游经济和出口经济，影响地方经济利益。所以，基层政府经济发展的利益诉求促使他们极力去污名化，即力图解构其与蓬莱 19－3 溢油事件的关系。这需要从路易岛镇政府、周边乡镇政府及其所属的市县政府三个维度分析。

首先，路易岛镇政府的经济利益诉求。路易岛镇确定的经济发展思路是“渔业富民、工业强镇、旅游兴岛”。“十一五”期间，镇政府提出了加快建设“旅游兴岛”规划。虽然旅游经济所占比重并不大，旅游产业还没有形成气候和规模，但岛上酒店老板也提到，蓬莱 19－3 溢油事件后，镇政府人员曾来提醒，游客问溢油情况的话不能乱说。他们也认为游客减少对自己不利，因此，他们也不想扩大事件的社会影响。此外，在 2011 年溢油事件产生强烈影响阶段，镇政府曾组织专家向渔民讲授养殖技术，并向渔民灌输一种思想，即当地虾夷扇贝等海产品死亡是养殖不善等原因造成的，而非蓬莱 19－3 溢油所致（2013 年 10 月调查资料）。

其次，周边邻镇的经济利益诉求。相比较路易岛而言，周边同县范围内的不少乡镇更加依赖旅游产业。此外，还有一些乡镇经济主要依靠出口。在以出口海带为主的岛屿，无论是乡镇政府还是渔民，都在极力回避溢油事件对当地的影响。有一个岛镇，是我国北方重要的海带出口加工基地，海带出口在全省都具有很重要的地位（2012 年 8 月调查资料）。对他们而言，溢油的污名会严重影响当地的出口产业与整体经济。因此，他们内在地具有消解溢油事件与当地联系的动力机制，进而也不会支持本镇以及周边乡镇渔民的环境抗争。

最后，市县政府的经济利益诉求。路易岛所属的市县，旅游产业和出口经济占有重要比重。比如，县政府正在建设北方“妈祖文化中心”“海岛度假中心”以及“休闲渔业中心”等三大特色品牌。此外，栉孔扇贝出口在当地经济中也占有重要比重。据该县《国民经济和社会发展统计公报》显示：2012 年，全县实现地区生产总值 61.5599 亿元，而旅游总收入达到 17.3 亿元。[①] 由此计算，旅游收入占地区生产总值的 28.1%。调查发现，受蓬莱 19 - 3 溢油事件影响，市县的水产品出口和旅游经济都受到了冲击。因此，政府的经济理性促使他们考虑到渔民环境抗争所带来的负面效应。由此，上级政府的长官意志也会转移到路易岛镇政府，后者最终走向渔民环境抗争的对立面。

基层政府去污名化背后的动力机制，除了上述经济利益考量，也有政绩考核的压力。渔民精英到北京参加新闻发布会，请中央电视台记者来岛上报道事实，都是在利用媒体的聚焦效应扩大事件的社会影响，引起社会各界的关注。同时，诸如此类的活动在无形之中会给基层政府贴上“处理不善”“能力不足”的标签。这一标签的社会影响与媒体的聚焦程度和报道深度有着密切关系，如果媒体大规模聚焦，导致问题扩大化，必然作用于政绩考核机制，上级政府无疑会给基层政府贴上对危机“处理不善”的标签。所以，当媒体等外来者到来时，基层政府会积极上报上级政府，阻止渔民与媒体的接触。镇政府与县政府组织的烧油事件也是由此上演的，因为烧油既可以减少污染的证据，也可减少记者报道的公信力。渔民精英到北京参加新闻发布会的消息，本来只有渔民知道，却接到了乡镇政府的阻挠电话。而事实上，县政府和镇政府的这种做法在无形中又给自己贴上了另外的标签——工作方法“简单、暴力”以及“不作为”，等等。

---

① 详细数据参见 http://www.changdao.gov.cn/cn/content/xxgk/index_show.jsp?sid=0000-05-2013-103873&dept_code=CDX&columncode=CDXXXGKMLZXTJ，2013 年 4 月 1 日发布，2013 年 11 月 2 日访问。

五 研究结论

学术界关于底层环境抗争的艰难曲折历程开展了比较多的研究。其中，"政经一体化机制"深刻地解释了内陆地区环境抗争困境的制度根源，也可解释沿海工厂向大海排污等环境污染事件中的政府行为，但并不能解释海洋溢油中的基层政府行为。在蓬莱19－3溢油事件中，肇事企业在税收、GDP、就业等方面对基层政府没有贡献，但后者依然走向了渔民环境抗争的对立面。我们的研究结论是：

首先，"维稳压力"和"去污名化"是基层政府走向渔民环境抗争对立面的双重机制。其中，"维稳压力"机制运转主要由基层政府对上负责体制推动，"去污名化"机制运转主要由市县范围内旅游和海产品出口等经济利益驱动。同时，维稳"压力机制"和"去污名化"机制背后的共同因素是政绩考核机制。事实上，在内陆地区，基层政府对底层社会环境抗争的限制也存在"维稳压力"和"去污名化"的行动逻辑。

其次，环境抗争发生后，维稳的根本出路在于保障环境受害者的权益。一方面，"维稳怪圈"亟待打破。各级政府将大量人力、物力和财力用于维稳，但社会矛盾和社会冲突数量未减反增，在某种程度上已经陷入了"越维稳越不稳"的恶性循环。[①] 究其原因，政府部门将民众利益的正当表达视为不稳定因素进行阻拦，结果导致底层怨恨积累，为潜在的环境群体性事件埋下祸根。因此，单纯的"零上访"经验并不值得推广。另一方面，底层社会的维权机制亟待探索。《中共中央关于全面深化改革若干重大问题的决定》第49条明确指出："创新有效预防和化解社会矛盾体制……建立畅通有序的诉求表达、心理干预、矛盾调处、权益保障机制，使群众问题能反映、矛盾能化解、权益有保障。"只有环境受害者和受害群体的权益得到维护，社会稳定才可能有根本保障。

---

① 孙立平：《"不稳定幻像"与维稳怪圈》，《人民论坛》2010年第19期。

最后，破除基层政府走向底层环境抗争对立面的根本路径在于顶层设计和制度创新。在当前的管理体制中，单纯要求基层政府破除维稳思维难以实现，单方面要求基层政府实现由“维稳”向“维权”转变也不现实。只有通过顶层设计和制度创新，对政绩考核和压力型体制进行妥善调整，这种格局才可能得到真正改观。中共十八大后，国家已经开始在部分省市取消信访排名。十八届三中全会发布的《中共中央关于全面深化改革若干重大问题的决定》明确提出：“改革信访工作制度，实行网上受理信访制度，健全及时就地解决群众合理诉求机制。”但是，如何构建和完善利益受损者的权益维护机制，还需要进一步深入探讨。

（本文原载于《南京工业大学学报》2014 年第 1 期）

农民环境抗争的历史演变与策略转换*

——基于宏观结构与微观行动的关联性考察

陈占江　包智明**

［摘要］　通过对宏观的政治机会结构变迁与微观的农民环境抗争演变的关联性进行历时性考察发现，二者之间是一种单向度的约束与被约束的关系。农民环境抗争的发生与演变、形式与策略、效果与后果无不受到政治机会结构的形塑、规范和限制。无论是计划经济时期、经济转轨时期抑或市场经济时期，政治机会结构与农民环境抗争之间始终存在不同程度的紧张。这种紧张在牺牲农民环境权益的同时促使环境问题向社会问题和政治问题转化。化解这种紧张的根本之途在于深入改革经济政治体制，理顺中央、地方与农民之间的利益关系，为农民环境权益的表达提供更为通畅、合理的政治机会空间。

［关键词］　政治机会结构　农民环境抗争　宏观结构　微观行动

---

* 基金项目：本文系教育部人文社会科学研究一般项目“环境健康风险的公众认知及其形塑机制研究”（课题编号：13YJC840004）和国家社会科学基金重点项目“民族地区的环境、开发与社会发展问题研究”（课题编号：12AMZ009）研究成果之一。

** 作者简介：陈占江（1980—　），男（汉族），安徽省濉溪县人，浙江师范大学法政学院讲师，社会学博士，主要从事环境社会学、社会学理论研究。包智明（1963—），男（蒙古族），内蒙古通辽人，中央民族大学世界民族学人类学研究中心教授，博士生导师，社会学博士，主要从事环境社会学、民族社会学研究。

一　引言

近年来，环境受害者为了阻止环境侵害的继续发生或挽回环境侵害所造成的损失，公开向加害者或社会公共部门做出的呼吁、警告、抗议、申诉、投诉、示威游行等环境抗争行为日益增多。这一现象愈益引起学术界的关注。已有研究几乎无一例外地将“改革开放以来”作为环境抗争的历史背景而忽略了对改革开放前环境受害者及其行动的关注，在关注环境抗争的内在动力机制和行动策略选择的同时缺乏对政治机会结构（political opportunity structure）这一外部条件的应有重视。这种将公民环境抗争置放于连续性的历史脉络和行动者所处的政治机会结构之外所进行的考察，显然难以对环境抗争的历史与现实、形式与策略、逻辑与机制、演变与困境做出科学、深入的研究，其结论也往往缺乏强有力的经验支持和逻辑支撑。基于这一认识，本文拟从宏观结构与微观行动之间的关联性视角对新中国成立以来政治机会结构变迁与农民环境抗争演进做一历时性考察，旨在梳理农民环境抗争的历史脉络，揭示影响农民环境抗争的制度根源。

在展开考察之前，有必要对政治机会结构和新中国历史分期做出明确的界定或界分。所谓政治机会机构，在西方学者那里主要是指各种促进或阻止某一政治行动者之集体行动的政权和制度的特征，以及这些特征之种种变化。[①] 政治机会结构包括某一政权所具有的六个方面的属性：该政权内部存在多个独立的权力中心；该政权对于新行动者的开放性；现行的政治结盟关系的不稳定性；挑战者获得有影响的盟友或支持者的有效性；该政权压制或推进集体性提出要求的程度；上述所列各项属性发生决定性的

---

① ［美］查尔斯·蒂利、西德尼·塔罗：《抗争政治》，李义冲译，译林出版社2010年版，第62页。

变化。[①] 受西方学者启发并根据中国现实，本文将政治机会结构界定为现行的政治体制为公民某一或某些社会行为提供的制度管道、机会空间和行动路径。而新中国历史，我们将之划分为三个时期，即计划经济时期（1949—1977年）、经济转轨时期（1978—1992年）和市场经济时期（1993年至今）。[②] 宏观结构方面的资料来自历史文献，微观行动的资料源自笔者于2011年3—10月在湖南省中部地区一个具有60多年污染史的乡村社区所做的实地调查。

二 计划经济时期：集体沉默与柔性反抗

1949年，新中国的成立结束了几千年来“山高皇帝远”“皇权不下县”的局面，国家政权建设将国家权力的触角延伸到社会的每一个角落。新中国终结了帝制时代自上而下的皇权与自下而上的绅权双向互动、彼此约束制衡的政治“双轨制”[③]，开启了自上而下的国家权力运作的政治“单轨制”。“单轨制”政治不仅将传统社会中的绅权取缔，私人领域亦被高度压缩和控制。在新中国成立后短短的十年间，以毛泽东为核心的中国共产党迅速完成了对国家与社会之间关系的重构，通过制度设置和政治运动的方式对我国城乡居民及其身份进行分割并将之纳入国家的控制中。

在高度集中的计划经济体制下，农民的日常生活、思想观念以及社会行动无不受到国家的控制。“政治机构的权力可以随时地，无限制地侵入和控制社会每一个阶层和每一个领域”[④]，中国的全能主义政治开始主导

---

① ［美］查尔斯·蒂利、西德尼·塔罗：《抗争政治》，李义冲译，译林出版社2010年版，第253页。

② 陈占江、包智明：《制度变迁、利益分化与农民环境抗争——以湖南省X市Z地区为个案》，《中央民族大学学报》（哲学社会科学版）2013年第4期。

③ 费孝通：《中国绅士》，中国社会科学出版社2006年版。

④ 邹谠：《二十世纪中国政治：从宏观历史与微观行动的角度看》，牛津大学出版社1994年版，第25页。

社会运行。尽管于1954年颁布了《中华人民共和国宪法》，但卡里斯玛权威（chrisma authority）与法理权威（legal authority）之间的巨大冲突导致宪法很快被废弃，法治的萌芽被卡里斯玛权威掀起的革命热情所浇灭。

在计划经济时期，环境问题没有成为政治或法律视野中的“问题”。从1949年到1973年，我国没有一个国家性的环境保护与资源管理机构，亦无一部以环境保护为主题的法律，在政治上更不承认环境问题的存在。挨打和挨饿的双重压力迫使新中国在较短的时期内必须通过快速的经济发展改变“落后就要挨打”的局面和解决四亿中国人饥饿的问题。在“双挨”压力下，毛泽东和中国共产党选择了优先发展重工业和“向自然开战”的赶超战略。由于技术水平低、生产设备差、环保意识缺乏等因素，我国生态迅速遭到破坏，环境污染严重。然而，在内外交困的新中国成立初期，环境保护不仅不可能进入国家的法律或政治视野，污染保护反而因国家为快速推进工业化而得以可能。在全能主义政治体制下，农民环境抗争几乎完全没有相应的制度管道、机会空间和行动路径。

从笔者对湖南易村的调查来看，该村农民在计划经济时期即受到环境侵害，但并没有发生公开的抗争。20世纪50—60年代，国家在易村周围建有砖瓦厂、硫酸厂、氮肥厂等5家国有企业。在易村农民的记忆中，当时的机瓦厂、硫酸厂、氮肥厂等生产设备落后，环保措施缺乏，工业“三废”未经处理任意排放。硫酸厂、氮肥厂排放出滚滚黑烟，刺鼻难闻的气味给村民的生活造成了极大的困扰。工厂附近的水稻、蔬菜等农作物受到一定程度的污染。为此，易村农民心感不满，却只能在小范围内私下议论。1974年4月的某夜，硫酸厂的生产设备因长期腐蚀、失修，突发严重泄漏事故。硫酸厂泄漏造成的污染令易村农民尤其是小孩和老人的身体受到强烈的刺激，并延续数日。泄漏事故将整个村庄陷入恐慌之中，村民义愤填膺。大队干部一方面做村民的思想工作，另一方面向工厂反映，希望村民保持克制、工厂能立即修复设备并停止生产。硫酸厂在停产一段时间后，很快恢复生产。易村农民继续生活在被污染侵扰的环境中。鉴于当时的政治形势，没有人公开表达不满或反抗，甚至也不存在斯科特所说的“日常抵抗”，如偷懒、装糊涂、开小差、假装顺从、偷盗、装傻卖呆、诽谤、纵火、暗中破坏等。[①] 在全能主义政治体制下，工厂是国家的延伸，生产体现国家的意志。在此逻辑下，对工业污染表达不满即意味着对国家不满。这一逻辑强烈渗透在日常的政治教化之中。日常的政治教化极大地阻抑了村民的抗争动机和意愿。

面对污染侵害，易村农民普遍选择了隐忍和沉默。沉默的同时也有部分村民采取一种柔性的抗争策略，即通过诉苦这一迂回的方式表达不满并试图将污染降到最低限度。诉苦是中国共产党在土地改革运动中发明的一项权力技术，旨在借力于农民对旧社会苦难生活的回忆和讲述唤起农民对旧社会的仇恨和对新社会的向往，以实现国家对农村社区的重新分化、整合并赋予共产党领导农民革命的合法性和正当性。[②] 被革命驯化了的农民掌握了诉苦这项技术并在生存受到污染威胁而又不敢直接表达不满或反抗的情况下对诉苦进行了创造性转换。易村一位老人在硫酸厂泄漏发生的第二天直接到硫酸厂门口哭诉。厂长把她请到办公室里，老人开始向厂长诉苦，一边痛诉旧社会的“苦”，一边赞颂新社会的“甜”，在此过程中提及污染对她及家人带来的困扰。厂长听完她的诉苦，随即做思想工作，希望她“从大局出发，支持经济建设”，最后亲自将老人送回家。此后，该厂长在任的每年中秋节和春节都带点红糖、点心之类的礼品去看望老人。这位老人采取柔性的反抗策略，在诉苦过程中将对“苦”的态度从激烈转为柔性，在旧社会的“苦”——新社会的“甜”——工业污染制造的“苦”之间进行不停地转换并在循环对比中释放出“苦感”以引起诉苦对象的同情。老人的诉苦虽然未能改变环境污染的状况，但在一定程度上催促了工厂对泄漏事故的善后处理。

计划经济时期，工业污染对易村农民的生产生活和身体健康造成了一定程度的侵害。村民心存不满和愤懑却无人敢于公开反抗，陷入了集体沉

---

① ［美］詹姆斯·C. 斯科特：《弱者的武器》，郑怀、张敏、向江穗译，译林出版社 2011 年版，第 2 页。

② 方慧容：《“无事件境”与生活世界中的“真实”——西村农民土地改革时期社会生活的记忆》，杨念群主编：《空间·记忆·社会转型》，上海人民出版社 2001 年版。

默。这种沉默在很大程度上是村民基于记忆的或预期的惩罚所做出的选择。集体沉默的同时亦有极少数人采取诉苦这一柔性的反抗策略。这一柔性的反抗策略是村民在既有的政治机会结构中规避惩罚而进行的迂回表达，在绕开正面冲突的同时试图将污染侵害降到最低限度。然而，这种策略的效果极为有限，虽一时换得同情却无法改变环境侵害继续困扰易村农民生活的现实。

三 经济转轨时期:以理抗争与以气抗争

1978 年十一届三中全会的召开，标志着我国进入了一个新的历史纪元，经济体制从计划经济向市场经济转轨，在经济转轨过程中，家庭联产承包责任制的实施和人民公社制度的废除使村集体拥有了土地的所有权，农民获得了土地的使用权和收益权。国家对于农民生存资源和社会行动的控制开始松动，乡村社会逐渐有了一定的自由。

在这一时期，我国开启了法治化进程并将一度被否认的环境问题纳入国家的政治视野，上升到法律层面。1978 年 2 月，五届人大一次会议通过了《中华人民共和国宪法》，其中明确规定："国家保护环境和自然资源，防治污染和其他公害。"1979 年 9 月颁布了中国历史上第一部环境保护方面的基本法——《中华人民共和国环境保护法（试行）》，规定"公民对污染破坏环境的单位和个人，有权监督、检举和控告"，"对违反本法和其他环境保护的条例、规定，污染和破坏环境，危害人民健康的单位，各级环境保护机构分别情况，报同级人民政府批准，予以批评、警告、罚款，或者责令赔偿损失、停产治理"。1983 年 12 月 31 日召开的全国第二次环境保护工作会议指出环境保护是中国现代化建设中的一项战略任务，是一项基本国策。1989 年 12 月《中华人民共和国环境保护法》在全国人大会议上获得通过，并公布施行。至 1992 年，已基本形成一套以宪法为基础、以环境保护为内容的法律体系。

国家对农村控制的松动以及环境保护问题的政治化、法制化为环境抗争提供了一定的政治机会。易村农民从计划经济时期的集体沉默逐渐转向公开抗争。在经济转轨时期，易村农民赖以生存的土地、禾苗、蔬菜等受到更大范围的侵害，患有皮肤病、呼吸道等疾病的人数有所增加。面对污染侵害，已经获得相对独立利益和行动自由的易村农民不再隐忍和沉默，而是依靠自身或私人力量与污染企业斗争，以求阻止工业污染的继续侵害并要求相应的经济赔偿。在1977—1992年，易村农民抗争的方式经历了两个阶段。第一阶段主要是以理抗争，第二阶段从以理抗争转向以气抗争转变。

以理抗争是传统社会中弱者向强者抗争的基本形式之一，由此形成的文化传统亦成为农民的规则惯习和默会知识。所谓"理"，是无数代农民在漫长的生活实践中形成的普遍认可的一套解决纠纷的民间规则，虽未形诸文字、比较模糊，但对于生活于同一社会中的人而言则是一种共享的、不言自明的默会知识。经济转轨初期，易村农民的环境抗争在一定程度上延续了我国农民恒久以来的抗争传统，自觉或不自觉地将传统文化的价值内核渗透于行为表达中并将"理"作为其抗争的道德资源和主要武器。在20世纪80年代中期以前，受污染侵害的村民拿着干瘪的稻穗、熏死的禾苗去工厂或拉着工厂的人到田地里察看，经过一番讲理、讨价还价后一般会得到不同程度的赔偿。在村民看来，此时的工厂"还是蛮讲理的"。然而，随着法治进程的推进，惯例、风俗及习惯等"民间法"逐渐被制度化的"国家法""排挤"到社会边缘，"理"的效力大为弱化。[①] 按村民的话来说："道理越来越难讲，工厂开始拿法律压我们，问我们要证据，态度很蛮横。"在法律面前，农民的"理"失去了效力，其"常识性的正义平衡感觉"[②] 遭到破坏，不可避免地产生某种程度的怨恨和愤怒。日益严重的环境侵害迫使村民寻找新的抗争方式，以理抗争失败之后大多转向激烈的、非理性的以气抗争。所谓以气抗争是指在"气"的导引和

① 陈占江：《规范、秩序与社会转型——一桩皖北农村情杀事件的法律人类学分析》，《中国农村观察》2009年第1期。

② ［日］滋贺秀三：《清代诉讼制度之民事法源的概括性考察》，载王亚新、梁治平编《明清时期的民事审判与民间契约》，法律出版社1998年版，第13页。

推动下发生和维系的抗争行为。[①] 易村农民多次封过企业的大门、拉过企业的电闸和堵过企业的排水管道，试图通过阻止企业生产、减少污染危害，或纯粹是为了发泄怨气、怒气所进行的报复。这种抗争既无事先的组织、策划，也无明确的诉求，基本是在企业造成的污染让农民忍无可忍之时或以理抗争遭到挫败因感愤怒而突然爆发的，具有较大的偶然性。从"气"的生产与再生产来看，政治机会的双层结构一方面为农民抗争提供了可欲的制度空间，另一方面由于地方政府的权力缺乏有效的约束，农民的抗争在实践中常常遭到打击而无法实现其诉求。政治机会的双层结构导致农民抗争陷入了可欲与可致之间的紧张状态，由此催生和激发了农民对政府的怨恨和愤慨之感。在"气"的导引下引发的抗争行为，常常超越了政治法律的边界而受到政府的压制和惩罚。

政治机会结构的有限开放为农民环境抗争提供了重要的外部条件，农民从计划经济时期的沉默转向公开的抗争。然而农民在觉知政治机会的同时尚未学会或意识到用法律、政策的武器表达不满、争取权益，而是延续了传统社会的规则惯习采取了以理抗争或以气抗争等私力救济的方式维护和争取自身的权益。由于"理"与"法"的冲突，弱势小农在抗争过程中逐渐失去了合法性支持，愤而转向非理性的"以气抗争"。"以气抗争"常常因超越法律政策的边界而受到惩罚。这种惩罚事实上是法律规训的一个有效手段，法律意识淡薄的农民在规训与惩罚的过程中逐渐增加了对法律的敬畏。

四 市场经济时期:依法抗争与依势抗争

1992 年，邓小平南方谈话的发表进一步推动了中国的经济政治体制改革和社会转型。实现社会主义民主法治成为 1992 年以来我国政治体制改革的基本目标，而"依法治国"则成为这一时期的主流政治话语。同

① 参阅应星《"气"与抗争政治》，社会科学文献出版社 2011 年版。

时，我国的发展理念逐渐从“发展是硬道理”向“可持续发展”“科学发展观”转型，生态文明建设被提到前所未有的战略高度。在发展理念更新重塑的过程中，我国环境保护的法制建设不断推进和深入。民主法治的改革目标、发展理念的创新重塑和环保法律体系的不断完善为农民环境抗争提供了更大的政治机会。

据1995—2006年的《全国环境统计公报》披露，1995年全国的群众环境信访总数是58678封，2006年的群众来信总数高达616122封；群体来访的总数从1997年的29677批次增长到2006年的71287批次；各级人大、政协环保议案、提案数从1996年的6177件增长到2006年的10295件。同时，全国因污染纠纷而引发的群体性事件频频见诸媒体。从易村农民的环境抗争来看，1992年以来尤其是2000年之后，环境抗争的数量空前提高，环境抗争的形式呈多元化趋势，既有个体抗争，也有集体抗争；既包括在制度管道内的抗争如信访、投诉，也有制度管道之外的抗争如堵路、示威等，形式多元，不一而足。

易村农民环境抗争急剧增加的一个直接原因是日益严峻的工业污染给村民造成了更大范围、更深程度的侵害。1992年以来，易村周边工业发展迅猛，企业数量一度多达40家，污染更为严峻。易村农民的耕地、农作物、水源、空气等遭到更严重的污染，死于癌症的村民不断增多，皮肤病、结石病等患者急剧增加。易村农民的生存受到严重威胁。这一威胁直接激发了易村农民的抗争动机。更深层次的原因则在于政治机会结构的进一步开放以及大众传媒、民间组织对环境保护的重视，间接鼓励了农民的环境维权行为。这一时期易村农民环境抗争最突出的特点是在经历政治教化、法律规训之后的村民逐渐学会了在法律政策的框架内最大限度地争取和维护自身的合法权益。易村农民依然信仰“理”，却并未停留在传统意义的层面，而是逐渐将民间的规则、朴素的道德、切身的体验与国家的法律政策联系在一起，将作为地方性知识的“理”和作为普遍性知识的“法”有意识地结合起来，以增强抗争的合法性和正当性。在政治教化和法律规训下，村民逐渐驯服自己的情绪，学会在法律政策的框架下进行抗争，试图通过上访、投诉等方式实现自己的利益诉求。这种依法抗争在很大程度上是弱势小农寻求自我保护的生存策略。在依法抗争过程中，易村农民逐渐意识到各级政府并非铁板一块的整体，中央政府和地方政府有着不同的利益诉求，中央与地方之间存在诸多的政策矛盾。在法律政策的罅隙间，易村农民自觉不自觉地运用“势”以扩大抗争的效果。这种“势”的运用主要表现在三个方面：一是充分利用中央政府强调环境保护和生态文明建设的政治形势，以增强抗争的合法性；二是尽可能地动员更多的农民参与抗争以壮声势，并试图达到“法不责众”的效果；三是善于借助传媒的力量表达农民的利益诉求，力争“往大里闹”，希望引起政府高层的重视。从本质上，这种依势抗争是农民在“踩线不越线”的前提下，希望通过“把事情闹大”获得“来自高层的正义”（justice from above），[①]遵循的是“大闹大解决，小闹小解决，不闹不解决”的逻辑。

然而，地方政府为了维持经济增长和维护社会稳定，对于农民环境抗争更多的是采取“捂”“压”“打”或“拖”的对策。在强势的地方政府面前，作为弱者的易村农民试图通过依法抗争和依势抗争维护和捍卫自身合法环境权益的努力大多失败。这种困境根源于我国的政治机会结构内部的冲突和矛盾。为刺激地方政府发展经济的积极性，1994 年中央进行了税收和财政体制的改革，取消了财政包干制，开始实行分税制财政体制。分税制财政体制和 GDP 政绩考核制度的实施将地方官员发展经济的积极性极大地激发出来。然而，分税制财政体制和 GDP 政绩考核制度在刺激地方官员发展经济积极性的同时也强化了中央与地方的利益冲突。中央在“发展是硬道理”的思维逻辑下，将经济增长放在首位并以相关制度考核地方官员，同时又强调环境保护，要求各级政府落实环境保护的法律政策。在发展经济与环境保护之间，具有自身利益的地方政府及其官员往往选择了前者而将后者停留在政策文本中。在环境治理中，地方政府具有“代理型政权经营者”与“谋利型政权经营者”的双重角色[②]，地方政府与企业之间存在某种默契和共谋，如政府的财政税收、官员的权力寻租与

① J. O'Brien adn Lianjiang Li. , *Rightful Resistance in Rural China*. Cambridge University Press, 2006.

② 荀丽丽、包智明：《政府动员型环境政策及其地方实践——关于内蒙古 S 旗生态移民的社会学分析》，《中国社会科学》2007 年第 5 期。

企业的环保免责或牟取暴利等之间是一种相互寄生的关系，农民环境抗争因可能破坏政企之间的利益关系而常常遭到地方政府的严厉打压。可以说，这一时期的政治机会结构出现了中央层面的机会开放与地方政府的机会封闭的内部冲突，中央重视环境保护、鼓励民众环境维权，而地方政府表面上重视环保而实则打压民众的环境抗争。这种冲突导致农民环境抗争不断增多，却难以实现自己的利益诉求。

五 结语

从宏观的政治机会结构变迁与微观的农民环境抗争演变可以看出，政治机会结构与农民环境抗争之间是一种单向度的约束与被约束的关系。国家为农民的利益表达设置一定的制度管道、机会空间和行动路径，通过政治教化或法律规训的方式形塑农民的政治机会认知并试图将其社会行动纳入制度管道和机会空间之中。农民之于环境侵害的态度和行为反应从计划经济时期的集体沉默和柔性反抗，到经济转轨时期的以理抗争，和以气抗争再到市场经济时期的依法抗争和依势抗争，其抗争形式和策略的演变逻辑深深地嵌入政治机会结构之中，是在国家的政治教化和法律规训下农民基于政治机会认知和抗争成本/收益评估所做出的选择。这种选择无疑会受到农民对自身受害范围和程度的体验和认知的影响，但更多地取决于农民的政治机会认知以及基于这种认知所做出的理性考量。

从宏观结构与微观行动之间的关联性视角看，政治机会结构与农民环境抗争始终存在不同程度的紧张。无论是计划经济时期的完全封闭还是经济转轨时期、市场经济时期的逐渐开放，我国的政治机会结构均未形成合理吸纳农民环境权益的机制和有效沟通国家与农民的渠道，农民环境抗争无论在制度管道之内还是之外，都无力从根本上改变自身的生存处境、获得应有的利益补偿。新中国成立以来，发展主义取向的经济制度和权威主义性格的政治制度之间的高度同构性不仅成为农村环境问题不断恶化的动力机制，也决定了农民环境抗争常常沦为“无效的表达”。[①] 这种“无效的表达”极大地降低了农民对法律的信仰和政府的信任，致使环境危机向社会危机和政治危机转化的趋势日益凸显，严重影响和制约着生态文明建设与和谐社会建设的推进。因此，深入改革经济政治体制，理顺中央、地方与农民之间的利益关系，为农民环境权益的表达提供更为通畅、合理的政治机会空间，是顺利推进生态文明建设与和谐社会建设的当务之急和根本之途。

（本文原载于《中央民族大学学报》2014 年第 3 期）

① 陈占江、包智明：《制度变迁、利益分化与农民环境抗争——以湖南省 X 市 Z 地区为个案》，《中央民族大学学报》（哲学社会科学版）2013 年第 4 期。

从在线到离线：基于互联网的集体行动的形成及其影响因素*

——以反建X餐厨垃圾站运动为例

卜玉梅**

［**摘要**］　本文以反对垃圾站选址的社区集体抗争为例，采用虚拟民族志方法，展现业主利用互联网进行抗争的行动图景，揭示基于互联网的集体行动从线上走向线下的过程和影响因素。研究发现，对于浅层行动，在线动员能够实现广泛的离线参与；对于深层行动，在政治弱控制、参与热情高涨的运动初期阶段，在线动员效果依然较好，但在政治控制介入、行动力弱化的运动维持阶段，则需要通过离线的二次动员或现实网络、组织的生成来保证行动参与并支撑运动的持续性。文章提出，互联网的动员潜力、行动特性及运动历程综合影响着从在线到离线的转换，而控制因素产生的政治风险，塑造着网络动员的方式和策略，型构着网民群体的行动逻辑，并最终呈现为对在

---

* 本研究得到国家社科基金项目（12BSH022）和中国博士后科学基金第七批特别资助（2014T70611）。本文取材自笔者的博士论文，受益于罗红光研究员的指导，深表感谢。本文初稿曾在厦门大学社会学与社会工作系学术沙龙上宣读，感谢在场各位老师的意见和建议。同时感谢《社会》匿名评审专家和编委对文章提出的修改意见。文责自负。按照学术惯例，本文对所涉核心案例的地名和人物实名等信息做了匿名处理。本文承诺，所涉人物网名仅用作学术目的。

** 作者简介：卜玉梅，任职于厦门大学公共事务学院。

线动员效果的制约。

[关键词] 在线动员 离线集体行动 行动特性 运动历程 政治控制

一 研究问题

互联网与集体抗争行动之间的关系已成为集体行动/社会运动研究中的重要议题。在线业主论坛、QQ群等由于其沟通成本低、互动性强、不受时空限制，是组织、协调行动的有力工具。无疑，互联网给集体行动带来了新的机遇和可能。已有研究表明，互联网的日常使用可以扩大城市中的非制度化政治参与①，在线业主论坛有助于集体抗争事件的发生②。但实际上，当我们聚焦于特定的集体行动时会发现，在网上获悉信息的人数与最终参加现实行动的人数往往并没有对应关系，在网上声称参加活动的人也不一定是实际的参与者。这一方面说明了，如果互联网确实能够为集体行动带来助益的话，也并非互联网本身可以造就一切；另一方面，也引起了我们对在线和离线行动状况的研究兴趣。

参照学者③的概括，从线上动员到离线行动的完成分为三个阶段：一是实—虚转化启动阶段，即现实社会中的事件诱发网络动员，动员主体进入网络空间寻找目标群体，发布动员信息；二是网络空间符号化互动阶段，即动员主、客体以网民的形式在网络虚拟空间进行即时或者延时沟通与互动；三是虚—实转化完成阶段，即被动员了的网民回到现实社会以公民身份按照动员者的期望直接或间接作用于事件。前两个阶段

---

① 陈云松：《互联网使用是否扩大非制度化政治参与》，《社会》2013年第5期。

② 黄荣贵、桂勇：《互联网与业主集体抗争：一项基于定性比较分析方法的研究》，《社会学研究》2009年第5期。

③ 娄成武、刘力锐：《论网络政治动员：一种非对称态势》，《政治学研究》2010年第2期。

主要是在网络空间中完成的，互联网提供了信息和互动的平台。对于走向或需要走向离线行动的集体行动而言，第三个阶段也即在线向离线的转换阶段，是前两个阶段的目的，也是网络动员的潜力得以体现的关键所在。也正是在这一阶段，可以更好地发现互联网对于集体行动而言的意义。本文聚焦于第三个阶段也即在线和离线的互动和转换过程和结果，以发掘基于互联网的集体行动（Internet-based）[①] 得以形成的影响因素，并在此基础上探讨互联网的动员能力及其对于理解网络社会中相关议题的意涵。

本文选取的是一起反对垃圾处理站选址的社区集体抗争的案例。对于研究而言，首先，在这种小规模、地方化的社区层次的抗争行动，网络社区与现实社区的对应，以及线上、线下联动结合的可能，是对在线/离线的互动和转换进行讨论的基础。其次，在这样的情境中考察互联网因素，有利于摆脱技术决定论的陷阱，因为相对于国家层面甚至是跨国行动，超越时空的能力不再是最关键的因素[②]。最后，社区成员共同的利益、认同甚至集体抗争意识是抗争行动的深层基础，在线社区的存在和利用显然便利或加速了共意的形成。这也让我们更容易集中于问题的焦点，即离线集体行动的实现状况。由此进一步明确我们的问题，也即在网络社区与现实社区存在对应关系的情况下，在线动员是如何走向离线行动的？离线集体行动的实现状况和程度怎样？什么因素会促进或阻碍离线集体行动的实现？这些因素对互联网的动员能力产生了怎样的影响？基于这样一些研究

① 范莱尔等学者指出，基于互联网的集体行动指有了互联网才能存在的一种集体行动，它更强调互联网作为新的改良工具的创造性功能，是相对于互联网支持的（Internet-supported）集体行动而言的（Jeroen Van Laer & Peter Van Aelst, 2010）。本文使用这一概念强调的是互联网在集体行动动员中的主导性功能，表现为：第一，互联网是动员信息传播的起点；第二，互联网是作为主要的动员工具和手段（所采用的传统动员方式，也结合了网络动员的要素，且依然是以网络动员为起点）；第三，存在一些只经历网络动员但未走向离线行动的情况，这样的动员是基于互联网才存在的。参见后文。

② 黄荣贵：《互联网与抗争行动：理论模型、中国经验及其研究进展》，《社会》2010 年第 2 期。

问题，文章在接下来的第二部分将从在线互动作用于离线行动的机制这一角度，回顾相关研究。第三部分简要阐述案例和研究方法。第四部分呈现离线动员的过程和结果。第五部分对离线集体行动形成的影响因素予以分析。最后是结语部分，在总结文章结论后，基于所发现的互联网在集体行动中的效度和限度，对互联网的社会政治意涵予以讨论。

二　文献回顾:在线与离线

对于集体行动/社会运动情境中在线参与和互动与离线行动之间关联以及离线集体行动影响因素的研究，从已有文献中可以梳理出以下几种研究路径。

（一）在线—认知/认同—离线

在已有研究中，学者大多将在线参与具体化为参与在线讨论组。一些学者认为，激进的在线讨论组，尤其是意识形态上同质的草根社区可以更有效地动员成员，因为他们可以影响情感和认知形塑，促进集体团结。[①] 此外，在线讨论组可以增强参与者对计划行动效果的信心，让参与者高估公众对其观点的支持[②]，并预计其他人会参与集体行动[③]。然而，在线参与所带来的认知或认同因素的变化在已有研究中并非可以一概而论。尼普

① 汪建华：《互联网动员与代工厂工人集体抗争》，《开放时代》2011 年第 11 期。

② Wojcieszak Magdalena. , "'Carrying Online Participation Ofline': Mobilization by Radical Online Groups and Politically Dissimilar Ofline Ties." *Journal of Communication*, Vol. 59, No. 3, 2009.

③ Brunsting Suzanne & Tom Postmes. , "Social Movement Participation in the Digital Age: Predicting Offline and Online Collective Action." *Small Group Research*, Vol. 33, No. 5, 2002.

的研究发现，讨论版虽然有助于建立一种归属感，却难以建构集体认同或意识，而集体意识的缺乏限制了离线社会运动的动员和参与。[1] 珀斯特姆斯和布鲁斯汀区分了认知和认同因素对在线和离线行动的不同影响，认为在线行动更多地受认知计算而非认同因素的影响，而对运动的认同更可能促使人们参加离线行动。大体上，互联网更适用于劝说性（persuasive actions）或软性行动（soft actions）（如写信、请愿等行动）而不是（离线的）对抗性行动或硬性行动（如游行、封锁甚至破坏性行动）。[2] 这一研究说明，互联网的意义在于改变人们对行动的认知，而不是形成或强化集体认同，这实际上与尼普的研究结论趋同。

行动类型的区分对本研究具有重要启示，只不过这样的区分并非旨在探讨从在线到离线的转换，并且其分析的过程带有一种反向推理的逻辑。其延伸的意涵是，即使有了互联网这一新的平台，由于集体认同依然难以构建，离线集体行动的生成便同样是动员所面临的一大难题。可见，学者所强调的只是互联网在提升认同方面的作用。归纳来看，对于认知因素的改变是否能够促进离线行动的生成，已有研究未能达成一致观点。而对于认同因素，则在于认同的构建是否能够取得成功：如果在线互动能够产生集体认同，则走向离线行动是完全可能的，否则依然会受到阻碍。

（二）在线—网络—离线

卡斯特尔（2001）指出，互联网不管是在地方层面还是在全球层面，都强化了网络进而有助于社会运动的形成。有研究表明，互联网是一种卓越的“弱关系工具”，它容易快速地吸引大量民众去参与一项行动或事

---

① Nip，J. Y.，“The Relationship Between Online and Offline Communities：The Case of the Queer Sisters.” *Media*，*Culture & Society*，Vol. 26，No. 3，2004.

② Postmes Tom & Suzanne Brunsting，“Collective Action in the Age of the Internet：Mass Communication and Online Mobilization.” *Social Science Computer Review*，Vol. 20，No. 3，2002.

件。[①] 在地方化的社区行动中，当虚拟社区与现实生活的社区相重合的时候，互联网生成的大型密集的弱社会联系也可以促进社区参与和集体行动。[②] 但问题在于，这种弱关系无法建立运动维持所需要的信任和强联系。[③] 也有学者提出，借助 QQ 群和在线论坛等形成的"虚拟组织"的动员模式为信任的培养提供了契机，以此可以成功动员线下的离线抗争行动。[④]

事实上，在传统社会运动的研究中，对于社会网络性质对社会运动/集体行动的影响，学者们在观点上也是不一而论，如麦克亚当[⑤]强调广泛的支持、情感援助和强关系可以提供集体行动所需要的激励和团结，而格兰诺维特[⑥]却强调弱关系才是集体行动所需要的联系，因为通过弱关系更容易获取信息和资源。实际上这样的论辩并不冲突，而在于突出社会网络对行动产生影响的不同介质：是信息还是相互的激励？

遑论社会网络的强弱，尚格普等[⑦]提出，虚拟社会网络（cyber social networks）能否对社会运动产生影响，取决于网络领袖、用户实践和在

---

① Kavanaugh, A., Reese, D. D., Carroll, J. M. & Rosson, M. B., "Weak Ties in Networked Communities." *Information Society*, Vol. 21, No. 2, 2005.

② Hampton, Keith N., "Grieving for a Lost Network: Collective Action in a Wired Suburb." *Information Society* Vol. 19, No. 5, 2003.

③ Diani, Mario, "Social Movement Networks: Virtual and Real." *Information, Communication & Society*, Vol. 3, No. 3, 2000.

④ 曾繁旭、黄广生、刘黎明：《运动企业家的虚拟组织：互联网与当代中国社会抗争的新模式》，《开放时代》2013 年第 3 期。

⑤ McAdam, Doug, "Recruitment to High-risk Activism: The Case of Freedom Summer." *American Journal of Sociology*, Vol. 92, No. 1, 1986.

⑥ Granovetter, Mark, "The Strength of Weak Ties." *American Journal of Sociology*, Vol. 78, 1973.

⑦ Shangapour, Soran & Hosseini, Seidawan, "Cyber Social-networks and Social Movements Case Study: Tehran (2009 - 10)." *International Journal of Scientific & Engineering Research* Vol. 11, No. 1, 2011.

线—离线转换中的一些因素的作用。黄冬娅[1]指出，虚拟社区虽然拓展了人们的现实联系，但能否转化为现实中有影响力的持续公共参与行动还与线下的联络和动员机制及其特性密切相关。由此，将在线形成的社会网络作为一种既定事实，对其他因素进行考察，开拓了一种具有启发性的研究思路。

与网络因素讨论相关联的是动员论（mobilization thesis）和强化论（reinforcement thesis）的区分，前者指互联网吸收相对弱势群体和传统上并不参与的人群的潜力，即新的参与群体；后者则指强化在传统的离线行动中就积极表现的那部分人的参与[2]。有学者认同动员论，认为互联网对于动员那些在政治上原本不那么激进的人很有成效[3]。也有的认为两者兼而有之：互联网对活跃分子以及以往的动员方式所联络不到的那些人来说都非常重要。在此，学者们所阐释的是网络动员所带来的参与群体的特定性或针对性，强调的是动员的结果而不是产生这一结果的过程。

（三）在线—控制—离线

加勒特[4]（Garrett，2006）基于社会运动理论框架，将互联网对社会运动的影响概括为：互联网作为动员结构、互联网作为机会结构、互联网

---

① 黄冬娅：《人们如何卷入公共参与事件：基于广州市恩宁路改造中公民行动的分析》，《社会》2013 年第 3 期。

② Oser Jennifer, Marc Hooghe & Sofie Marien, "Is Online Participation Distinct from Offline Participation? A Latent Class Analysis of Participation Types and Their Stratification." *Political Research Quarterly*, Vol. 66, No. 1, 2013.

③ Postmes Tom & Suzanne Brunsting, "Collective Action in the Age of the Internet: Mass Communication and Online Mobilization." *Social Science Computer Review*, Vol. 20, No. 3, 2002.

④ Kelly Garrett, R. "Protest in an Information Society: A Review of Literature on Social Movements and New ICTs." *Information, Communication & Society*, Vol. 9, No. 2, 2006.

作为框架建构工具。国内学者[①]（如李达伟，2011；蔡前，2009）对其进行借鉴，阐述了政治机会结构、社会网络以及情感、理性等因素是如何作用于以互联网为媒介的集体行动的。这样一种综合考量对于我们理解相关问题具有重要启示。可以说，前文所述从认知（认同）和社会网络的角度对互联网的意义进行阐释的研究路径，在一定意义上分别代表了框架建构和动员结构的视角。那么，互联网作为一种机会结构是如何得到体现的呢？有学者指出，互联网较少受到政治控制，参与的成本与风险较低，有利于提高公民非制度化参与的能力[②]；政府的不完全控制以及不同政府部门、不同级别的政府之间对待互联网的态度以及方法并不完全一致，为基于互联网的草根动员提供了可资利用的空间[③]等。这样的观点在相关文献中时有体现，即强调在线互动中弱化的控制和风险有利于行动动员。那么，弱化控制是不是一种事实，以及是否可以导向更多的离线参与？基于理论判断而缺乏经验证明的研究现状并没有增进我们对这些问题的认识。

以上不同的研究进路对于本文的探讨具有重要的启发意义。前两种路径将传统动员中所强调或弱化的认知/认同和社会网络因素等进行不同程度的强化或提升，以示互联网所带来的变化，是较为常见的研究理路。第三种路径则强调一种相对客观的因素。总体而言，大部分研究在关注在线动员所具有的条件和机制时，以静态的描述和分析为主，并没有凸显在线和离线之间的互动。实际上，不管是认同/认知机制，还是网络机制抑或控制因素，在缺乏对行动情境和过程进行翔实考察的情况下，这样的判断更像是在一定条件下对离线参与和离线集体行动所进行的一种可能性预期。那么，是否具备了这样的机制或条件，从在线动员到离线行动的转换就可以很好地实现呢？这定然需要我们基于真实的案例考察或其他形式的

---

① 李达伟：《互联网对社会运动的影响机制分析——以番禺垃圾焚烧事件为例》，硕士学位论文，中国政法大学，2011年；蔡前：《以互联网为媒介的集体行动研究》，江西人民出版社2009年版。

② 周巍、申永丰：《论互联网对公民非制度化参与的影响及对策》，《湖北社会科学》2006年第1期。

③ 黄荣贵：《互联网与抗争行动：理论模型、中国经验及其研究进展》，《社会》2010年第2期。

实证研究来予以回答。鉴于此，我们选取反建X餐厨垃圾站运动为例，在全面描述和分析案例的基础上致力于对相关问题予以回答。

三 进入在线社区:组织和参与

（一）集体抗争的缘起

X住宅区是一个由LXX小区、BY小区、ZX小区、MK小区等组成的大型居住社区。2011年9月30日，中国污水处理工程网上发布了“X餐厨垃圾相对集中资源化处理站项目配套污水处理设施”的公告，提出要在X地区建造占地近2万平方米、日处理量为200吨的餐厨垃圾处理中心。垃圾站的选址距离居民小区较近，且大部分居民区处于垃圾站的下风向（见表1）。

表1　X住宅区基本情况以及拟建垃圾站与各小区之间的距离①

小区名称	小区年龄②	户数/人数	距离	小区名称	小区年龄	户数/人数	距离
MK小区	11年	2784/8352	650米	回迁楼小区	待建	5994/17982	250米
LXX小区	3年	3400/10200	250米	ZX小区	11年	2681/8043	600米
JY小区	在建	950/2850	500米	BY小区	6年	560/1680	350米
LX小区	6年	797/2391	1290米				

2011年11月初，垃圾站选址的消息传开，集体抗议活动也由此相继铺开，直到2012年5月初“重新选址”的消息爆出并得到确认，抗议才结束。在长达半年的抗议中，虽然各牵连小区都有业主加入抗议活动中来，但因LXX小区距离最近、抗议最为主动和积极，最后形成了以LXX

① 小区与垃圾站距离以及户数人数的统计数据引用的是业主的统计。

② 以2011年为限。

小区为主阵地和中心、辐射周边小区的抗议景象。LXX 小区属于新型商品房小区，分为 A、B、C 和 D 四个分区，从 2008 年收房开始陆续有业主入住，业主以 IT 从业者居多，他们自称“码农”。利用其技术优势，在充分利用现有平台如业主论坛、QQ 群的同时，他们还自主创办了一个专门用于抵制垃圾站的网站——youmyth. com[①]（下文简称抗议网站），用于发布活动信息、报告行动进展和进行相关讨论。

（二）业主：在线社区组建

业主论坛是业主获取社区各类信息的重要平台。以 LXX 小区业主论坛为例，论坛每天实时在线人数为 5500 人左右。[②] 版主为“北风”“韩语翻译”“建五”等。其中的社区通讯录不仅对于维持线上关系至为重要，同时也可以作为建立现实联系的渠道。通讯录中共有 156 名成员（截至 2012 年 5 月 8 日），所集纳的信息包括登录名、姓名、性别、楼房号、联系电话、MSN、QQ 号等。在反建运动过程中，小区业主论坛成为获取信息进行动员的重要窗口。在反建期间，论坛总共发布相关帖子 128 帖，涉及行动信息的发布、相关知识的介绍、抗议取得的进展等。这些帖子的关注度亦很高，每帖的人气平均达到 1300 余人次。

反垃圾 QQ 群由 LXX 小区业主“新硅谷 C4 - Dream 许”创建，是基于各小区业主群而成立的以抵制垃圾站为议题的主题群。成员共 493 人，由各小区业主构成，其中 LXX 小区业主占多数。与业主论坛不同的是，反垃圾 QQ 群是一个封闭的内部群，信息共享和互动仅限于群成员，其管理的规范化程度也更高。成员的群名片被要求加注数字以表示自己愿意为抵制垃圾站付出努力的程度：“1”愿意组织的，“2”能主动做事的，“3”愿意做事的，“4”呐喊助威的。其中，名字前加数字的显示“1”

① 此网站于 2012 年 9 月关闭。

② 观察时间为上午 8 点至凌晨 2 点。

“2”“3”的占多数，标注“4”的极少，几乎没有。①

抗议网站由LXX小区的“红岩—特洛伊”创立。网站实行完全匿名化操作，信息发布只显示IP地址。到抵制行动取得成功之日，网民留言数量达4000余条，平均每日27条。网站最显目的位置是支持抵制垃圾站的投票框。截至2012年5月10日，点击投票数达两万两千余次，平均每日126次。“不管有没有用，每天起床的第一件事就是上网支持这个网站，同时请朋友们一起支持。”（抗议网站，2011年12月24日13：18：06）可见，在线投票已经成为一种重要的抗议方式，在线抗争也成为一些网民的生活常态。

（三）笔者：在线参与观察

得益于某种契机，笔者通过验证加入反垃圾QQ群（下文简称QQ群），对其中的言谈、符号等进行参与观察。与此同时，对其他两个虚拟社区进行观察和记录。这种在线参与观察维持了约半年时间，搜集的资料包括QQ群（2011年11月25日至2012年5月30日），以及QQ空间的相关文档，抗议网站的文本资料（2011年11月11日至2012年5月10日）以及LXX小区业主论坛和微博的相关资料。此外，笔者通过网络即时聊天工具（如QQ、微访谈）对网民进行在线访谈，与部分置身其中的业主进行深入交谈。在线访谈的人数总共为18位（不包括拒访的人数）。在此基础上，笔者以LXX小区为焦点进行走访，到达行动现场，与业主进行面对面交流，面访了11位业主，其中一位进行了

① 除了标注单一数字的，也有的人标注了“1”和“2”或“2”和“3”或“1”“2”“3”的组合，数字组合之间的连接符既有用“+”（如“1+2”）的，也有用“，”的（如“1，2”），还有用空格的（如“1 2”）。不管连接符用的是哪个，代表的都是“两者都”的意思（如1和2的组合代表的是既愿意组织又主动做事，而不是两者选其一的意思）。根据笔者的观察，成员的群名片时常有变化。按照业主HZG的说法，“当时基本上每个人都加了数字”，“不过后来事情比较敏感，所以大家都不太敢做了”（QQ访谈HZG，2012年5月25日），许多业主的群名片也进行了改动。鉴于这样一种变化的特征，在此未进行数量统计。

两次访谈。来自网络与现实的双重验证，在一定程度上确保了所获资料的有效性。

在线参与观察的方法，结合线下的深度访谈，可以从观察在线社区互动转而形成对个体及群体行动的追踪。在下文的展示中，笔者采用平铺直叙的方式，通过对网络空间中的信息文本、对话文本、情感符号等进行抽取处理，结合访谈材料，再现集体抗争的场景、故事和过程，并在此基础上探讨行动得以生成的脉络因素。①

四　走向离线集体行动：过程和图景

在业主看来，在线的动员和参与最终要走向离线的集体行动，才能形成现实的影响力。为此，“散步”、上访等离线行动相继开展。线上线下的联动维权与抗争形成了业主们自称的“立体三维全天候自卫反击战”。（QQ 群，2012 年 5 月 8 日）那么，业主们是如何从在线动员走向离线行动的？在线动员的结果如何？以下通过离线集体行动的形成过程和图景的展示，对这些疑问予以初步回答。

【行动一】“散步”抗议：成功拉开帷幕

早在 2011 年 3 月 3 日，LXX 小区业主论坛中就发布了有关垃圾站选址的信息：“据可靠消息透露，咱们小区的北面要建一座垃圾填埋场。”但这一帖当时的跟帖量很少，且跟帖者大多抱着将信将疑的态度。直到 2011 年 11 月 3 日，此帖被转为精华帖并置顶后，才真正引起关注。这是因为随着 2011 年 9 月网上公示的开展，业主纷纷亲自电话确认并得知

---

① 采用虚拟民族志方法所获取的资料以生动而真实的对话文本为主。这种对话文本不仅是构建故事脉络和行动结构的基础，也是展示在线和离线之间互动的最有效方式。限于篇幅，本文未能展示相关对话文本的原貌。

“这件事情是真的”。2011 年 11 月 4 日，“请版主组织大家讨论一下，如何向政府反映我们反对建垃圾厂的声音”一帖的人气骤然达到4000 多次。同日及接下来数日，有关垃圾站选址的信息包括选址地图、进展及其危害等帖子在业主论坛中相继发布，人气多达千余次，反对和抗议之声一片。

2011 年 11 月 8 日 18：34：22，QQ 群主以 LXX 小区业主自助委员会的名义发布了一则公告，标题为“致 X 地区周边业主的一封信（签名征集和近期活动说明)”，其核心内容如下：

> 本周三（11 月 9 日）晚 7：00，参加 LXX 小区 B 区西门入口处的业主集会。
>
> 本周五（11 月 11 日）下午 1：00，在 LXX 小区 B 区西门马路会合，请您提前将周五一下午的时间预留出来，参加我们的维权活动（具体内容周三晚公布）。

2011 年 11 月 9 日晚上 7 点，一些业主准时到达 LXX 小区 B 区西门入口处，开始散发传单。七八个穿着校服的小学生拉起“坚持反对在 X 地区兴建垃圾处理场”的横幅，上百居民跟随其后，沿 X 大街步行。“散步”进行了大约一个半小时。而后，坊间、网络都传播着部分业主被请去“喝茶”的消息。2011 年 11 月 10 日，反垃圾 QQ 群发布了第二次“散步”行动取消的公告。

> 明日（11 日）的活动取消。待相关资料准备齐整后，再行决意。谢谢大家。(群公告，2011 年 11 月 10 日 6：58：55)

虽然“散步”在很短的时间内就被制止，但是人群的大量聚集已经引起媒体、社会和相关政府部门的关注。从整个反建运动历程来看，这次集体行动拉开了业主们共同抵制垃圾站的序幕。

【行动二】集体上访：好多大爷大妈

2011年11月7日，“新硅谷C4－Dream许”在QQ群中上传了上访的相关意见材料，制定了上访的路线图，并号召广大居民积极响应。在“散步”结束后的当天晚上，群主正式发布了集体上访的通告。

> 明早方便搭车一起去的业主请8点在LXX小区售楼处门口碰头去规划局。自行前往请在9点在区规划局门口集合（群公告，2011年11月9日22：35：15）

2011年11月10日，近20位业主在指定地点集合后到区规划分局上访。从此，业主们踏上了上访维权的道路。2011年11月17日（周四）、2011年11月18日（周五）、11月22日（周二）、11月23日（周三）、11月28日（周一）、11月30日（周三），相继有部分居民到相关部门进行信访，参与人数为20—40人不等。不同的是，这几次上访都没有在群内进行通告，其他抗议网站亦没有出现相关信息。2011年11月25日发布的群公告反映了业主们对待上访动员的谨慎。

> 1. 上访按照法律规定履行上访程序。2. 不要有群起上访，不得过激言论，不得鼓励静坐、示威、标语、横幅。（群公告，2011年11月25日15：21：13）

然而，S律师“白猫”的积极行动让上访行动再次走向高潮。2011年11月底，“白猫”准备通过信访的方式恳请监督、纠正区市政市容管理委员会的违规公示行为。在上传到QQ空间的呼吁信中，她写明了“定于下周一上午10点到市政府去递交”的字样。当天上午的上访结束后，在抗议网站上出现了以下言论。

> 按照今天上午上访结果，下午找市规委反映情况，S律师带现场

> 人过去，邻居们多支持，也过去支援，上午人太少。市规委在XXX路，1：30。方便过去的兄弟姐妹们，都过去吧。（抗议网站，2011年12月5日12：51：46）

然而，这条仅仅发布于抗议网站的动员信息并没有让下午参与市规委信访的人数有所增加。

大功告成之后，“晓风残月”问及哪些人参加了其中具有决定意义的环保部信访，并让“去的人举个手”。“领秀c5－趴趴熊”回答：“去环保局，我媳妇去了。还带着我家1岁半的宝宝。”作为一位年轻男性业主，他的坦言让我们看到的依然是一种积极参与的自豪感。“金域10#沙丘猫”的一句话“我派我老娘去的”更是表达了一种做出贡献的骄傲感，一个“派”字则反映了其使动的角色。在其他网民的言谈中，不时出现“娘子军”“大爷大妈”的字眼，且字里行间透露出对这部分人的感激和敬佩。“晓风残月”总结道：“那天一大半都是老人。然后就是娘子军，青壮年男士没有几个。”“领秀c5－趴趴熊”则引用他家人的话进行了间接验证：“嗯，我媳妇说了，没有男的。好多大爷大妈。”（QQ群，2012年5月8日）

值得一提的是，另一种信访方式——邮件信访成为反建运动中别具特色的维权方式。并且，动员和参与均取得了很好的成效，与线下的上访行动形成了一定意义上的对照。

> 目前收到邮件共1100多封，一天的时间邮件增加了300多封，真是可喜可贺。希望大家抓紧时间继续多发邮件，希望大家每个人联系5个家人或朋友一起来抗议，内容可多可少，还有23天，我们的邮件数量达到5000封甚至10000封都有可能，这样，他们（就是）不敢忽视的反对力量了。（抗议网站，2011年11月29日9：55：59）

【行动三】签名和意见书的填写：全区出动

在整个反建运动过程中，业主们进行了多次签名征集活动，都取得了很大的成功。环评意见书的填写，也呈现出全小区出动的热闹场景。2011年12月12日环评意见征集的消息发布后，三天内，已经有800多名居民填写了调查问卷。

> 我老婆昨天下班前去的，才800多张，太少了。我给我们的居委会（MK小区）打电话了。他们说很多人都知道这事了。大家还是抓紧去填表，宣传吧。能扫楼[1]的更好。（抗议网站，2011年12月15日8：10：56）

“是啊，我带孩子把我们这两排楼一家家敲门登记了，希望能用得上。”“我手上也有三十多户的签名，也是我扫楼扫的，我还没送过去。”“我晚点就送去。”（QQ群，2011年12月18日）QQ群和抗议网站上类似的讨论和号召，辅助扫楼等方式，最终产生了令人满意的效果。在半个月的时间里，业主们总共完成了8000份环评意见书。这8000份意见书通过正式渠道上交到了相关部门。

【行动四】公示对谈及讲座现场：没多少人去

作为环评意见征集的另一形式，环评机构、政府部门与业主的现场对谈也开展起来。网民们相互鼓励，希望更多人去公示现场发表意见，表达诉求。

> X地区的居民注意了，刚从居委会回来，他们的工作人员说明天，就是2011年12月15日，上午9：00，环评的负责人来解答大家的问题，所以请住X地区的邻居们明天一定要抽出宝贵时间去提问，最好能记下或录下他们说的话，确定他们说的可信度。（抗议网站，2011年12月14日16：45：50）

从公示现场的文本记录来看，那天的参加者以老年人和女性为主，老

---

① 即挨家挨户敲门，入户动员或执行其他任务。

年居民发表意见也更为积极。类似“女性，老党员同志”“LX 小区老居民”“激昂的老同志”的标注占据多数。（《居委会公示现场记录》，2011 年 12 月 15 日）公示对谈进行到一半，已有业主对参与状况表示不满，并在网上再次倡议和动员。

> 今天上午在居委会，都没见多少人去，伤心。尤其是年轻人，没见几个！难道……就不为孩子，家人做点什么？快去居委会发表意见吧。（抗议网站，2011 年 12 月 15 日 10：41：17）

以老年人居多的景象不再陌生。尽管如此，三四十人的到场已足以烘托气氛。真正的清落出现在 NGO 举办的讲座现场。2011 年 12 月 11 日（周日），NGO 组织专门筹办了餐厨垃圾处理项目管理的相关讲座，邀请包括餐厨垃圾处理研究学者、项目建设方、环评方和 X 地区公众一起探讨餐厨垃圾处理的议题。一些媒体也相约到场。各利益方的共同出场给了业主表达意见和公开申诉的机会。作为受到业主推崇的维权骨干，“白猫”亲自出席并在网上力劝其他业主都去听会和造势。然而，她的动员结果却不尽如人意。

> 很遗憾，我呼吁了半天请大家都去听听，但在讲座现场，除了我之外，只有另外一名 LXX 小区的街坊，算是 X 地区关注垃圾处理的居民。其他 20 多人都是专家、媒体、相关环保或者垃圾处理公司的人。（“白猫”，2011 年 12 月 12 日）

对此，“白猫”感慨颇深，也百般失望：

> 看看之前维权的人们，哪个不是到了最后，都成了自己维权事务方面的专家？想不太费劲的、很容易的、很短时间内靠少数人的行动和努力，就维权成功，是不可能的。但现在很多街坊，即使是周末，也不愿意拿出一点时间，亲身参与到抵制行动中。我只能说，真是感觉很遗憾。（“白猫”，2011 年 12 月 12 日）

事实上，一个月以前（2011年11月13日，周日）由同一机构举办的类似主题的讲座，参与的业主也只有10人左右。网络动员的效果在此没有体现出来。

【行动五】集体种树：苗圃管理员没有打通

走完“散步”、信访及提交意见书等程序，业主们似乎已经穷途末路、无计可施，也由此陷入了焦急的等待中。春节过去，事情依然没有起色。临近3·12植树节，一些群友想到了一种新的抗争方式，也即通过义务种树占地，阻止垃圾站建设。这一提议在QQ群里引发热烈的讨论。从2012年2月27日11：21：24“阿爽”提示说，“估计到了3·12就可以种树了”，一直到下午四点，关于集体义务种树的讨论几乎没有间断过。大家的热情迅速高涨起来，一致支持这一提议。短短几个小时之内，17位群友参与到义务种树的讨论中，内容包括需要成立的组织（种树临时委员会）、下一步的任务等。

次日上午，网民在群里呼吁种树的人聚会，商讨种树方式以及集资等事宜。尽管依然有网民对此举持怀疑态度，但是质疑者也在劝说中与支持者统一战线了。“新硅谷c10源”作为力推者着力联系苗圃工作人员等具体事宜。在此之后，集体种树的事情一度搁浅，很少有人再提及此事。

事实是，集体种树的计划最终也没能付诸实施。按照“新硅谷c10源”的说法，几位业主一起去找苗圃管理员了，但是“因为苗圃管理员没有打通，他们也不敢顶着政府做事”，这事就办不成了。由于事先联系了苗圃主人，所以业主们基本上还没有买树，只有倡议者除外：“只有我自己买了树了，我种我家了，正好我家也要。”（QQ访谈“新硅谷c10源”，2013年1月30日）

由此，虽然在线动员的气氛很活跃，但最终因为外在的控制因素而未能成行，离线行动未能实现，这也让业主深感遗憾。

五　从在线到离线:影响因素分析

从上述行动图景的描绘中可以看出，从在线动员到离线集体行动的参与，既可能产生连接，也可能产生断裂；既有全员行动的亢奋，也有不甚满意的情景。总的来说，“散步”活动取得了较好的动员效果，参与者众。公示现场和集体信访实现的是特定群体的小众参与。NGO 讲座的参与者为极少数。签名和意见书的填写取得了全员参与的效果。集体种树活动最终未能付诸实施。那么，基于同样的在线动员平台，为什么会出现不同的离线参与景象？下文将对此进行详细解析。

（一）网络动员：全面动员 VS 目标动员

在本案例中，在线动员作为一种主要的动员方式发挥着传统动员方式难以取代的作用。首先，业主论坛、QQ 群和抗议网站作为信息传播的载体，既相互独立又互通有无，形成了一个循环往复的信息圈。其次，以业主论坛的实名通讯录和 QQ 群的即时联络为基础，基于地域的社区网络得以建立起来，并以抵制垃圾站为契机发展成为区域性的运动网络。由于这种社会网络的社区性的存在，因而其中并不缺乏信任的元素。再次，QQ 群的规范化和组织化特征以及成员的相对稳定性使其成为反建运动中名副其实的“虚拟组织”。最后，集体抗争的意识通过在线互动中的文本符号、图像、表情等体现出来。尤其是网名前标注的“1”“2”“3”“4”这样的数字将参与抗争的意愿直接显现出来的同时，也生成了一种激励机制。

> 一般的人都是根据自己的实际情况给自己加标签的，当然可能也有一些加了但是不做的，但毕竟这是少数，而且在群里面，说的与做的，大家都看得到。（面访 HZG，2012 年 5 月 25 日）

对于群管理员或运动领袖以及其他进行在线动员的普通成员而言，则带来了组织和动员的便利。

> 标了数字以后，我们也就知道了什么事情该找什么人做，有些事情也知道该跟什么人讨论，其他人要是不想做，我们也就不勉强，我们可以跟想做的人私聊，基本上大家做好自己的事情就可以了。（面访“新硅谷 C4 - Dream 许”，2012 年 5 月 12 日）

这样一些网络动员的要素，为反建运动创造了条件，成为上述各项行动得以生成的客观基础。然而，从前文关于上访呼吁的警告中可以看到，对客观动员条件的利用并非可以随心所欲。从群管理员的表述中可以看出，动员者自身的主观判断也影响着利用这些动员条件的方式。以上访动员为例，从第一次上访的广而告之，到中间阶段几次上访宣传的相对低调甚至沉溺，再到最后环保部信访的事后公开邀功论赏，在网络动员的广泛性和公开程度上，呈现出了一种变化。这种变化所体现的则是行动者动员方式和策略的变换。

> 我们刚开始都在群里发公告的，大家也会讨论讨论，后来很多人的 QQ 登录不了了，我们知道我们的群被监控了，就没在群里发了，有事情我们通过私聊的方式联络大家。虽然没有公告，但是有的人用微博，用微博也可以告诉一批人。基本上上访的也就是我们这些人，大家也都熟了。（面访业主 WJ，2012 年 5 月 18 日）

对于一些不宜再通过群聊的方式传递的信息，则通过私聊来进行联络，成为一种降低或规避风险的网络动员策略。私聊显然是一种具有针对性的沟通行为，所指向的对象一方面是网名前标注有“1”或“2”的网民，另一方面则是在线互动的积极发言者和倡议者。业主 WJ 所指的“我们这些人”，除了网民众口称道的老人妇女以外，还涵纳了“建五”“新硅谷 C4 - Dream 许”和“白猫”等运动领袖，“韩语翻译”“领袖猫”等运动积极分子，以及明示愿意组织和参与的“1，2 反建”等普通网民。他们对行动的支持一方面通过自身的参与得以体现，另一方面则转化为让家里老人和妇女出动。上访行动中老人妇女的积极参与则体现了后一种支持方式。

群聊（以及公开发布动员信息）和私聊的区分可概括为全面动员和目标动员的区别，其原因则主要归结为政治控制的介入。这种介入以重大事件的发生为节点，行动的对抗性程度影响着介入的力度，介入直接表现为对在线社区的“监控”和警示以及对动员和参与者的威慑。简单来说，“散步”及其之前的动员未受到控制介入的影响，实现了在线的全面动员。但是“散步”行动的进行遭到控制介入而解散，并由此使反建QQ群等在线社区成为监控对象。随后的签名征集、意见书填写以及讲座和对谈由于对抗性弱，且属于合法的利益表达形式，实现了在线的全面动员，而上访则由此进入目标动员的阶段。

当然，全面动员和目标动员的策略选择除了政治控制的考虑以外，还可能基于在线联络的强度或网民之间相互了解和熟识的程度。因此，除了上访行动的动员方式是由全面动员转为目标动员之外，其他行动在进行全面动员以外，不排除同时使用了目标动员的方式。全面动员将所有接收信息的网民均纳入潜在参与者之列，而目标动员则强化了积极分子的参与。显然，动员方式的不同会直接影响离线参与的状况。

（二）行动特性：深层行动VS浅层行动

政治控制所带来的风险一方面制约着线上的动员，另一方面也影响着线下行动的参与。作为抗议网站的创始人和管理员，“红岩—特洛伊”在线上与网民进行着频繁的接触和互动，在线下却甚少行动，也很少与其他人直接联络。

> 我不认得几个人，我是通过一个中间人跟他们联系的，每次都是中介帮我联系。我有时候不愿意掺和，但毕竟这个事情到自己身上了。有很多人因为这个事情找过我，但是我一般都拒绝的。我不想因为这个事情影响自己的工作之类的。因为我的工作我也不好再去弄。（面访“红岩—特洛伊”，2012年5月24日）

这样的个案在反建运动中不可谓不多。对于普通的网民而言，不管是作为全面动员的客体还是目标动员的客体，都可能产生三种不同的反应：一是在接收动员信息后，直接参与离线行动；二是接收动员信息但采取线下不作为的态度；三是接收动员信息后，自身不作为但却动员身边的人参与离线行动，也即进行二次动员。暂且搁浅政治风险，对于那些无风险行动，什么因素影响着动员客体的离线参与并进而影响在线动员的效果呢？前文“白猫”针对讲座参与的凄寥所发表的感慨，已让我们看到网络动员在某些场景中所面临的尴尬。“白猫”将其归结于业主不愿意花时间亲自参与。这在其他的行动布置中也很常见。例如，当问及“有没有人现在有时间去一下居委会”时，得到的往往是类似“有时间大家会去的，只是没举手”这样的回答（QQ 群，2011 年 12 月 22 日）。在此，“时间”成了问题的关键。那么，“时间”作为一种客观因素，是否削弱了在线动员的效果呢？我们可以再次回到业主的自述中来看。

业主 SS 属于上班即挂着 QQ 的类型，虽然几乎每次行动都知情，参与意愿也很强，但是许多行动未能参与。

> 意见书我们都去填了，上访基本上没有参加，为这个事去请假也请不来。讲座什么的，我家里又有老婆，快要生了，周末都在家里陪了。那天晚上参加了游行，但赶过去已经快结束了，就看了一会儿。当时很多警察还带走几个，不知道那几个后来怎样了。（面访业主 SS，2012 年 3 月 17 日）

以这些描绘为基础，我们可以对各项离线行动所需付出的时间成本进行分析和归类：一类是具有时间弹性（或不一定在工作日开展）、在区内进行且在较短的时间内完成（即时间成本较低）的行动，另一类是不具有时间弹性（或在工作日开展）、在区外进行且耗时较长（即时间成本较高）的行动（见表 2）。结合同样制约着实际行动参与的政治风险因素，我们可以将各种行动的特性划分为两类：深层行动和浅层行动。前者为政治风险强或时间成本高的行动，后者反之（见表 3）。

表 2 各集体行动的特征及参与状况

行动	特征及参与状况	在线动员的范围	行动地点	时间弹性（是否工作日）	时间长度（估计）	所处阶段	政治风险	参与人数	群体特征①
行动一	散步	全面动员	区内	小（否）	两小时	初期	强	200—300	大众：各群体（网民和非网民）
行动二	集体上访	全面动员/目标动员	区外	小（是）	半天	初/中期	强	20—40	小众：领袖，中青年积极分子，老人
	（邮件信访）	全面动员	网络	大	一小时	初/中期	无	不计量多数	网民
行动三	签名	全面动员/目标动员	区内	大	一小时	初/中期	无	不计量多数	大众：各群体（网民和非网民）
	意见书填写	全面动员/目标动员	区内	大	两小时	中期	无	8000	大众：各群体（网民和非网民）
行动四	NGO 讲座	全面动员/目标动员	区外	小（否）	半天	中期	无	2—10	小众：领袖、中青年积极分子
	公示对谈	全面动员/目标动员	区内	小（是）	半天	中期	无	30—40	小众：领袖，中青年积极分子，老人
行动五	集体种树	全面动员/目标动员	区内	大	半天	后期	无—强	——	网民
其他	在线投票	全面动员	网络	大	一分钟	全程	无	22000 人次，126 人次/日	网民

① 根据中国互联网信息中心（2011）的统计数据，60 岁以上人群的互联网使用率为 2.4%。以此可以将反建运动中的老年参与者大致划入非网民的类别。此外，根据笔者与业主的在线互动和线下交流所获取的资料，小众群体中的领袖为 QQ 群管理员和业主论坛的版主（抗议网站的管理员不在此列），中青年积极分子基本上为 QQ 群中的成员，因此可以归入网民一列。

表 3 **行动特性**

		政治风险	
		强	弱
时间成本	高	深层行动（上访、集体种树）	深层行动（NGO 讲座、公示对谈）
	低	深层行动（“散步”）	浅层行动（签名、意见书的填写）

从访谈中可知，参与深层行动的挑战一方面来自行动者的行动理性，包括因为时间冲突而选择不参与（如公示对谈活动和上访行动），或者因为畏惧风险而选择不参与（上访）；另一方面，即使在时间不冲突（如讲座活动），距离也不远（如公示对谈）且没有政治风险的情况下，网络化生存和抗争状态对个体行动力的侵蚀，以及在线参与本身所带来的满足感，也可能导向不参与离线行动。对于浅层行动，如签名和意见书的填写，在运动领袖的在线动员下，不依赖于面对面的联络，便能将小区甚至跨区的行动者吸引到同一集体行动中，引发同时含纳网民和非网民的广泛参与。

两个直观体现深层行动和浅层行动悬殊的参与状况的对照是，抗议网站日均过百的投票数量与“散步”行动之后，所有深层行动不到半百的参与人数，以及线上每日数百封的信访邮件与线下集体上访中难以达成的数十人的参与。值得注意的是，不管是深层行动还是浅层行动，女性（包括网民和非网民）参与的积极性远高于男性。用“领秀 C－板凳”的话说，“女人在这个事情上觉悟得到了空前的提高”（QQ 群，2012 年 5 月 8 日 16：15：27）。从学理上而言，生态女性主义[①]对此已有深入探讨，

① 生态女性主义是由环境运动与女权运动结合而成的一种时代思潮，强调妇女与自然的特殊联系。虽然生态女性主义者赞同这一观点：女性与自然的联系是导致性别歧视与自然歧视的根源；然而，妇女与自然的联系主要是在生物、心理方面，还是在社会文化方面？对于这些问题不同流派有不同看法。（赵媛媛、王子彦，2004）在此主要强调女性由于其女性美德、母性角色，因而对社区生态环境尤为重视，进而导致其积极参与社区环保运动。

在此不再赘述。

（三）运动历程：初期阶段 VS 维续阶段

那么，"散步"行动因其较高的政治风险，自然属于深层行动之列，为什么参与者相对众多呢？我们可以从"1，2 反垃圾"的话中窥见一二。

> 一开始大家都还挺活跃的，大家都在，包括收集签名啊，还有所说的游行啊。那时候大家都很气愤，也都不知道怎么办……而且，还没有人警告，后来才开始不断地有人被家访什么的。反正这个事情有很多因素，但是一开始搞起来还是挺容易的，后来越来越难了。（面访"1，2 反垃圾"，2012 年 5 月 13 日）

"1，2 反垃圾"的话折射出了一种历时性的视角，也即运动初期相对宽松的动员和参与环境（由于抗争还没有形成影响力，被控制和镇压的可能性小），再加上人们高涨的参与热情，使得行动往往较容易组织起来。[①]"散步"行动的号召动员便利用了这样的机会。这一方面表明，运动中的风险具有被激活和被感知的特性；另一方面也意味着，网上行动主义可能更多的是网民在行动维持阶段的表现。

反建运动从发起到结束，历经半年时间。根据行动开展的时间，我们可以将"散步"前的签名征集、"散步"行动及次日的上访行动视为初期阶段的活动，一周后开始的第二次上访以及其他一系列活动，都视为维续阶段的行动。可以说，这种对运动历程的划分，也是与前文所述行动者所使用的动员方式紧密联系在一起的。例如，初期阶段的上访由于相对宽松的动员环境，所使用的全面动员方式也使得其参与人数相对于维续阶段的

---

① 这也形成了某种吊诡，一方面，对于业主们来说，集体行动所希望达到的效果就是缔造声势，引起政府、媒体、社会的关注，进而影响决策进程、促进问题的解决；另一方面，由于一些集体行动尚属于体制外的行动，其合法性困境必然导致进一步的行动遭遇控制。

上访较多。

在运动维续阶段，线下控制的深入，通过人们口中的“家访”或“喝茶”语词得以体现。对即将付诸实施的行动如集体种树活动的制止，让这种控制赤裸裸地展现出来。而这，成了网民们不参与部分线下行动的另一考量，使网民心安理得地隐匿于网络虚拟环境并逐步与线下行动脱离。

形成鲜明对比的，则是那些积极参与线下行动尤其是积极出面的业主。在这样一种网上网下共同构建的抗争共同体中，他们所得到的来自其他业主的慎心保护甚至拥戴，在一定意义上产生了某种超越利益本身的驱动力，其疲于奔波的行动表现也被赋予某种新的意义。

> 如果说有领导的话，这个领导要打引号，我们一般不会让某人出头的。有些人就因为这个事情被请去喝茶了。当然，事实上，是有领导的，有些人在里面出了很多力。（面访“新硅谷 C4 - Dream 许”，2012 年 5 月 12）

这在网民的互动中，则以类似于“我们没有组织者”、“没有‘班干部’”“群里忌讳用‘组织者’这个敏感的词”这样的言辞予以表达（QQ 群，2011 年 12 月 22 日）。而这同样也成为特定动员情境中的一种去组织化的动员策略。[①]

（四）网络、组织转换与维续阶段的深层行动

行文至此，我们依然需要解释的是，运动维续阶段深层行动的小众参与究竟是如何实现，从而将抵制运动维持下去的？前文已经提及中青年网民在接收动员信息后动员老年人参与上访的现象。让老年人参与上访顺应了上访的时间要求（工作日），更重要的是，不在岗的老人出面避免了由

① 陈晓运：《去组织化：业主集体行动的策略——以 G 市反对垃圾焚烧厂建设事件为例》，《公共管理学报》2012 年第 2 期。

参与上访而导致被所在单位责罚甚至失业的风险①，其阅历和资历亦成为其参与抗争的优势②。在反建运动中，不断有网民呼吁，“还是需要老人出面抗议才能把这事反映到高层啊”（QQ 群，2012 年 4 月 19 日 18：08：37）。公示对谈现场老年人的在场尤其是老年人的积极发言，正迎合了这一需求。

笔者将这种动员方式概括为二次动员。在二次动员中，线上的虚拟网络与线下的亲属网络形成的是一种承接关系。由此，部分平常不上网的非网民也被吸纳到这场网络动员和抗争的大潮中。除了线上线下的承接关系以外，转换关系（由虚拟社会网络向线下的邻里关系网络的转换，以及由虚拟组织向线下的现实组织的转换）对于运动的维续同样意义重大。公示对谈在街区范围内举行，邻里相邀同去的情况时有发生。讲座的参与者大多是业主自助委员会的一员。“建五”“韩语翻译”及其他全程参与各项行动的积极分子也多数是这一组织的成员。那么，在虚拟社会网络和组织的基础上构建现实的社会网络和组织，在什么样的条件下更容易实现呢？

1. 网络转换（从虚拟网络到现实网络）：相容利益 VS 排他利益

从访谈中了解到，以业主论坛和 QQ 群为基础所建立的社区网络对很多人来说依然是一种虚空的、想象的共同体。当问及认识多少邻居时，有业主用“屈指可数”来概括。同时，有不少业主表示“都是当时一起收房、装修的时候认识的”（QQ 访谈“Fuuqee”，2012 年 4 月 3 日）。以此追踪发现，LXX 小区的业主们在收房期间为了共同维权进行过多次网下

---

① 在调研过程中，一些业主向笔者反映过自己因为上访以及经常参与网上讨论而被上司警告的情况。这也是部分业主在前期阶段积极活动而在后期逐渐保持观望的态度的原因。

② 不少业主在网上表示，要将社区中的老人动员起来如“在住宅区里，利用傍晚、周末的时间，‘摆摊设点’，拉横幅，散发材料，征集热心人士。向大爷大妈们讲明利害关系，把他们组织起来。千万不要小看这支‘老年队伍’，他们才真是有时间、有精力、有魄力”（抗议网站，2011 年 12 月 3 日）。

聚会（聚餐），到场的都有七八十人。[①] 聚会是线上关系向线下关系发展的重要契机。基于抵制垃圾站的需要，借助各区业主群和反垃圾 QQ 群，业主聚会重新被组织起来，但次数不多，据了解仅两三次，并且参与人数较少。（面访“新硅谷 C4 - Dream 许”，2012 年 5 月 12 日）

收房维权与抵制垃圾站运动相比，都是建立在共同利益基础之上的维权行动。其区别在于，这种共同利益是相容的还是排他的。前者显然是一种排他利益，而这也成为业主参与网下聚会的直接驱力。后者则让“搭便车”成为一种更普遍的现象。

2. 组织转换（从虚拟组织到现实组织）：区内 VS 跨区

以“LXX 小区业主自助委员”的名义发布的动员信息，让人们知道了这一实体抗争组织的存在。但实际上，在反建运动发起之初，运动组织者的雄心是建立一个名为“业主临时委员会”的跨区组织，旨在将各小区致力于抵制垃圾站的积极分子会合到一起。2011 年 11 月 5 日，QQ 群主面向各区业主发布了建立这一组织的详细草案。遗憾的是，临时委员会一直没有成立起来，取而代之的则是以单一小区为基础的业主自助委员会。对此，草案发布者“新硅谷 C4 - Dream 许”解释道：最开始的时候大家相互之间还不熟悉，要凑起来太难了，所以，后来（LXX 小区）A 区几个熟悉的人成立了业主自助委员会，临时委员会也就没弄了。（QQ 访谈，2012 年 5 月 25 日）

据此可以看到虚拟组织向现实的实体组织转换的可能及其条件：区内相对较强的联系为组织的建立提供了便利，而跨区业主之间的微弱联系则让组织的成立困难重重，这也让基于共同利益的跨区联络更多地停留在线上。

可见，利益的深浅以及范围（以及因之产生的联络关系的强弱）依然影响着线下网络和组织的构建。而现实社会网络和组织的生成，或者说虚拟网络或组织的转换程度，直接影响着深层行动的参与状况，同时，也扩大了浅层行动的参与规模，支撑着运动维续阶段的集

---

① 从业主论坛中可知，以 2008 年 3 月 22 日、2008 年 4 月 26 日、2008 年 5 月 3 日的业主见面会为典型，聚会采取 AA 制聚餐的形式，并且都取得了很大的成功。

体行动的发展。

结论和讨论:互联网的效度与限度

本文通过虚拟民族志的方法，展现了社区中基于互联网的集体抗争的概貌。在线社区所提供的有形和无形的动员基础，为集体行动带来了新的可能：在线互动为新的联系和网络的形成创造了条件，也为集体认同和意识的建构提供了平台。更重要的是，参与意愿和行为的可见性，相互的鼓励和驱动，让身处其中的人深受鼓舞的同时，也可能对行动产生更高的预期。在这样一种客观的动员基础上，对外在控制因素介入所带来的动员环境变化的洞察而进行的动员方式的变换，即全面动员和目标动员方式的转换和交叉或并行使用，在尽可能扩大动员范围的同时，强化了积极分子的参与。然而，不管是全面动员还是目标动员，问题的关键依然在于，在线动员能否以及如何走向离线集体行动。从本文所展示的案例来看，从在线动员到离线集体行动这一转换的结果，既有令人亢奋的大众参与，也有不甚如意的小众参与，甚至还有“无疾而终”的境况。根据分析可以得知，这种转换的实现程度主要与行动特性和运动历程有关。对于浅层行动，在线动员往往能够取得很好的效果，表现为离线参与者众。而对于深层行动，在政治弱控制、参与热情高涨的运动初期阶段，依然可以实现在线/离线较为理想的承接。但是，在外在控制强化、行动力弱化的运动维续阶段，一方面需要通过二次动员促使特定群体参与行动，另一方面则可以通过在线网络、组织向现实组织、网络的转换，实现运动积极分子和组织者的参与，以此来支撑运动的持续性（见图1）。

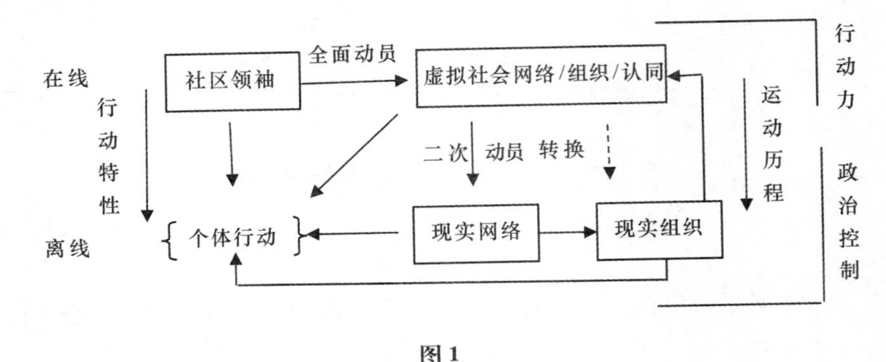

图1

从以上总结中可以看出，离线集体行动的实现程度并不完全受在线的认知/认同和社会网络因素的影响，而是在此基础上，在在线/离线的转换过程中凸显了行动自身的特性和行动所处的阶段这样一些相对客观且独立于网络动员的因素的作用。值得说明的是，行动特性和运动历程两者本身也是内在关联的，其共同指向的，一方面是行动者的行动力，另一方面则是政治控制之下参与的政治风险。概括而言，正是行动力和政治风险共同塑造了不同阶段不同类别行动的参与状况，影响着从在线到离线的转换。也因此，网络动员的确可以在短时间内吸纳一大批人加入行动中来，然而，如何维续一项运动，成为网络动员面临的最大难题，尤其是对于需要付出更多成本的行动，网络动员依然面临很大的挑战。

由于这些因素的影响在传统动员方式中同样存在，那么这是否说明，网络动员并没有改变集体行动的任何特质，网络动员的潜力也并不那么令人感到乐观？的确，网络动员与传统的动员方式一样，并非总能产生一呼百应的效果。尽管如此，互联网的作用依然不容小觑，一方面，通过在线互动培养集体认同和情感，以及利用其他机制和优势，可以促使更多人加入签名、意见表达等运动所需的浅层行动中去；另一方面，互联网也能为深层行动的继续开展创造条件：或者为二次动员提供可能，或者为线下网络和组织的构建提供便利。由此所呈现出来的便是，在线抗议持续高涨的士气（在本案例中直接表现为抗议网站上日均过百的投票数）与离线情境中浅层行动的广泛参与和深层行动的特定群体参与，共同维续着运动的发展。

由此，网络动员和参与的两面性也得以体现出来，一方面，互联网匿名化、缺场的沟通形式，让所有网民以一种跃跃欲言、群情激昂抑或默默支持的姿态参与在线抗争，并制造了一个以语言和符号传递凝聚力的想象的抗争共同体；另一方面，在现实的个体行动环境和风险性的参与环境中，大部分人继续隐匿于在线动员情境并审慎而理性地选择是否参与离线行动，少部分人则勇于担当和保持着对离线行动的持续参与。热衷于在线参与而拒绝线下深层行动的参与状况正类似于西方学者所说的网络行动主义（online activism）甚至懒汉行动主义（slacktivism）。[①] 莫洛佐夫认为，在有了互联网等媒介之后，行动者往往寄希望于通过网络在线参与实现其社会政治目标，但要让他们做出更多的努力甚至走向线下行动，则没那么容易。这其实就是懒汉行动主义的表现。在本文中也可以找到这种懒汉行动主义的表征，如通过网络点击和言论来替代深层行动的参与。有所区别的是，必要的时候，这种懒汉行动主义并不拒绝浅层行动的线下参与。并且，与西方学者强调的由网上参与的满足感[②]和时间、精力的损耗和分散[③]所造成的懒汉行动主义不同，在中国，这样一种参与状况更多的是源于政治控制带来的参与风险，其他因素在特定情况下则成了一种委婉的托词。这说明，正是中国的政治文化和行动环境以及人们对这种文化情境的适应和规避风险的本性造就了这样一种特殊的网络行动主义。

在西方学者的学术话语中，懒汉行动主义被斥为“感觉良好（feel-good）的行动主义，但政治或社会影响力为零”[④]。虽然这一观点引来不

---

① Morozov, Evgeny, *The Net Delusion: The `Dark Side of Internet Freedom*. New York: Public Affairs, 2011.

② Ibid..

③ ［美］罗伯特·帕特南：《独自打保龄：美国社区的衰落与复兴》，刘波等译，北京大学出版社2011年版。

④ Morozov, Evgeny, "The Brave New World of Slacktivism." *Foreign Policy*. Vol. 19, No. 4 -5, 2009.

少反对之声，但奠定了西方关于网络行动主义的论调。[①] 基于本文的分析，对于互联网究竟在多大程度上可以将认同或集体抗争的意识转化为行动本身，在多大程度上可以将其构建的广泛的弱联系转化为广泛的参与，以及在更宏大的意义上，互联网能否影响政治议程、促成政策的改变，同样值得深思。本文所考察的案例对于行动者而言最终取得了成功，实现了重新选址的诉求。然而，任何一项运动或行动所取得的成功都是各种复杂因素综合作用的结果，要凸显互联网或网络动员的决定性意义，作为一种学术判断，也因此或多或少带有冒险的意味。但是客观来说，技术变迁尤其是网络技术的发展所带来集体行动的变化，以及这种变化在多大程度上可以发挥其社会政治效应，已然成了对集体行动的结果，以及其他互联网介入的社会政治参与形式所带来的后果予以考察时不可回避的重要问题。值得注意的是，从本文的分析来看，简单地做出互联网将扩大参与或促进行动发生的判断，并不能很好地增进我们对相关问题的认识，因为至少从某种意义上来说，互联网在发挥其组织动员的作用的同时，也使一些公众“浅尝辄止”便“感觉良好”，甚至宁愿观望驻足而不愿深入其中为公共利益做贡献的品质，在互联网所构筑的多面棱镜中折射出来，甚至得以强化。而这不但不能使互联网成为一股推动力，反而会成为一种具有腐蚀性的力量，阻碍行动的发展。

本文所探讨的是一个社区集体抗争的案例。不可否认，在这样的案例中，对于像“散步”、公开签名这样的活动，基于空间因素[②]的动员依然可以吸纳不少既非经历在线动员也没有经过二次动员的群体和个人。但是总体而言，在线社区与现实社区的相互嵌入、线上与线下的协调联动，成为本案例的一个重要特点。事实上，在线动员方式与传统动员方式的交错和更迭已然使网络社会背景下的许多集体行动呈现出一种新的面貌。然

---

① 更多相关的讨论，参见 Christensen，2011；Vie，Stephanie，“In Defense of ‘Slacktivism’：The Human Rights Campaign Facebook Logo as Digital Activism.” *First Monday* Vol. 19，No. 4 –7，2014。

② 参阅赵鼎新《社会与政治运动讲义》，社会科学文献出版社 2006 年版。

而，正如西德尼·塔罗[1]（Tarrow，1998：13）指出，动员有赖于组织成员之间强烈的、面对面的交流关系，即使运动实践中存在跨国因素，这种面对面的交流关系依然重要。从本研究的案例来看，即使有了互联网，面对面的联系依然是必要的。建立在虚拟社会网络和组织与现实居住社区基础上的现实社会网络和组织的生成，是真正意义上维续一项运动必不可少的环节。而现实社会网络和组织的生成生产本身又受利益深度（相容还是排他）及其波及广度（区内、跨区或社会）的影响。以此可以推断，在虚拟社区与现实社区存在对应关系（如大量出现的业主QQ群）的情形中，在特定小区内，围绕业主直接利益（如房屋产权、质量等问题）的集体抗争，更容易从线上走到线下，建立现实的网络和组织，并实现成功的动员和参与。当然，这也需要更多经验案例的支持和验证。

最后，从方法论的角度来说，对于互联网这样一种本身就因其技术特性而在集体行动/社会运动中得以凸显的因素，必须要将其置于其所发挥作用的时空场景和社会环境中，以及运动发生发展的历程中，才能更好地认识其动员的潜力和影响集体行动/社会运动的机理。因为无论是虚拟空间中的互动和动员环境，还是现实的社区环境及更大范围上的社会政治文化环境，以及行动所处的不同阶段本身塑造了群体和个体的行动逻辑和策略，而这些都将直接或间接影响集体行动的过程和结果。此外，本文所采用的虚拟民族志方法，从对虚拟社区互动的观察转而形成对个体及群体行动的追踪，形成对行动的动态过程的把握，体现了这一方法在集体行动/社会运动研究中的优势。然而，对于这一主题的研究来说，如能将在线参与观察与其他研究方法结合，将动态的过程与静态的全面描述结合，有助于充实和完善相关的阐释与论证。如能进行不同案例之间的比较，也将更具说服力。这也是今后的研究可以进一步努力的方向。

（本文原载于《社会》2015年第5期）

---

① Tarrow, Sidney., *Power in Movement. Social Movements, Collective Action and Politics*. Cambridge: Cambridge University Press, 1998, p. 13.

第四单元

环境治理与绿色发展

环境与社会：一个“难缠”的问题

王晓毅[*]

环境问题已经成为目前最引人关注的问题，但是当政府投入了大量科研经费试图揭示环境问题成因的时候，自然因素之间的关系被高度重视，而社会成因却被简单化，在许多时候环境政策甚至建立在对社会成因的猜想和自以为是的假说上面。这篇文章想说明环境问题与社会因素之间的关系是错综复杂的，需要整体和历史的思考才能把握。

环境如何成为复杂的社会问题

也许没有人否认环境问题是社会问题，但是在许多人看来，社会问题是一个比较简单的问题，与自然科学的高深研究不同，社会科学的结论似乎是有目共睹的，无须深入研究就可以为大家所知道。比如我们都知道的荒漠化问题，现在中国国土面积的1/3受到荒漠化的威胁。草原退化是荒漠化的一种主要表现，占国土面积40%的草原有90%处于不同程度的退化中，对于这样一个严重的环境问题，从自然科学的角度已经有大量研究，如草原退化与气候变化、与草原利用强度和利用方式之间的关系。仅大范围确定牧草产量，就要将遥感和地面监测的结合，产生大量科学数

---

* 作者简介：王晓毅，任职于中国社会科学院社会学研究所，农村环境与社会研究中心研究员。

据，人们依赖这些数据来判断草原退化的现状。但是草原退化的社会原因，似乎每个人都可以进行解释，比如人口压力增加、过度放牧和“公地悲剧”等，每个人甚至不需要去草原，就可以解释这种现象，人们接受这些解释不是因为这些解释有证据，而是因为它们与人们的想象经常是一致的。因此在面对草原退化的时候，似乎不仅不需要深入的社会科学研究，甚至不需要受过社会科学训练的人，凭着经验和直觉就可以清楚地表述其社会原因。

大量的政策就是基于这种简单化的社会归因形成的，包括减人、减畜等草原保护措施纷纷出台。但是这些政策的实施并没有达到保护草原的目的，反而带来一系列严重的问题。很少有决策者认识到面对环境问题需要更深入的社会科学研究，反而基于一些自以为是的常识，如补贴不足、管理不严等，进一步强化原有的政策。其结果经常与保护环境的目的南辕北辙，甚至出现灾难性的后果。这些政策之所以出问题，在很大程度上是因为在思考环境问题的时候忽视了社会问题的复杂性，忽视了环境社会学所面对的是一个“难缠”的问题。

那么什么是环境问题的社会原因呢？通过什么方法才能将作为社会问题的环境问题梳理清楚呢？换句话说，环境社会学要怎样去研究呢？环境与社会之间的关系是复杂的，需要通过环境现象的外表才能深入认识其社会原因。

科学关注因果关系，不管是自然科学或社会科学都强调分析原因和结果之间的对应关系，即使在分析多重原因的时候，也会希望通过多元的分析方法，将每一个因素与结果之间的关系分析清楚。但是当我们对环境问题进行社会科学分析的时候，这种模式会遇到很多困难。

首先，导致一个结果的社会原因经常是复杂的。比如，牲畜数量与草原植被的关系也许可以作为一个自然科学的命题被讨论，尽管有许多争论，但是争论双方都认为科学研究可以清楚地回答这个问题。但是牧民决定饲养多少牲畜，却是受多重社会因素制约的，而且在不同条件下有不同的反应，简单的解释经常是无效的。

有些人看到牲畜是牧民的主要收入来源，为了提高生活水平必须要增加饲养数量，所以他们认为牧民增加牲畜的主要原因是收入不足，因此只要给牧民增加补贴，使牧民有足够收入维持其生计就可以促使牧民减少牲畜。我们不能说这个逻辑完全不成立，但是在很多时候这个逻辑是不成立的。可以想象一下，那些饲养了大量牲畜的牧民多是收入较高的牧民，他们的收入已经远远超过维持生存的水平，恰恰是较高的收入支持了他们大量饲养牲畜；那些处于生存线附近的牧民恰恰是那些少畜和无畜户。因此很难想象牧民增加收入以后会主动减少牲畜，他们可能更会倾向于增加牲畜数量，因为这不仅是他们的资产，也是他们的生产资料，特别对于那些中小牧户来说，增加牲畜的愿望会更加迫切。

也有人看到牧民增加牲畜是因为他们的收入结构比较单一，如果将他们迁移到城市，离开牧场，改变了他们的就业结构，他们就会停止放牧，从而牲畜数量就会减少。但是有许多经验研究表明，即使牧民离开了牧场，他们也可以采取其他方式继续利用牧场，比如将牧场租赁给其他人放牧使用。而且牧民即使离开了牧场，他们的非牧业收入机会也非常有限。

也还有人看到饲养周期对牲畜数量的影响，比如有人看到在青藏高原的牧区，牲畜饲养周期较长，甚至有大量放生牦牛。这些牦牛因为宗教原因，既不出售也不屠宰，因而认为饲养周期长会导致草原过牧。一些地区为了减少牲畜的存栏数量就开始促进牧民提高出栏比例，加快牲畜循环。

但是我们的调查却发现，单纯从牲畜数量的角度看超载过牧是不全面的，实际上超载过牧的原因是多方面的，一方面可能是牲畜的数量增加，而大量饲养牲畜的原因就很多；另一方面也可能是草原的牧草产量降低，尽管牲畜数量没有增加，甚至可能减少，但是牧草产量降低得更多，同样的草原无法饲养同样数量的畜群；此外，牲畜的分布和牧场面积的减少都可能是超载的原因，比如随着草原放牧方式的转变和制度变迁，一些牧民传统的放牧地无法再继续利用，由此导致牧民放牧地面积的缩小。因此，分析环境问题的社会原因的时候，首先就会遇到复杂性的问题，在不同的背景下，社会与环境构成了一个复杂的互动关系。

多元回归可以用于分析多种原因存在的因果关系，但是这种因果关系往往是静态的，而在现实社会中，环境问题背后的社会因素经常是动态的。草原畜牧业与草原退化的关系就是一个动态的过程。决策者认为超载过牧是草原退化的主要原因，那么草原生态环境恢复的根本措施是减少在草原上放牧牲畜总数，这样可以缓解草原压力。但是我们发现，牲畜数量在很大程度上是由社会因素决定的，大量的社会因素是相互纠结在一起的，互为因果，很难像多元回归那样测量出不同因素的作用大小。比如牧民的增加和减少牲畜的决策是动态的，因为草原畜牧业发展往往会经过一个周期，所以牧民都希望保留尽可能多的基础母畜，减畜在很多时候不是牧民抵御灾害的首选途径；但是减畜也是应对灾害的重要手段，那么什么时候减、什么时候增，就变得很复杂了。

比如我们很难预期以减畜和补贴为主要手段的草原环境保护政策会产生什么效果。由于不同因素的相互作用，会有不同的效果。以减畜和补贴为主要手段的草原保护政策实施以后，一方面牧民增加了现金收入，另一方面也面临着更多的罚款。现金收入增加使一般牧民家庭保畜能力得到提高，如果没有外界的压力，牧民的牲畜会有所增加。所以我们可以看到，有些地区的牧民有了更多资金以后，他们会减少牲畜出栏数量，增加购买牧草或租赁草场的资金，其结果就是牲畜数量的增加。认识到增加补贴有可能会增加牲畜，决策者采取了移民和加强监管的措施，但是不管是移民或通过罚款而进行的严格监管都在很大程度上增加了牧民的支出，那些有能力的牧户可能会增加牲畜数量以保持原有的收入，而贫困牧民则会减少牲畜以应对增加的支出。其结果可能是富裕的牧民更加富裕，而贫困的牧民更加贫困。

当贫富差距扩大以后，少畜户和无畜户就可能将草原流转给富裕的牧民。在决策者看来，草原流转有助于推进现代畜牧业发展，并有助于草原环境保护，通过草原流转，草原更多地集中在大户，这样有利于草原的合理利用，少畜和无畜户也可以在获得租金以后，离开草原从事其他的生产活动，这样就可以缓解草原的压力。但是我们都知道，由于干旱地区牧草产出的不确定性，草原的长期流转很困难，出租草原的人不希望签订长期租赁合同，因为他们预期草原租金会逐渐增加，而租入的牧民也不希望签订长期租赁合同，因为草原的产草量年度之间波动很大。由于没有形成稳定的租赁关系，所以在出租的草原上最容易出现超载过牧和掠夺性利用。草原的质量与草原的保护形成了一种互动关系，越是富裕的牧民越有能力保护自己的草原，而高质量的草原会带来更稳定的使用，因此有可能得到更好的保护；而退化的草原所带来的收益较低，因此不受重视，而缺少保护的草原最容易被过度利用。

由于环境背后社会因素是复杂且相互影响的，所以我们有很多时候很难将这些因素用传统的方法来分析。比如我们习惯用现金收入来测算家庭的富裕程度，但是有牧区生活经验的人都知道，对于许多牧民来说，现金收入无法测量其家庭状况。有些时候因为严重的自然灾害，牧民不得不大量出售牲畜，这个时候尽管现金收入增加，但是对于牧民来说是困难之年；当遇到好的年景，牧草丰美，牧民可能会增加牲畜，减少出栏，表现为牧民的现金收入很少，甚至负债经营，但对于他们来说，却是富裕的年景。这些现象很容易被理解，但是很难用原有的分析模式来表达。按照原有社会科学的模式，你很难说一个有大量现金收入的牧民是比较贫困的，那些没有现金收入，甚至借债以维持畜群的牧民有可能是经济实力强的牧民。我们一些关于牧区贫困的分析研究已经注意到了现金收入与其生活状态的不一致，但是在发布研究成果的时候，却很难将这种发现带入模型中。

有人说草原牧区的问题是一个“难缠”的问题，就是因为这些问题是复杂的、纠结在一起的，而且经常用原有的概念和范畴难于把握的。草原问题的一个重要特点就是生产、生活和环境问题纠结在一起，很难分别开来。实际上环境社会学中遇到的大多数问题都是这种“难缠”的问题。比如污染给当地人带来了损失，那么补偿，或者增加补偿是否可以解决问题呢？大多数时候的回答是否定的，因为增加补偿经常不仅不能解决问题，反而在许多时候会带来许多新的问题。“邻避运动”尽管可以增加污染项目施工的成本，但是从本质上来说还是希望污染转移，而不能从根本上解决环境污染问题。

面对农村日益严重的环境问题，我们如果进行简单的抽象，无疑是比较容易的，比如我们可以将草原退化归因于牧民放牧，也可以归因于外来的工业和农业开发；将农村的污染归因于地方政府过于关注经济增长而对环境保护重视不够。但是这种简单的归因虽然有助于决策者制定决策，但是因为决策是单向度的，就会出现在解决一个问题的时候，带出新的问题。我们希望通过生态移民使牧民转变生产方式，从而减轻对草原环境的压力，但其结果往往导致违规放牧和草场流转，不仅没有减轻草原的环境压力，反而因为移民集中居住和从事农业开发，导致地下水的超量开采，从而产生更严重的环境问题。

如何理解“难缠”的社会问题

那么怎样才能认识和解决这些“难缠”的问题呢？笔者一直试图整体和历史地去研究环境问题背后“难缠”的社会因素。所谓整体地看问题，就是将环境问题放回到社会生活中去看，观察环境与各种社会问题错综复杂的关系。由于这些关系处于不断的变动中，所以还需要把环境问题放到历史中去考察，也可以简单地说，就是将环境变化看作社会变迁的一个部分，在社会变迁的过程中考察环境问题。这样说起来可能还太抽象，我想按照问题的发现、逻辑的梳理和问题的解释，以及问题的再发现的步骤，结合笔者个人的研究来说明如何处理环境与社会这个“难缠”的问题。

因为要观察的是一个复杂的社会，希望再现这个社会的复杂关系，因此我们选择观察的社会单位不要太大，一般以一个村，甚至一个自然村为单位比较合适。也许有人担心一个村庄太小，因为环境问题往往会涉及更大层面的东西，如果局限在村庄中，就可能无法认识宏观的问题。但是以笔者的经验，几乎所有宏观层面的问题都会在微观层面得到体现。实际上要深入地理解一个村庄，必然要将村庄放到变迁的大背景中，因此在很多时候，认识一个村庄可以帮助我们了解整个世界。

多数研究者会带着问题进入村庄，这本身并没有错，但是在进入村庄的时候，我们要特别记住两点，第一，不要用原有的问题遮住我们的眼睛。如果我们在进入村庄以后，只是关注某一个问题，或者几个因素之间的相互关系，就会使我们失去整体把握村庄复杂性的兴趣。第二，进入村庄不是为了验证一两个假设，而是希望在对村庄整体的把握中发现村庄中与环境相关的核心问题。所以在进入村庄之后，要保持一个开放的心态，熟悉和了解村庄的各种现象，特别是村庄各种制度、资源和关系的历史脉络，从而能够将村庄的变迁过程重构出来。

有些人喜欢用类型学的方法来观察村庄，但是在我看来，每一个村庄都是陌生和新鲜的，都有着我们不了解的东西。那里的生产方式、生活方式中都隐藏着新的问题，所以每一个村庄都是一本新书，甚至是一门新课。因此，我们进入村庄的第一项工作就是学习。笔者在内蒙古，从东部到西部，跑了五六个村庄，每个村庄都会有着不同于其他村庄的问题出现，在每一个地方，都可以学习到新的内容。比如鄂温克旗的一个村庄遭遇的问题包括失去夏季牧场、与外来人口争夺牧场和采矿导致的地下水位下降；而在科尔沁沙地的村庄本来就处于人口密度比较大的地区，所以农业开发和草原畜牧业的发展导致了农田和草地的同时退化，并进而严重地影响了村民的生计。在同样的生态环境下，比如同样处于沙地中的村庄，也会由于不同的村庄历史过程而面临着完全不同的问题，比如地处科尔沁沙地的村庄由于地表水日益减少，旱作农业和草原畜牧业都受到严重影响；但是在毛乌素沙地，灌溉农业早已经发展起来，草原早已经被围栏所切割。

当然，村庄之间也有许多共同点，特别是受到国家宏观政策影响而产生许多相似的变化，如草原的管理方式、畜牧业的经营方式等，但是即使政策是“一刀切”的，也会因村庄的资源禀赋和社会经济因素的影响，而对政策产生不同的反应，发生不同的变化。

由于各个村庄是不同的，其所呈现的问题会是完全不一样的，那么对于研究者来说，第一步是如何收集更多的资料以了解这个村庄的发展过程。在这个过程中，可以说是跟着村庄的历史脉络走的，往往是村庄的一些关键的信息人能够给我们提供村庄的发展简史，调查者再基于这个简史去访问更多的村民以验证这个简史，并不断丰富关于村庄方方面面所发生的变化的信息。

调查的过程是个问题浮现的过程。如果我们调查足够深入，就会发现，每一个村庄都会有一些特殊的问题浮现出来。

比如我们在浑善达克沙地的村庄，首先看到的是严重的沙漠化，在村庄周边地区，由于反复践踏，已经寸草不生。那么是什么原因呢？村民解释说，由于禁牧和公益林保护，当地村民不敢远距离放牧，只能在村边短距离放牧，而且要在当天往返，这必然会导致村庄周边的反复践踏。而在鄂温克旗的调查呈现了不同的问题，就是在牧民失去夏季草场以后，他们的放牧面积大幅度缩小，并且由采矿导致地下水位下降，从而导致草场压力增加，并进而导致草场退化。达里湖边上的村庄又呈现给我们不同的问题，除了在分户经营以后牧民放弃了冬季草场，采矿导致地表水的减少和地下水位下降以外，更吸引人的是这个村庄草场围封的过程。在决策者原来的设计中，围栏是划分草场使用权的工具，当牧民将草场围封以后，他们的牲畜就会在围栏内放牧。但是在这个村庄中，人们最初将草场围封起来的目的并非将牲畜在围栏内放牧，而是阻止任何其他牲畜进入围栏。因为村民都将牲畜在围栏外放牧，所以随着围栏的增加，公共放牧地也在不断缩小，这造成局部草原的压力增加。

当我们在一个村庄中住上一段时间，村庄中最让人关注的问题肯定会自己浮现出来，因为这些问题可能牵动所有人的利益，所以不断被人们谈论，你去访问任何一个人，他们都会给你讲出这个问题。如果我们尊重当地人的感觉，我们就不得不去沿着这些被大家谈论最多的问题展开我们的调查。如果说大家经常谈论的问题可能会比较集中，但是其解释经常是不一样的，这就需要我们在调查中梳理各种解释，从而发现其真实的逻辑。比如，在第一个村庄中，如果说生态保护政策使村民的放牧半径缩小，由此导致局部草原的压力过大，从而出现迅速沙漠化。但是我们还想知道，为什么村民不能接受休牧禁牧的政策，要冒着罚款的风险坚持把牲畜放出去呢？在草原保护政策实施以前，村民是如何放牧的？追问这些问题是一个逻辑的梳理过程，将我们所看到的问题放回到村庄发展的脉络中加以解释。

夏季草场不再被利用是什么原因？我们会追溯到承包以后畜群规模缩小，村庄和旗政府在草原畜牧业中所发挥的作用弱化。牧民主动放弃了远距离游牧和夏季牧场逐渐转做其他用途是一个历史变迁的过程，需要在大的变化背景下才能理解。

在梳理这些逻辑过程的时候，我们开始利用一些概念来把握这个变迁的过程。比如在前一个例子中，村民坚持认为如果没有初春季节的放牧，不仅牲畜的生长受到影响，而且村民也无法承担长时间喂养的成本。在村民的逻辑中，喂养只是为了保证牲畜存活，天然放牧才是牲畜生长的保障，因此通过喂养来加速牲畜的育肥普遍不被接受。因此，我们进一步的讨论就会涉及两种不同的牲畜饲养方式。后一个例子就涉及畜群规模缩小与草原利用方式之间关系的研究。当我们从众多的现象中开始用概念来概括一些现象的时候，我们就进入了解释的阶段，试图发现这些现象之间错综复杂的因果关系。这些解释是基于一个村庄的观察而产生的，因此这些观察首先是新的，是来自直接的经验调查，而不是来自推理或书本。其次，这些结论尚未在更大范围内被验证，所以笔者把这些结论经常不是作为结论，而是作为一种启发，从村庄的历史和现实的发展中，获得一些思考和启发。

我们会希望通过一些条件的变化来验证这些解释在多大程度上是正确的，或者还受到某些条件的制约，这就是笔者所说的问题再发现。我们希望我们的解释在其他村庄也可以得到同样的验证，但是我们几乎找不到完全相同的两个村庄，所以在试图验证一些结论的时候经常会有新的因素进来，使我们的解释更加复杂。在问题的再发现过程中，总会有新的因素加进来，从而我们的知识也在不断被丰富。

经过了这样的研究，或者说是学习的过程，我们对草原环境的理解就会是立体的，而不是平面的，我们知道许多因素是如何相互作用的。经过若干年，研究者可以有底气地说，我看到了环境与社会的复杂关系，也知道要解决“难缠”的环境问题，经常需要政策的相互配合，而不是简单地寄希望于单一的政策或项目。

（本文原载于《江苏社会科学》2014 年第 5 期）

冲突与合作：跨界环境风险治理的难题与对策

——以长三角地区为例

王　芳*

［摘要］　伴随着区域经济一体化进程的不断加速，长三角地区各类跨界环境风险也进入高发阶段。跨界环境风险的突发性、高危性、人为制造性、不确定性及其易于引发风险冲突与社会放大效应的独特本质，加剧了区域环境与社会的双重脆弱性。以文化和制度创新为突破口，着力培育区域环境风险合作新文化，构建环境风险共担、环境利益共享的新型环境利益协调机制，建立和完善多主体、全过程、复合型环境风险治理的网络体系，是破解跨界环境风险合作共治在理念认知、利益结构和制度机制等方面存在的诸多难题与挑战，实现跨界环境风险有效治理的关键对策选择。

［关键词］　跨界环境风险　风险冲突与放大　风险沟通　风险合作　复合型风险治理

转型加速期，伴随着长三角地区工业化、城镇化和区域经济一体化进程的不断推进，大量原本存在于单一行政区的环境风险正不断地超越其行

* 作者简介：王芳，社会学博士，华东理工大学社会与公共管理学院教授、博士生导师（上海 200237）。

政管理边界向周边地区、整个长三角地区乃至更大的区域范围扩散，导致长三角地区的各类跨界环境风险由此也进入了高发阶段。与此同时，跨界环境风险所引发的风险冲突和群体性事件，无论在数量与规模上，还是在所造成的社会影响方面，亦都呈现出不断上升和扩大的态势。跨界环境风险的突发性、高危性、人为制造性、不确定性及其极易引发风险冲突和社会放大效应的独特性本质，加剧了长三角地区跨界环境风险的复杂性和治理的艰巨性，使其成为区域社会环境安全和可持续发展面临的极为严峻的挑战和亟待关注的重要社会问题。

一 跨界环境风险的意涵及主要类型

（一）跨界环境风险的意涵

环境风险通常是指由自发的自然原因和人类活动引起的，通过环境介质传播的，能对自然环境及人类社会产生破坏、损害乃至毁灭性作用等不良后果的事件发生的概率及其后果。[①] 地球生态系统是一个不可分割的有机整体，包括人类在内的一切生命形式同地球生态系统相互关系的实质，就是能量、物质、信息的交换关系，它不会受到任何人为疆界的限制和阻隔。例如，大气环流作用会使任何一个地方的空气污染都不可能滞留在一隅之地，而相通水域中的上游的水污染也会对下游的水环境产生重要影响。生态系统的这种整体性和传导性，使环境风险具有难以抗拒的跨界性。

所谓“跨界”，从一般意义上来说，主要包括两层含意：其一是跨越国家之间的地理和政治边界，如苏联的切尔诺贝利核泄漏事故，就使上海

① 毕军、杨洁、李其亮：《区域环境风险分析与管理》，中国环境科学出版社2006年版，第3页。

地区受到了轻度核污染；其二是跨越国家内部不同行政区[①]的地域和行政管理边界，如太湖流域就曾多次发生苏、浙两省的跨界水污染事件。本文对跨界环境风险的讨论，将以长三角地区为例，重点关注的是跨越两个及以上行政区范围的人为环境风险[②]，亦即源于某一行政区人们的生产、开发与生活等各类活动，对除了本行政区以外的一个（或多个）行政区的当前或未来的环境质量、人类健康以及经济社会发展等可能产生的威胁及其后果。

（二）长三角地区跨界环境风险的主要类型

长三角地区是中国经济社会最发达、最具活力的地区之一，同时也是人口最密集、资源消费最集中、生态环境十分脆弱的区域。随着区域经济合作的不断深入，不同行政区之间优势互补、资源共享、共图发展已渐成共识。但与此同时，区域经济的一体化在一定程度上也加速了区域环境风险的一体化，区域内跨界环境风险及其引发的风险冲突日益突出。从风险的来源来看，近年来长三角地区面临的跨界环境风险主要包含以下几种类型。

其一是上、下游型跨界环境风险。主要是指共享水资源的上、下游不同地区之间的跨界水环境污染风险。长三角地区水网稠密、水资源丰富，但由于江、河、湖、海的分布往往跨行政区域分布，使得区域内跨界水环境污染风险十分突出。以太湖为例，相关资料显示，太湖流域省界河流32个监测断面均受到不同程度污染，水质无一断面达到地表水Ⅲ级标准。

---

① 国家根据有关法律规定以及政治和行政管理的需要，在充分考虑经济联系、地理条件、民族分布、历史传统、风俗习惯、地区差异、人口密度等客观因素的基础上，将全国的地域划分成若干层级大小不同的行政区域，并设置相应的地方国家机关（地方政府）来实施行政管理。中国的行政区通常被划分为省（自治区、直辖市）级、市（自治州、县/区、自治县）级、乡（民族乡、镇）级等几个不同的级别。

② 跨界环境风险既发生在跨省级行政区之间，也发生在跨市（县）级和乡（镇）级行政区之间。总体上说，跨省级行政区的环境风险及其引发的社会冲突较为严重，治理的难度也比较大。

其中，IV类占37.5%，V类占12.5%，劣V类更是占到50.0%。[1] 位于苏、浙、沪边界的江苏昆山、吴中和吴江，浙江的嘉兴、嘉善和平湖，以及上海的青浦和松江等交界地区是长三角地区跨界水污染风险与风险冲突事件的重点发生地区。

其二是点源型跨界环境风险。主要是指存在一个或多个潜在污染或事故的来源点，它们威胁到毗邻的一个（或多个）地区。此类跨界环境风险的来源在一个或若干个清晰明确的位置集中，无论是毗邻还是距离边界有一段距离，都会引发对该种环境风险的问题意识或成为风险感知的焦点。长三角区域范围内的垃圾焚烧厂、危险化学品仓库以及长江沿线密布的各类化工厂等均属于这一类型跨界环境风险的重要来源。

其三是交互影响型跨界环境风险。这一类型跨界环境风险的产生往往与国家和地区的环境政策、能源与运输体系、经济结构和工业生态等诸多因素相关，风险的成因多元、间接，甚至隐秘，所产生的影响比较广泛和分散，利害关系更趋复杂。近年来频繁爆发的覆盖整个长三角地区的雾霾污染是这类跨界环境风险的典型例证。由于地缘关系上的相邻，苏、浙、沪三地不仅大气污染问题与污染特征趋同，而且彼此间相互影响和相互叠加，形成了交叉型、复合型大气污染风险。

二　风险冲突与放大：跨界环境风险的本质特征

跨界环境风险作为一种发生在跨边界区域的环境风险，与一般环境风险相比，既具有某些共性特征，同时也具有其自身的独特性特征。一方面，无论是水环境污染、大气污染的风险，还是工业事故的危险、化学危险品和放射性物质的移动而产生的对人体健康的损害等，都不会因不同的行政管辖范围的存在而有所改变。也就是说，环境风险对人类及其环境的

① 太湖流域水资源保护局，2013年4月发布的第188期《太湖流域及东南诸河省界水体水资源质量状况通报》，网址：http：//www.tba.gov.cn：89/web/index.jsp。

威胁，既不受制于行政管辖权，也不因政治权力而发生改变。[①] 从这方面来看，一般环境风险所具有的突发性、高危性、人为制造性和不确定性等共性特征[②]，也是跨界环境风险具有的基本特征，亦即这些共性特征在跨界环境风险中均有比较突出的表现。另一方面，跨界环境风险来源地点的特殊性，即最起码涉及两个（或以上）的行政区域，又使得跨界环境风险无论是在对生态环境存在的直接（或潜在）的影响方面，还是在对人类健康和经济社会存在的影响方面，均表现出与一般环境风险的明显不同，具有其自身的独特性特征，这种独特性主要表现在以下两个方面。

其一，由于在产生环境风险的地区与暴露在潜在的有害环境影响之下的地区之间存在空间上的分隔，很可能造成潜在的跨界环境风险一旦爆发，就会导致严重的环境风险冲突事件。这主要是因为“边界附近或边缘地带，无论在地理位置上还是社会政治上，都是环境退化以及地方权力部门和管理精英们所实施的迟缓与无效的缓和风险措施的主要促成因素”[③]。换言之，行政区边界附近和边缘地带常常是环境风险管理体系不完善、风险应急反应能力不足的地区。这种状况的存在，极易造成跨界环境风险会在原先的基础上进一步放大，甚至会酿成严重的“脱域”环境危机。正如贝克在其风险社会理论中所断言的，“危险越过漠不关心的围墙，到处肆虐”。[④] 而如果跨界环境风险的输出与接受地区之间曾经存在历史冲突，或者正处于关系紧张时期，抑或存在文化差异的话，那么，这些因素都会成为阻碍双方之间进行环境风险信息沟通的“边界障碍”，并导致环境风险事件可能会进一步升级，甚而引发双方之间严重的风险冲突。

其二，跨界环境风险事件发生后，常常会与心理、文化、社会、制度

---

① Cutter, S. L., *Living with Risk*: *The Geography of Technological Hazard*. Londan: Edward Arnold, 1993, pp. 67 – 68.

② 王芳：《转型加速期中国的环境风险及其社会应对》，《河北学刊》2012 年第 6 期。

③ J. X. Kasperson, R. E. Kasperson., “The Social Contours of risk.” *Risk Analysis*, *Corporations & the Globalization of Risk*, London: Earthscan, 2005, p. 198.

④ Beck, U., *Risk Society*: *Toward a New Modernity*. London: Sage, 1992, p. 46.

等过程相互作用，从而增加（或降低）环境风险的被察觉程度，进而影响到群体和个体的环境风险行为。[①] 这是因为个体和群体的风险经历与风险行为反应存在“社会嵌入性”，即个体会根据特定的利益和价值观的驱使对风险信息进行筛选、加工和传播，同时个体作为群体或组织的成员进行行动时，遵守的不仅是个人价值模式，还会根据所在群体或组织的文化规范要求来感知和构造风险问题。[②] 而群体和个体的这些行为反应，反过来又会造成二级、三级乃至更多层级的次级社会与经济后果，亦即形成跨界环境风险的“涟漪效应”，并且这些后果不仅包含了对生态环境和人类健康的直接影响，同时也包含了一系列重大的间接影响，比如对社会制度信心的丧失、对社会事务的疏离以及对社会价值体系的破坏等。如此一来，即使原本并不太大的跨界环境风险“出口”，经过上述社会过程对风险信号的感知和处理，也可能会引发公众的担忧，甚至大规模的集体抗议行动，形成环境风险的社会放大效应。以上、下游地区的跨界水环境污染风险为例，早在20世纪90年代，太湖流域就开始发生苏、浙两省的跨界水污染纠纷事件，随着时间的推移、两地经济的不断发展以及人们环保意识的逐步提高，由跨界水污染引发的环境纠纷与社会冲突也日趋严重，并最终引发了浙江嘉兴市三千多民众因不堪忍受江苏吴江市长期跨界水污染的侵扰和祸害，筑坝封堵边界河道麻溪港的“零点行动”。[③] 事件发生时两地群众情绪对立，发生了大规模的冲突，并且引发了大范围的媒体报道和社会关注，以至于事件发生后经过国家环保部、水利部和相关省、市领导的共同出面进行协调和处置，才得以最终平息。

跨界环境风险具有的这种易于引发风险冲突及其社会放大效应的独特性特征，也是跨界环境风险的本质特征之所在。它使得跨界环境风险的发

---

① J. X. Kasperson, R. E. Kasperson., *The Social Contours of Risk (I): Publics, Risk Communication and the Social Amplification of Risk*, London: Earthscan, 2005, p. 57.

② B. B. Jonson, V. T. Covello., *The Social and Culture Construction of Risk*, Dordrecht: Riedel, 1987, p. 251.

③ 虞锡君：《太湖流域跨界水污染的危害、成因及其防治》，《中国人口·资源与环境》2008年第1期。

生在加剧相关地区环境风险和环境脆弱性的同时，也加剧了更大区域范围内的社会风险和社会的脆弱性。

三　合作共治：跨界环境风险治理面临的难题与挑战

跨界环境风险的基本特性与本质特征决定了要实现对跨界环境风险的有效治理，仅仅依靠某一个行政区的单独行动很难取得成功，相反，必须依靠各个相关行政区之间的信任、互动与合作来达成共同治理的"集体行动"。而"集体行动"要得以生成，依照曼瑟尔·奥尔森"集体行动的逻辑"，必须具备认知统一、利益协调和制度约束机制等三个基本条件。[①]然而，在现实生活中，由于长三角地区各地在经济发展水平、环境利益结构、环境风险理念和环境保护意识等方面均存在差异，加之改革开放以来形成的行政区划分割和纵向分权体制的作用，跨界区域的各行政区之间在环境目标及环境决策的制定与执行等方面常常会出现矛盾与冲突，跨界环境风险合作共治集体行动的达成也面临着诸多难题与挑战。

（一）"发展主义"至上，环境风险及其合作治理理念缺失

改革开放以来，长三角地区作为中国优先发展的区域之一，在成为经济社会发展的一个高速增长极的同时，也成了区域环境风险的一个高速增长极。长三角地区不断加剧的跨界环境风险，在很大程度上与区域内各行政区地方政府所秉持的"发展主义"理念密切相关。在"发展主义"情结的作用和影响下，发展的目标、主体、过程和绩效量度都被等同或者简化为 GDP 的增加，"GDP 至上"不仅成为各级地方政府及其官员们的一种意识形态话语和思维定式，同时也成为一种物化的政策取向、制度设计

---

① 金太军、唐玉青：《区域生态府际合作治理的困境及其消解》，《南京师大学报》（社会科学版）2011 年第 9 期。

和行动偏好。① 相反，与经济发展相伴生的环境风险却被极大地忽视甚至是漠视了。

突出表现之一是环境风险意识的缺失与理念认知转型的艰难。通常而言，“先预防、后治理”是环境风险治理的一个基本原则。正如戴维·奥斯本所指出的，有预见的政府要做的根本事情之一就是要使用少量的钱预防，而不是花大量的钱治疗。② 然而，为了追求任期内 GDP 的不断增长，拼生态、拼环境、拼资源，开足马力开展 GDP 锦标赛，已经成为地方政府官员的主流观念和文化共识。而由于环境风险的预防和环境状况的改善不仅需要长期和大量的投入，而且在短时期内亦很难显现出其成果和政绩，因而常常会被自觉或不自觉地置于“口头上重要、行动上可以不要”的位置，甚至有些地方还将其看成发展经济的一种阻碍。上述种种情况的存在导致了环境风险的预防和治理常常被置于地方经济发展之后，甚至游离在某些地方政府的决策和行动之外。诚然，随着“科学发展观”的提出和不断强化，加之生活水平不断提高后公众对环境质量日趋强烈的诉求，都在倒逼着地方政府转变“GDP 至上”的理念，走出“发展主义”的误区。然而，理念认知系统自身的封闭性和顽固性，常常会使理念认知的转换难以一蹴而就，往往呈现新旧认知理念的激烈冲突，更何况新旧理念自身亦存在多元价值观念的协调统一问题，也令相关主体在缺乏充足知识结构的条件下难以适从③。

另一个突出表现则是环境风险合作治理理念的缺失。在现行的政治经济体制和环境考核制度下，各级地方政府需要同时担负发展地方经济和保护地方环境的双重责任。如果说，环境风险意识的缺失导致的是地方政府对于本地环境问题采取的是“先污染、后治理”策略的话，那么，对于

---

① 郇庆治：《“发展主义”的伦理维度及其批判》，《中国地质大学学报》（社会科学版）2012 年第 4 期。

② ［美］戴维·奥斯本、特德·盖布勒：《改革政府》，上海市政协编译组东方编译所译，上海译文出版社 1996 年版，第 202 页。

③ 金太军、唐玉清：《区域生态府际合作治理的困境及其消解》，《南京师大学报》（社会科学版）2011 年第 9 期。

跨界环境风险而言，由于其往往发生在地理和行政边界比较模糊的区域，风险的形成又多是企业、行政管理部门等多个行为主体共同作用的结果（例如，太湖蓝藻的爆发就是环太湖区域各地经济发展过程中众多企业“合力”造成的结果），亦即风险涉及的责任主体比较广泛，并且这些责任主体的权利和地位等又常常难以明确界定与划分，因而，在缺乏相应的制度机制约束的情况下，基于“搭便车”的社会心理，采取非合作博弈，想方设法逃避自己的责任，而将难以界定的跨界环境风险的预防和治理成本转嫁给他方，以尽可能地降低本地区环境风险预防和治理的成本，“多污染、少治理”抑或“我污染、他治理”，则成为各级地方政府对于跨界环境风险治理的一种理性策略选择。这种状况所造成的最直接的后果，正如乌尔里希·贝克所指出的，就是“有组织的不负责任”。[①]

（二）环境利益结构不同，跨界区域环境目标、决策的制定与执行存在矛盾和冲突

伴随着改革开放后中央政府持续性的权力下放，各级地方政府逐渐形成了各自独特的利益视角和利益结构。具体到长三角地区跨界环境风险合作治理的实践而言，表现在各级行政区地方政府受到自身环境利益结构的影响和支配，常常以本地区的利益最大化作为跨界区域环境风险合作治理的逻辑起点。这种状况不仅导致了跨界环境风险治理过程中的错综复杂的利益格局，同时也催生了各级地方政府在经济发展与环境保护、行政区地方利益与区域公共利益之间多重交叉重叠的矛盾与冲突，从而严重阻碍了区域环境风险治理整体性目标与合作治理行动的形成。

其一，在跨界区域的环境功能区划上存在矛盾，造成防范和协调治理跨界环境风险在责权利等方面的前提和基础被大大削弱。迄今为止，中国的环境管理实践主要是以行政区划为环境管理的行政单元，行政区地方政府是行政区环境管理最主要的主体。然而，由于长三角各行政区在地理位

---

① 薛晓源、周战超：《全球化与风险社会》，社会科学文献出版社2005年版，第23页。

置、自然资源禀赋、环境容量以及所处的环境风险接收和输出的地位等方面均不尽相同，由此就形成了各行政区在制定跨界区域的环境功能区划及环境目标时的“个性化”追求，以及跨界区域相邻的行政区彼此之间的不衔接和不一致，甚至是矛盾和冲突。这一状况在跨界水环境风险治理中尤为突出，突出的表现是位于上游的行政区政府所划定的水环境功能区及其相关的标准，明显地要宽于位于下游的行政区政府的划定[①]，相应地，就出现了下游地区在跨界区域设有饮用水源取水口，而上游地区却在跨界区域建设化工企业集聚区的矛盾，从而使下游地区乃至整个流域的水环境安全面临严重的风险隐患。

其二，经济发展水平的不平衡导致毗邻地区在环境目标、环境政策及其执行与监管的力度等方面存在差异。尽管长三角地区经济发展的水平总体而言都比较高，但仍然还存在不少相对落后，对污染产业和企业依赖性较高的行政地区。由此，当牵涉经济利益、就业问题尤其是官员政绩时，环境风险的治理就会被这些地区所忽视。随着经济发展水平的不断提升，处于区域经济社会发展龙头地位的上海对本地环境保护的投入和要求逐年提高，先后启动了六轮“环保三年行动计划”，制定了日趋严格的环境管理法规、制度和标准，并率先进行产业结构的调整和优化，加大对高耗能、重污染企业的整治力度。与上海相比，苏、浙地区的一些二、三线城市和乡镇地区的经济发展则尚存一定的差距，其环境保护标准和环境治理能力等也相对较低。基于发展地方经济的迫切要求，这些地区不仅对上海迁出或淘汰的污染企业予以引进和接纳，而且对落户本地区企业的环境污染行为在监管上往往“睁一只眼闭一只眼”，甚至是包庇和纵容的态度。然而，地域上的相邻使得污染企业在长三角区域内的迁移不仅造成了环境污染风险在长三角不同行政区间的流转、扩散乃至重新“回归”，也最终导致了区域内大范围的连片污染（如长三角地区近年来持续爆发的大范围的严重雾霾污染），从而大大增加了区域环境风险合作治理的成本与难度。

① 刘国才：《如何应对跨界区域环境问题?》，《中国环境报》2014 年 3 月 18 日。

（三）跨界环境合作制度机制不完善，运行低效、缺乏稳定与可持续性

为了应对不断加剧的跨界环境风险问题，近年来长三角两省一市的地方政府开始寻求通过建立一定的制度机制以促进区域环境的合作治理。例如，2008 年 12 月建立了长三角地区环境保护合作联席会议制度，2009 年 7 月共同签订了跨界环境应急联动方案，2010 年上海世博会期间实施了区域大气污染联防联控工作机制等。然而，日益严峻的跨界环境风险的状况表明，已经开展的环境合作无论是在制度的设计，还是在机制的运行方面都还难以胜任区域环境合作治理的目标与要求。

首先，是地方政府间跨界环境风险合作治理的制度设计还很不完善。表现之一是目前针对地方政府跨界环境合作的内容还缺乏相关法律法规的支持。尽管国家《环境保护法》规定了“跨界行政区的环境污染和环境污染的防治工作，由有关地方政府协商解决，或由上级人民政府协调解决”[①]，但这一规定只是原则性的，在合作治理的权限、治理责任的划分、污染责任的追究、合作治理的方式手段等方面不仅存在不确定性，也缺乏可操作性。表现之二是现有的合作机制更多侧重于一些经常发生跨界污染的区段以及发生环境污染事件之后的协商解决，对于区域环境风险的整体性、预防性和深层次的合作机制，如环境风险的联合监测和预警、环境风险信息和治理技术的共享、跨界联合环境执法、环境风险事件的损害评估与生态补偿、环境危机事件的应急驰援，以及环境风险影响的情境恢复等一系列对于跨界环境风险合作治理十分重要的制度设计，大都还处于起步阶段和草创时期，抑或仅仅停留在象征性的宣传和呼吁阶段，亟待建立和完善。

其次，是已有合作机制的运行效率较低，且缺乏稳定性与持续性。已经建立的长三角环境保护合作联席会议制度，基本上属于一种松散型、自

① 杨妍、孙涛：《跨区域环境治理与地方政府合作机制研究》，《中国行政管理》2009 年第 1 期。

愿承诺式的对话协商机制。由于两省一市的环保部门属于平级机构，而各地的环保工作重点与模式又各不相同，因而经联席会议协商达成的协议往往由于法定约束力不强而难以得到有效执行，从而也使这一制度能够发挥的作用被大打折扣。加之在目前的环境管理中起实质作用的地方政府之间的关系模式，主要是一种垂直的纵向运行机制，跨界环境风险事件发生后往往是逐级上报，上级政府的决策再逐级下达。在这样的垂直运作机制下，地方政府间的横向的环境信息沟通网络往往比较封闭，即使存在联席会议机制，也很难及时发挥协调作用，从而大大降低了机制运行的效率。而其他为数不多的合作机制大都是针对某一项具体活动而展开的，如长三角区域内的大气污染联防联控工作机制就是围绕上海“世博会”制定和实施的①，因而往往具有临时性的特点，活动结束后，由于受到各地政府的环保专项资金无法同时到位、联防联控技术水平参差不齐等条件的限制，这些机制的运行很难再取得实质性的进展。

四　文化与制度创新：跨界环境风险治理的对策思路

面对长三角地区跨界环境风险治理中存在的集体行动的困境，要破解跨界环境风险合作共治在理念认知、利益结构和制度机制等方面存在的诸多难题与挑战，良好的风险文化与区域共识、完善的跨界合作制度规则以及务实的跨界合作体制机制的创设等至关重要。由此，以文化和制度的创新为突破口，加大力度培育区域环境风险合作新文化，构建环境风险共担、环境利益共享的新型区域环境利益协调机制，建立和完善多主体、全过程、复合型环境风险防控和治理的网络体系，以不断提升区域环境风险合作共治的水平和能力，是实现跨界环境风险有效治理的关键着力点与对策选择。

① 查玮：《区域合作机制须由虚变实——关于长三角大气污染联防联控的调研报告》，《中国环境报》2012年2月7日。

(一)培育区域环境风险合作新文化,凝聚和谐共生、合作共荣的区域共识

社会的发展进步与文化的创新发展密切相关,需要不断地由先进的文化加以引领。着力开展文化创新,培育以生态价值观为导向,建设生态型区域为核心目标,环境风险意识与风险沟通、信任与合作为主要内容的区域环境风险合作新文化,可以为区域跨界环境风险的合作共治凝聚文化共识,营造良好的社会环境。

培育区域环境风险合作新文化,首先要转变"发展主义"和"GDP至上"的发展观,树立环境风险意识以及人与自然、环境与社会和谐共生的生态价值观与生态文明理念。对此,一方面要正确地把握跨界环境风险的本质特征和社会现实,以防范和减少区域环境风险的发生,避免区域环境风险及其环境与社会双重后果的扩散为治理的主要目标,将发展理念和战略的选择从关注本地经济增长转变到关注更高层次的区域生态文明建设和区域经济社会与资源环境的可持续发展。另一方面,应当加快对地方政府绩效评估相关制度的改革,逐步将政绩考核的内容从仅仅关注 GDP 总量与速度的增长,向更广泛地考察资源节约、环境保护、公众生活质量与满意度等指标拓展,以绿色 GDP(从 GDP 中扣除表现为市场价格的资源成本和不表现为市场价格的环境损失代价)核算体系取代单一的 GDP 指标作为干部政绩考核的主要标准;同时,政绩考核的范围也应在涉及单个行政区的同时,兼顾对周围行政区抑或整个长三角区域的资源环境做出的贡献或造成的损失,以期通过更为科学和合理的绩效评估制度的设立和实施,引导和激励地方政府与官员环境管理理念的转变与提升。

培育区域环境风险合作新文化,还应增强环境风险沟通意识,树立相互信任、合作共荣的价值理念和区域共识。面对大量的环境风险冲突事件,风险沟通是解决风险冲突的关键。有效的环境风险沟通,不仅能够确保风险信息的顺畅流动,更重要的是塑造地方政府之间以及政府、专家与公众等环境风险利益相关者之间持久和稳定的社会关系,维持相互之间尤

其是公众对于政府的信任。而信任是社会中最重要的综合力量之一[1]，是开展环境合作的黏合剂。各地方政府之间以及环境决策者与施行者之间的相互信任，可以有效地化解彼此间的分歧，减少集体行动的障碍，推动各方在跨界环境风险治理中愿意通力进行配合与合作。为了建立区域内各地方在政府、各社会行动者之间真正的互相信任，需要着力增强人们对区域的认同感以及合作共荣的价值理念。正如弗兰西斯·福山所指出的，“虽然契约和自我利益对群体成员的联属相当重要，可是效能最高的组织却是那些享有共同伦理价值观的社团，这类社团并不需要严谨的契约和法律条文来规范成员之间的关系，原因是先天的道德共识已经赋予社团成员相互信任的基础”。[2] 由于地缘关系及历史因素，苏、浙、沪三地对长期以来形成于长三角地区的“吴越文化”有着较高的区域性认同，这对区域环境保护共同体的形成能够发挥十分重要的作用。由此，弘扬、传承并不断丰富具有“和谐、兼容”精神气质的吴越文化，有助于形成区域合作共赢和共同发展的价值理念与行为规范，从而为跨界环境风险的合作共治奠定坚实的文化基础，提供有力的精神支撑。

（二）强化区域环境合作制度设计，构建新型的环境利益协调机制及其制度保障体系

利益问题是长三角地区开展环境风险合作共治的根本性问题。由于环境利益结构不同，以及利益平衡制度机制的不完善，长三角各地在发展规划、产业政策、环境管理等方面存在各种利益摩擦与利益冲突在所难免。而要公正地处理好这些存在于各行政区间的诸多复杂的利益关系，制度创新是关键。着力创设和完善激励与约束兼容的环境利益平衡与协调机制及其相应的组织与法律保障体系，可以为跨界环境风险治理的府际合作提供

---

① ［德］格奥尔格·齐美尔：《社会是如何可能的》，林荣远编译，广西师范大学出版社 2002 年版，第 178 页。

② ［美］弗兰西斯·福山：《信任——社会道德与繁荣的创造》，李宛蓉译，远方出版社 1998 年版，第 37 页。

持续不断的动力。

首先，应从区域环境公共利益最大化出发，构建以利益共享和利益补偿为主要内容的新型环境利益协调机制，引导和激励各行政区地方政府环境风险治理行为输出的协调统一，这也是区域环境合作制度设计最为核心的议题。通常而言，地方主导产业的战略选择与资源环境的消耗密切相关，也是地方经济发展与区域整体发展规划的重中之重。尽管苏、浙、沪三地同处一个区域经济圈内，存在许多合作的基础，但从目前情况来看，各行政区地方政府为了追求政绩和维护本位利益，相互间在产业以及自然资源等方面仍然存在大量非良性竞争，并且这些竞争已构成地方环境利益冲突的焦点和主要内容。对此，应以“风险共担、利益共享”为基本原则，以区域生态环境承载力为基础和底线，从发挥各地不同区位资源环境特点与产业结构比较优势出发，对区域整体产业结构进行统一优化与调整，建立与环境容量、资源约束相适应的产业开发新格局，以降低由各行政区之间过度的产业同构所导致的将过多资源集中于某一产业所带来的巨大的环境风险与环境压力，进而消除地方环境利益冲突的根源。诚然，在区域资源组合和产业结构调整过程中，不可避免地会造成一些地方要让渡甚至牺牲一部分自己的机会和利益，对此，应当本着“谁开发谁保护、谁破坏谁恢复、谁排污谁付费、谁受益谁补偿”的原则，创设环境污染与生态补偿机制以及相应的财政转移支付制度，对利益损失方给予合理的机会与利益补偿。以期通过环境利益的规范转移来实现地区间的利益平衡与环境公平，通过环境利益的共享来消除地方保护主义，激励各方环境合作的动力，进而促进和实现行政区经济发展与区域环境保护的双赢。

其次，新型的环境利益协调机制的有效运行需要完善的组织与法律体系作保障，这是区域环境合作制度创新的另一个重要议题。一方面，环境利益协调机制需要实体化的组织形态作载体。对此，需要加快变革目前地方政府之间“切割式”的关系模式，通过合作行政建立多层面、多维度、制度化的环境合作组织体系。在纵向层面，中央政府应建立高于地方行政层级的资源环境综合管理部门，以有效地杜绝多龙治水、多头管理造成的政出多门、相互矛盾的局面，同时对省级地方政府的跨界环境合作与利益协调加以约束、监督和指导；在横向层面，可由苏浙沪省级政府牵头建立区域环境合作治理权威性的协调机构，全权负责区域内生态环境统一规划、产业整体布局、环境公共投资、生态环境补偿等一系列区域环境合作政策的制定和实施，同时对下一层级跨市（县）级的协调机构进行督促和指导[①]，使环境风险事件一旦发生就能迅速启动对应层面的协调机制进行联合处置，以最大限度地降低环境风险事件的经济损失与社会影响。另一方面，环境利益协调机制还需要有完善的法律法规体系作保障。对此，一是要在国家《环境保护法》的修订过程中补充和完善有关环境风险的相关条款和内容，对环境风险的防治做出更加明确和具体的规定，如制定统一的污染物排放标准和环境风险评估方法等。二是探索建立地方政府跨区域环境合作的相关法律法规，对区域环境治理协调机构的法律地位和管理权限予以明确界定，赋予其参与区域内各行政区环境与发展综合决策以及监理跨界环境污染问题的法定权限，并保障其环境执法权；同时对地方政府在跨界环境治理中的权力行使、责任分担、责任追溯、费用分摊、损害经济补偿等做出明晰化和可操作性的规定，以期通过法律法规的有效约束，推动地方政府间的跨界环境合作治理朝规范化、法制化和制度化的方向发展。

（三）激发市场与社会活力，建立和完善多主体、全过程的复合型环境风险治理网络

前已述及，长三角地区现行的环境管理主要是一种基于以政府为主体、以污染控制为主要目标的单一型环境管理模式。实践证明，这一管理模式虽然在资源动员、社会整合、市场规范等方面具有一定的权威性并在区域环境保护中发挥过积极作用，但由于权力过于集中，不利于环境风险的分散和责任的分担，因而在面对成因复杂、时空尺度多变、责任主体广泛、冲突与放大效应明显的跨界环境风险的治理时已逐渐显现出其困境和力不从心。由此，在不断调整和理顺政府内部各种关系的同时，还应充分

---

① 跨市（县）级的协调机构负责对其下一级的跨乡（镇）级的协调机构进行督促和指导。

调动市场智慧，激发社会活力，着力构建一种以政府为主导，政府、市场与公民社会多元主体优势互补、协同合作的复合型治理网络。

复合型治理网络是一种新型的环境治理结构，它以多元主体构成的网络结构替代以往政府为单一主体的块状结构，是由“国家治理机制通过与日益壮大的市场机制、新兴的公民社会机制的不断互动，形成的一个结构紧密、环节众多、相互间能进行反思性监控的现代治理形态”。[①] 建立和完善长三角地区跨界环境风险的复合型治理网络，首先要进行环境治理结构的变革，亦即要将政府部门、环境非政府组织、企业、家庭和个人等在内的所有社会组织和社会行动者都纳入环境风险治理的网络之中并使他们成为参与者，在发挥多元主体参与环境风险治理各自优势与功能的同时，也让每一个参与者都享有环境风险治理结果和利益的权利，即成为受益者。对此，一方面要善用市场之手，运用市场化手段破除行政区壁垒，大力提高市场和企业对环境风险治理的介入性，在区域产业转型升级、风险治理的资金、技术和服务中充分发挥市场机制的作用和环保企业的力量；另一方面要在环境决策、污染监管、环境风险影响评估等各个重要环节中通过充分、及时的信息公开和搭建沟通与参与的平台，引导和激发环境非政府组织与社会公众等社会组织和社会力量参与环境风险治理的活力，释放其在区域环境保护中的正能量。通过国家、市场和公民社会三种机制的相互支撑与制衡，以及多元治理主体之间的相互渗透、合作联动，共同构成一个责权分明、分布均衡且富有弹性的预防、分散和减少区域跨界环境风险的基本治理框架。

建立和完善长三角地区跨界环境风险的复合型治理网络，同时也意味着要对区域环境治理的方式进行变革，亦即要以“预防为主，防治结合”为基本原则，从以往单一维度的以环境污染控制为目标的末端治理向对跨界环境风险进行主动预防、控制和治理转变，力求最大限度地避免跨界环境风险的不断扩散以及由可能性风险转化成后果严重的风险，降低跨界环境风险与风险事件爆发的概率与可能带来的损失与危害。对此，一是要从以往只关注跨界环境风险爆发后的应急处置转变到关注源头防范、事中响

① 杨雪冬：《风险社会与秩序重建》，社会科学文献出版社2006年版，第64页。

应和事后应急的全过程，将跨界环境风险识别、风险选择、风险评估、风险沟通、风险分配、风险规避以及风险事件后的环境情境恢复、受害方的环境救助等内容一并纳入跨界环境风险的防治过程之中；二是要立足不同区域与地区的环境风险事实，建立、完善并实施分类、分区、分级和多层次、多维度的跨界环境风险的联防联控机制，在环境风险监测、预警、执法和应急驰援等各个环节中展开对跨界环境风险治理的合作行动。

综上所述，当越来越多的环境风险跨越地缘边界成为区域社会一种潜在的现实，环境风险社会的来临成为一种理念渗透到人们的思想与心灵的时候，唯有通过文化与制度的创新，促进区域环境治理理念的转变、区域内部各种关系的协调以及现代环境治理体系的构建，进而推动多元主体环境治理能力的提升与风险合作共治行动的生成，才是有效应对跨界环境风险，实现区域环境安全与经济社会协调发展的唯一正途。

（本文原载于《中国地质大学学报》2014 年第 5 期）

环境社会学视野中的空气质量问题：大气细颗粒物污染（PM 2.5）影响因素的跨国数据分析*

王　琰**

［摘要］　大气细颗粒物污染（PM 2.5）已经成为世界上主要的环境问题之一。本文试图通过政治经济学、生态现代化理论和世界体系理论等分析框架，在世界范围内解释细颗粒物污染现象的影响机制。对114个国家的分析结果表明，生态现代化理论对细颗粒物污染的解释得到较好的支持，PM 2.5问题随着现代化进程的深入得到有效治理，其中城市化水平和PM 2.5质量浓度呈倒U形曲线关系，国家科技水平和政府环境治理程度的提高都会显著降低PM 2.5质量浓度。政治经济学理论强调的经济发展对环境的线性负面影响没有得到支持。研究还发现对细颗粒物浓度的环境风险转移确实在世界范围内存在，世界体系理论得到部分支持。

［关键词］　大气细颗粒物污染　环境社会学　生态现代化理论

---

* 本文得到中央高校基本科研业务费专项资金资助项目（NKZXB1481）资助。本文曾在第四届中国环境社会学学术研讨会“气候变化与环境政策”专题上宣读，包智明教授、洪大用教授、陈阿江教授及与会学者对本文的修改和完善提出了宝贵的意见，本研究还得到了刘集林副教授、宣朝庆教授和赵万里教授的支持和帮助，在此一并致谢。文责自负。

** 作者简介：王琰，女，1987年生，南开大学周恩来政府管理学院社会学系，讲师，主要研究方向为环境社会学、社会分层和定量研究方法。

政治经济学 世界体系理论

人类的现代化进程实现了生产力的大幅度进步和生活水平的显著提高，但同时也给自然环境带来了巨大压力，产生了诸多的环境问题。其中，大气细颗粒物（PM 2.5）污染因为对人体健康、大气能见度和地球辐射平衡的严重危害[①]，受到民众广泛关注。PM 2.5是指空气动力学直径小于或者等于2.5微米的颗粒物，其化学组成由于各地污染源的不同而有所差别，是构成雾霾的主要成分。因为直径极小，PM 2.5可以通过呼吸系统沉积到呼吸道和肺泡，甚至进入其他器官。PM 2.5极易吸附有毒重金属、有机污染物、细菌和病毒等[②]，人体暴露在PM 2.5浓度较高的环境下会导致呼吸系统和心血管疾病[③]，甚至引发癌症[④]。现有研究多将PM2.5污染现象作为一个纯粹的物理化学过程，从自然科学的角度对其化学组成成分和污染源进行分析。但PM 2.5作为主要由人类活动导致的大气污染现象，[⑤] 对它的研究理应将经济、社会和政治过程纳入分析框架，从社会和环境互动的角度来讨论社会架构对细颗粒物水平的影响，从根本上探寻有效治理措施。

环境社会学对环境与社会的同步观照正是为这类研究提供了一个恰当的学科视角。通过将环境融入分析框架，环境社会学研究社会因素如何对

---

① 朱先磊、张远航、曾立民、王玮：《北京市大气细颗粒物PM 2.5的来源研究》，《环境科学研究》2005年第5期。

② 张文丽、徐东群、崔九思：《空气细颗粒物（PM 2.5）污染特征及其毒性机制的研究进展》，《中国环境监测》2002年第1期。

③ World Health Organization. "Health Effects of Particular Matter", http://www.euro.who.int/, 2013, p.6.

④ World Health Organization. "Outdoor Air Pollution: A Leading Environmental Cause of Cancer Deaths", http://www.euro.who.int/, 2013 - 10 - 17.

⑤ Judith C. Chow, John G. Watson, Zhiqiang Lu, Douglas H. Lowenthal, Clifton A. Frazier, Paul A. Solomon, Richard H. Thuillier, and Karen Magliano. "Descriptive Analysis of PM 2.5 and PM 10 at Regionally Representative Locations during SJVAQS/AUSPEX." *Atmospheric Environment*, Vol. 30, No. 12, 1996.

自然环境加以塑造以及自然环境如何影响或建构社会事实的双向过程。[1]在分析社会因素对环境的影响时，研究者提出三个主要分析框架：政治经济学范式、生态现代化理论和世界体系理论。政治经济学范式强调人类经济活动对环境造成的恶劣影响，认为经济发展的内生逻辑包含对自然资源无限制的需求，破坏了农业时代人类和土地协调共生的关系，因此经济增长和城市化进程必然导致严重的环境问题。生态现代化理论认为，社会发展不仅包括经济增长，同时也伴随着科学技术的进步、民众环保意识的提高和生态型国家的出现，这些都会促使人类自觉解决在发展前期造成的环境问题，最终在现代化进程中实现人类和自然的和谐相处。借鉴世界体系理论，一些学者从核心、半边缘和边缘国家在世界体系中的位置出发，探讨了各国的政治经济地位对全球范围内环境风险转移的作用。

这些理论为我们理解影响 PM 2.5的社会性因素提供了一个相对完整的理论框架，遗憾的是在现有研究中，学者们往往只是进行政治、经济等单一维度检验，例如政策调控[2]、经济活动[3]、人口结构[4]等因素的影响，较少综合考虑影响空气质量的社会因素。此外，研究者的关注焦点主要集中在传统的空气污染，如二氧化碳、甲烷等温室气体和二氧化硫、氮氧化

---

① 洪大用：《西方环境社会学研究》，《社会学研究》1999 年第 2 期。

② Dana R. Fisher and William R. Freudenburg, "Postindustrialization and Environmental Quality: An Empirical Analysis of the Environmental State." *Social Forces*, Vol. 83, No. 1, 2004.

③ Andrew K. Jorgenson, "Global Warming and the Neglected Greenhouse Gas: A Cross-National Study of the Social Causes of Methane Emissions Intensity, 1995." *Social Forces*, Vol. 84, No. 3, 2006.

④ Richard York and Eugene A. Rosa, "Choking on Modernity: A Human Ecology of Air Pollution." *Social Problems*, Vol. 59, No. 2, 2012.

物等酸性气体[①]，针对近年来民众极为关注的PM 2.5污染的社会学研究仍然是空白。相比于其他气体，PM 2.5的组成更为复杂，包括各种固体细颗粒和液滴，化学成分也更为多样；相比于粗颗粒物（PM 10），PM 2.5污染元素富集程度更高，其中对人体危害极大的有毒重金属和酸性氧化物富集了数十倍甚至数万倍；[②] 因为PM 2.5对大气能见度的影响更大，民众对PM 2.5的存在感受也明显，政府控制力度往往也较大。PM 2.5这些特点使它的发展和治理过程与其他空气污染物有极大差别，要求我们进行更细致的研究。本文希望借鉴环境社会学的三个核心理论，从国家经济、社会发展程度和国际地位等角度对PM 2.5污染进行多面向的社会学分析，探讨影响PM 2.5的社会机制，弥补现有研究的不足。

一 理论背景：现代化过程对环境的影响

（一）政治经济学范式

基于新马克思主义理论传统，政治经济学范式在讨论现代社会对自然环境的影响时，通常将经济发展和城市化过程视为自然环境恶化的罪魁祸首，强调二者和生态环境保护的对立性和冲突性。其中比较有代表性的理

---

① Andrew K. Jorgenson, "Global Warming and the Neglected Greenhouse Gas: A Cross-National Study of the Social Causes of Methane Emissions Intensity, 1995." *Social Forces*, Vol. 84, No. 3, 2006; J. Timmons Roberts, Peter E. Grimes, and Jodie Manale, "Social Roots of Global Environmental Change: A World-Systems Analysis of Carbon Dioxide Emissions." *Journal of World-Systems Research*, Vol. 9, No. 2, 2003; Richard York, "De-Carbonization in Former Soviet Republics, 1992 - 2000: The Ecological Consequences of De - Modernization." *Social Problems*, Vol. 55, No. 3, 2008.

② 魏复盛、滕恩江、吴国平、胡伟、W. E. Wilson、R. S. Chapman、J. C. Pau、J. Zhang：《我国4个大城市空气PM 2.5、PM 10污染及其化学组成》，《中国环境监测》2001年第7期。

论包括生产跑步机理论（Treadmill of Production）[①] 和城市代谢失衡理论（Metabolic Rift Thesis）[②]。

生产跑步机理论将资本主义经济模式比作一个永不停歇的、机械重复的生产跑步机，“由于经济自由竞争和资本的集中，经济增长成为社会发展的唯一动力和最终目的”。[③] 资本主义生产模式下的各个主体都被卷入这一过程中。为了在竞争中处于优势地位，企业需要扩大生产规模，将先进的科学技术运用在生产中，从而降低产品的单位成本。经济规模的扩大有助于劳动者降低失业风险，因此劳动者也是经济发展的支持者。由于经济生产是财政收入和税收的主要来源，再加上受到大型财团和民众意愿的影响，政府往往是扩大经济规模的支持者和赞助者。[④] 多元行动主体共同形成的支持经济增长的强力联盟使资本主义社会缺乏从内部停止生产对环境的破坏的动力，经济增长成为各主体的“理性”选择，忽视了经济对生态环境造成的非理性后果，不可避免地带来自然资源的耗竭和生态环境

---

① Kenneth A. Gould, David N. Pellow, and Allan Schnaiberg, “Interrogating the Treadmill of Production: Everything You Wanted to Know about the Treadmill but Were Afraid to Ask.” *Organization & Environment*, Vol. 17, No. 3, 2004; Allan Schnaiberg and Kenneth A. Gould. *Environment and Society: The Enduring Conflict*. New York, NY: St. Martins's Press, 1994; Allan Schnaiberg. *The Environment: From Surplus to Scarcity*. New York, NY: Oxford University Press, 1980.

② John Bellamy Foster, “Marx's Theory of Metabolic Rift: Classical Foundations for Environmental Sociology.” *American Journal of Sociology*, Vol. 105, No. 2, 1999; John Bellamy Foster, “Marx's Ecology in Historical Perspective.” *International Socialism*, Vol. 96, 2002.

③ Allan Schnaiberg. *The Environment: From Surplus to Scarcity*. New York, NY: Oxford University Press, 1980, p. 230.

④ Richard York., Eugene A. Rosa, and Thomas Dietz, “Footprints on the Earth: The Environmental Consequences of Modernity.” American Sociological Review, Vol. 68, No. 2, 2003.

的破坏。①

通过对马克思关于社会—自然互动论述的总结，福斯特（Foster）提炼出城市代谢失衡理论。该理论强调城市化过程带来的人与自然关系的异化，认为城市和乡村的对立反映了人类和土地之间的代谢失衡，产生了以土壤退化和人类废弃物对城市空间的侵蚀为代表的一系列生态危机。具体来说，城市化使人类活动脱离了与土地的直接联系，人类产生的有机废弃物无法像农业社会中一样循环返回土地，人地的平衡状态被打破。有机肥料的缺失催生了农业肥料工业的产生和发展，造成了包括地下水污染、湖泊水质恶化等大量的环境问题。城市化带来的大规模工业生产也隔绝了农业社会中传统的社会和自然环境的互动，导致对矿产资源的消耗、对森林的破坏和大量生产生活废弃物的产生。

在经济发展和人口向城市集中的过程中，至少会在以下三个方面促使PM 2.5浓度大幅度提高。首先，经济增长的一个重要动力是工业化水平的提升，比起农业耕作，工业生产需要更多的化石能源，同时也会排放出更多硫、氯、溴、铜、锌等工业污染元素，富集在细颗粒物中，提高细颗粒物质量浓度。② 其次，为了满足城市人口需要而进行的城市建设会导致大量的施工和道路扬尘，研究发现这些扬尘对细颗粒物的贡献率至少占到

① Kenneth A. Gould, David N. Pellow, and Allan Schnaiberg, "Interrogating the Treadmill of Production: Everything You Wanted to Know about the Treadmill but Were Afraid to Ask." *Organization & Environment*, Vol. 17, No. 3, 2004; Allan Schnaiberg and Kenneth A. *Gould. Environment and Society: The Enduring Conflict.* New York, NY: St. Martins's Press, 1994.

② 魏复盛、滕恩江、吴国平、胡伟、W. E. Wilson、R. S. Chapman、J. C. Pau、J. Zhang：《我国4个大城市空气PM 2.5、PM 10污染及其化学组成》，《中国环境监测》2001年第7期。

五分之一以上。[①] 最后，人类生产生活半径的扩大促进了交通方式的转变，机动车使用增加，排放的尾气中除了一次颗粒物之外，还包括挥发性有机物等可以催化二次颗粒物形成的气态污染物。

这两个理论都强调人类物质需要的无限性和自然资源环境的有限性存在根本矛盾，科技的进步和环保政策的实施不可能从根本上解决人类社会和自然环境的对立。新兴科技的使用会降低单位成本，提高资源利用率，创造更多的利润，但同时也会刺激生产者扩大生产规模，消耗更多的能源和资源，向自然环境排放包括细颗粒物在内的更多的废弃物。[②] 在经济发展模式保持不变的前提下，环保政策只能在小范围内减轻人类生产生活对环境造成的压力，长远看来无异于杯水车薪。生产跑步机理论提出，解决生产—环境二元困境的唯一有效途径是彻底解构现有的社会结构，改变生产者在人类发展进程中的核心地位。[③] 代谢失衡理论同样认为环境恶化的核心在于城市中组成的社会关系和自然的不相容性，因此只有根本意义上的人地关系转型才能解决环境问题。[④]

---

① Mei Zheng, Lynn G. Salmon, James J. Schauer, Limin Zeng, C. S. Kiang, Yuanhang Zhang, and Glen R. Cass. *Seasonal* Trends in PM 2.5 Source Contributions in Beijing, China. *Atmospheric Environment*. 2005, 39 (22), pp. 3967 – 3976；朱先磊、张远航、曾立民、王玮：《北京市大气细颗粒物PM 2.5的来源研究》，《环境科学研究》2005年第5期。

② Brett Clark and John Bellamy Foster. William Stanley Jevons, "The Coal Question: An Introduction to Jevons's of the Economy of Fuel." *Organization & Environment*, Vol. 14, No. 1, 2001; Kenneth A. Gould, David N. Pellow, and Allan Schnaiberg, "Interrogating the Treadmill of Production: Everything You Wanted to Know about the Treadmill but Were Afraid to Ask." *Organization & Environment*, Vol. 17, No. 3, 2004.

③ Richard York., Eugene A. Rosa, and Thomas Dietz, "Footprints on the Earth: The Environmental Consequences of Modernity." *American Sociological Review*, Vol. 68, No. 2, 2003.

④ John Bellamy Foster, "Marx's Theory of Metabolic Rift: Classical Foundations for Environmental Sociology." *American Journal of Sociology*, Vol. 105, No. 2, 1999.

（二）生态现代化理论

生态现代化理论发源于新经典主义传统，该理论基本上同意政治经济学理论对于工业化初期环境问题的论述，但坚持随着人类社会的发展，生态问题会"逐步纳入现代化进程"①，现代化与自然环境将表现出相互促进的关系。如果说政治经济学假设了工业化和环境问题的线性关系，生态现代化理论则认为人类社会的现代化进程对环境的影响呈倒U形曲线（即"环境库兹涅茨曲线"）——环境问题在现代化初期加剧，但随着现代化的继续发展会得到缓解。②

生态现代化理论根植于环境社会学家在20世纪90年代初期对工业化国家生产和消费模式转型、环境政策、制度变迁和环保对话体系等社会实践的观察。③ 当社会发展到一定水平时，人们会越来越意识到环境问题的危害和保护自然环境的重要性。④ 20世纪后期，发达国家出现大规模的群众性环境保护运动，呼吁国家、企业和民众采取措施来减少化石能源的使用，保护生态多样性，对工业生产实行严格的管理。⑤ 受到大众传媒、公众压力和非政府组织的推动，政府出台了大量保护环境的政策法规，引导

---

① Arthur P. J. Mol, *The Refinement of Production: Ecological Modernization Theory and the Chemical Industry*. Utrecht, the Netherlands: Van Arkel, 1995.

② James Van Alstine and Eric Neumayer, "The Environmental Kuznets Curve." In K. Gallagher (Ed.), *Handbook on Trade and the Environment. Cheltenham*, UK/Northampton, MA: Edward Elgar, 2008, pp. 49 - 59.

③ Arthur P. J. Mol., "Ecological Modernization: Industrial Transformations and Environmental Reform." In M. Redclift and G. Woodgate (Eds.), *The International Handbook of Environmental Sociology*. Cheltenham, UK/Northampton, MA: Edward Elgar, 1997, pp. 138 - 149.

④ 洪大用、范叶超：《公众环境风险认知与环保倾向的国际比较及其理论启示》，《社会科学研究》2012年第6期。

⑤ Frederick H. Buttel, "Ecological Modernization as Social Theory." *Geoforum*, Vol. 31, No. 1, 2000；叶平：《全球环境运动及其理性考察》，《国外社会科学》1996年第6期。

企业发展绿色科技，加大对环境保护的公共投资，使工业化过程中一度恶化的空气质量问题得到了有效的改善。

相对于政治经济学以经济生产为理论核心，生态现代化理论更强调现代科技、市场经济和政府行政力量的共同介入。以化工产业为例，摩尔（Mol）描述了这些因素的共同作用如何在日本、瑞士等国家使工业生产实现与环境保护的有机融合。[①] 在公司层面，环保部门成为公司的重要机构，负责将政府的环境要求转化为公司的具体规定和产品标准。到20世纪90年代后期，企业30%—80%的研发费用投入在环保相关的研究上。在行业层面，环保因素已经成为化工产业竞争的重要着眼点，消费者组织和第三方机构不仅对产品的环境风险进行检验，同时也要求企业提供细致的生产过程中的环境管理流程。在这些监管机制下，不符合国家环保规定、含有环境风险的生产工艺和产品被逐步淘汰。

根据生态现代化的理论逻辑，大气细颗粒物浓度随着经济水平和城市化的发展可能会呈现出先上升后下降的趋势，其中科技水平的提高和政府的有效治理是导致细颗粒物浓度下降的重要直接推动力。美国加利福尼亚州的空气治理过程有效地阐释了现代化过程中科技和政府治理的相互配合在降低细颗粒物浓度上的作用。1943年洛杉矶市光化学烟雾爆发初期，科学家对污染物的来源、组成成分、治理方法几乎一无所知。严重的污染问题和民众的呼吁促使加州政府开始了空气治理之路，在健康部之下设立了烟雾治理部门（Bureau of Smoke Control）。1946年，雷蒙德·塔克（Raymond R. Tucker）教授在洛杉矶进行了实地调查，试图寻求解决方法。1947年，加州州长厄尔·沃伦（Earl Warren）签署空气污染控制法案（Air Pollution Control Act），并依法在州内的每个郡成立空气污染控制区。1952年，加州大学洛杉矶分校的生物化学家哈根斯米特博士（Arie Haagen-Smit）成功鉴定出光化学烟雾的成分和来源，对空气污染的研究终于

---

① Arthur P. J. Mol.，"Ecological Modernization：Industrial Transformations and Environmental Reform." In M. Redclift and G. Woodgate（Eds.），*The International Handbook of Environmental Sociology*. Cheltenham，UK/Northampton，MA：Edward Elgar，1997，pp. 138 – 149.

取得了突破性进展。1955 年，美国颁布了联邦空气控制法案，为空气污染的研究和技术发展提供了大量的资助；同年，加州建立了专门处理烟雾事件的法庭，并开始对违规者进行处罚。1963 年，联邦清洁空气法案颁布，并于 1970 年、1977 年、1990 年陆续推出修正案，制定了更严格的空气污染物控制标准。1970 年，加州空气资源局（California Air Resources Board）设立捆绑法规，强制要求汽车制造商执行新的汽车尾气减排标准。经过数十年的治理，加州的空气质量已经得到明显好转。目前加州细颗粒物的年均值已经低至 12 $\mu g/m^3$，低于美国平均水平。[①]在英国等其他发达国家，空气污染的治理也经历了类似的过程。

（三）世界体系理论

进入 21 世纪，随着全球化的大规模发展和全球意识的崛起，环境社会学研究者开始借助世界体系理论，在全球范围内考察人类行为对生态环境的影响。世界体系理论认为，世界由核心国家、半边缘国家和边缘国家构成，在不同的历史时期内，国家在世界体系内的绝对位置可能会上升或下降，但这种分层结构本身会保持相对稳定。[②] 国家位置在很大程度上是由其在世界经济体系中的“融合程度”（Incorporation）决定的，这种融合主要体现在对生产产品的种类、资源获取方式、资本分配和劳动力状况等方面。

世界体系理论为解释全球范围内的环境问题提供了一个可行的分析框架。支持此理论的研究者认为，占据不同位置的国家在生产、消费、资源分配、废弃物排放等方面都处于两极分化的地位。核心国家在技术、经济

---

① Chip Jacobs, *Smogtown: The Lung-Burning History of Pollution in Los Angeles*. Woodstock, NY: Overlook Press, 2008; California Environmental Protection Agency, “Key Events in the History or Air Quality in California”, http: //www. arb. ca. gov/html/brochure/history. htm, 2015.

② Immanuel Wallerstein. *The Modern World-System I: Capitalist Agriculture and the Origins of the European World-Economy in the Sixteenth Century*. New York, NY: Academic Press, 1974.

和政治影响力上的优势地位使它们有能力从半边缘和边缘国家获取资源和能源，同时将污染严重的生产企业和生产生活垃圾转嫁给这些国家。非核心国家自身的不发达状况也使它们迫切地希望通过引入外国资本和扩大进出口规模来融入全球市场、发展本国经济，即使这种经济模式会造成环境和生态的后果。因此，相比于核心国家，非核心国家不得不更多地承受生态环境恶化的影响。①

实证研究发现，国家在世界体系中的位置与环境问题有密切的关系，国家在国际贸易结构中的地位显著影响了该国居民的人均资源消耗和环境质量。② 现有文献专门针对世界体系理论对大气细颗粒物在不同国家中的分布情况的解释仍不多见，但已有研究表明，近年来核心国家通过向边缘和半边缘国家外包耗能较高的产业，造成不发达国家人均氮氧化合物、一氧化碳、二氧化碳等大气污染物排放量的显著提高。③秋元矢立（Hajime Akimoto）发表在《科学》杂志上的论文也提出，由于气溶胶的生命周期一般在一周到两周，扩散范围有限，因此大气细颗粒物在全球的分布与污

---

① Rebecca Clausen and Stefano Longo. Forest, Food, and Freshwater, "A Review of World-Systems Research and Environmental Impact." In S. Babones and C. Chase-Dunn (Eds.), *Routledge International Handbook of World-Systems Analysis*. New York, NY: Routledge, 2012, pp. 422 – 33; J. Timmons Roberts., Peter E. Grimes, and Jodie Manale, "Social Roots of Global Environmental Change: A World-Systems Analysis of Carbon Dioxide Emissions." *Journal of World-Systems Research*, Vol. 9, No. 2, 2003.

② Thomas J. Burns, Edward Kick, and Byron Davis, "A Quantitative, Cross-National Study of Deforestation in the Late 20th Century: A Case of Recursive Exploitation." In Andrew K. Jorgenson and Edward Kick (Eds.), *Globalization and the Environment*. Leiden, the Netherlands: Brill Academic Press, 2006, pp. 37 – 60; James Rice, "Ecological Unequal Exchange: International Trade and Uneven Utilization of Environmental Space in the World System." *Social Forces*, Vol. 85, No. 3, 2007.

③ Andrew K. Jorgenson, "Foreign Investment Dependence and the Environment: An Ecostructural Approach, *Social Problems*." Vol. 54, No. 3, 2007; Andrew K. Jorgenson, "Does Foreign Investment Harm the Air We Breathe and the Water We Drink? A Cross-National Study of Carbon Dioxide Emissions and Organic Water Pollution in Less-Developed Countries, 1975 to 2000." *Organization & Environment*, Vol. 20, No. 2, 2007.

染源头紧密相关。卫星监测数据表明，细颗粒物在全球的分布呈现出明显的地区不平衡状态。[①] 利用化学输送模型（Chemical Transport Model），研究者同样发现细颗粒物浓度在东亚、南美、非洲等地区较高，而在北美和大洋洲等核心国家和地区明显偏低。[②]

世界体系理论在某种程度上可以看作政治经济学范式在全球范围内的延伸，该理论认同政治经济学对经济过程和权力分配的关注，但坚持在全球化时代，与环境问题息息相关的经济过程发生在全球市场之中，环境社会学的分析应该着眼于全球的生态环境，而不是局限在一国之内。[③] 基于全球视角，该理论的研究者并不完全认同生态现代化理论的论述[④]，认为很多发达国家随着工业化的现代化的发展出现污染减少的情况是因为重污染企业从发达国家到发展中国家的转移。在全球范围内，环境问题和经济发展仍然呈正相关关系，环境问题不仅没有随着经济发展而减缓，反而日益严重。但是，世界体系理论在分析发达国家环境改善的原因时，过于强调国家之间经济和资源的交换和流动关系，因此无法解释一些核心国家内部通过科技更新产业升级带来的环境质量提高的结果。

---

① Hajime Akimoto, "Global Air Quality and Pollution." *Science*, Vol. 302, No. 5651, 2003.

② V. Ramanathan and Y. Feng, "Air pollution, Greenhouse Gases and Climate Change: Global and Regional Perspectives." *Atmospheric Environment*, Vol. 43, No. 1, 2009.

③ Stephen G. Bunker and Paul S. Ciccantell, "Economic Ascent and the Global Environment: World-Systems Theory and the New Historical Materialism." In Walter L. Goldfrank, David Goodman, and Andrew Szasz (Eds.), *Ecology and the World-System*. Westport, CT: Greenwood Press, 1999, pp. 107 - 22.

④ J. Timmons Roberts and Peter E. Grimes, "Carbon Intensity and Economic Development 1962 - 1991: A Brief Exploration of the Environmental Kuznets Curve." *World Development*, Vol. 25, No. 2, 1997.

二 数据和研究方法

现有研究表明细颗粒物浓度很大程度上受到地形特点、季节性因素（如燃煤取暖）、气候条件等特定地理环境和自然环境的影响，鉴于本研究希望关注社会经济因素，而并非对造成细颗粒物污染的多方面因素进行综合梳理。因此，为了尽可能减少地区性和季节性波动因素的影响，本文选择国家作为分析单位，对年均细颗粒物质量浓度（而非日均值或月均值）进行考察，以期得到较为稳定的分析结果。

本研究主要考察的变量为大气细颗粒物年均质量浓度，数据来源于由耶鲁大学环境法规政策中心、哥伦比亚大学国家地球科学信息网络中心、瑞士世界经济论坛和意大利欧洲委员会联合研究中心联合发布的 2012 年环境绩效指标（Environmental Performance Index），该数据的客观性和准确性已经在国际上得到广泛承认。在测量各国 PM 2.5年均浓度时，本数据根据冯·丹克拉（Van Dokelaar）等学者的模型，[①]利用中分辨率成像光谱仪观测到的气溶胶光学厚度（MODIS Aerosol Optical Depth）和地表大气细颗粒物集中水平的关系得到计算结果。其中距今最近的 PM 2.5数据是在 2010 年采集的，每一年的数据为前后三年的数据结合人口密度加权平均后获得。本研究采用各国 2010 年 PM 2.5年均浓度作为因变量，鉴于变量呈右偏分布，在模型中使用了该变量的自然对数形式。

在自变量的选择上，考虑到因果关系以及影响变量的时滞性问题[②]，

---

① Aaron Van Donkelaa, Randall V. Martin, Michael Brauer, Ralph Kahn, Robert Levy, Carolyn Verduzco, and Paul J. Villeneuve, "Global Estimates of Ambient Fine Particulate Matter Concentrations from Satellite-Based Aerosol Optical Depth: Development and Application." *Environmental Health Perspectives*, Vol. 118, No. 6, 2010.

② Evan Schofer and Ann Hironaka, "The Effects of World Society on Environmental Protection Outcomes." *Social Forces*, Vol. 84, No. 1, 2005.

笔者选择了2009年的数据[①]进行分析。为了对上述理论进行具体检验，笔者参考现有文献，针对每个理论选取了若干核心指标。除特别标明，分析中数据均来源于世界银行数据库。

政治经济学理论 生产跑步机理论认为资本主义制度是造成环境污染的罪魁祸首，参考约克等人的数据[②]，资本主义制度被编码为一个虚拟变量。经济水平和经济增长也是该理论的主要关注点，遵循学术惯例[③]，本文也加入人均GDP和GDP年增长率作为检验生产跑步机理论的指标。考察城市失衡理论时，除了检验城市化水平和城市人口年增长率[④]，笔者还加入了三大产业占GDP的比重来衡量各国的经济结构，化石燃料能耗和GDP单位能源消耗来衡量能源结构。[⑤]

---

① 出于对样本量以及数据可得性的考虑，少数变量选择了2009年以前的数据，笔者在后文对此问题做了更详细的说明。

② Richard York., Eugene A. Rosa, and Thomas Dietz, "Footprints on the Earth: The Environmental Consequences of Modernity." *American Sociological Review*, Vol. 68, No. 2, 2003.

③ Dana R. Fisher and William R. Freudenburg, "Postindustrialization and Environmental Quality: An Empirical Analysis of the Environmental State." *Social Forces*, Vol. 83. No. 1, 2004; Andrew K. Jorgenson, Christopher Dick, and Matthew C. Mahutga, "Foreign Investment Dependence and the Environment: An Ecostructural Approach." *Social Problems*, Vol. 54, No. 3, 2007.

④ See Richard York., Eugene A. Rosa, and Thomas Dietz, "A Rift in Modernity? Assessing the Anthropogenic Sources of Global Climate Change with the STIRPAT Model." *International Journal of Sociology and Social Policy*. Vol. 23, No. 10, 2003.

⑤ 前期分析时，机动车占有率也作为考察城市失衡理论的变量，被引入模型中进行检验，检验结果表明机动车占有率对PM 2.5年均值并没有显著影响。然而以往的研究表明，机动车对细颗粒物排放的影响不仅要考虑机动车占有率，还要考虑车辆的使用率、燃料燃烧效率、燃料构成情况等诸多问题（参见A. W. Gertler, J. A. Gillies, and W. R. Pierson, "An Assessment of the Mobile Source Contribution to PM10 and PM2.5 in the United States." *Water, Air, and Soil Pollution*, Vol. 123. No. 1 - 4, 2000, pp. 203 - 214）。鉴于这些变量并非理论考量的核心变量，同时国家数据中并没有相关情况记录，因此本研究对这一污染源的研究囊括在能源构成中，没有进行更直接的考察。

生态现代化理论对生态现代化理论的检验主要涵盖经济、科技水平和政府功能三个部分。第一，人均 GDP 和人均 GDP 的平方形式以及城市化和城市化的平方形式将被引入模型，以考察环境库兹涅茨曲线所展示的现代化过程和环境问题的非线性关系。[①] 第二，综合科技水平被用于检验各国的科学技术发展水平，该变量来源于环境可持续发展指标体系（Environmental Sustainability Index）2005 年的数据。这一变量整合了世界经济论坛发布的创新指标、国际电讯联盟发布的数字接入指标，以及联合国教科文组织发布的女性初等教育完成率、高等教育毛入学率和每百万居民中研究人员数量五个指标，可以全面地衡量公众知识水平、国家研发能力和社会技术更新的能力。第三，本文用政府的环境治理指标（Environmental Governance），用以反映各国政府对环境问题的认知水平、立法情况和制度管理状况。该指标来源于环境可持续发展指标体系，整合了包含联合国环境项目发布的处于保护状态下的土地面积占总国土面积的百分比、世界经济论坛发布的政府环境治理状况等十二个变量。

世界体系理论综合前人研究[②]，本文通过国际援助情况、外国资本流入情况和贸易往来等几个主要变量揭示占据不同世界体系位置的国家如何通过资本和产业的转移影响其他国家的自然和生态环境。借鉴约克等学者[③]的方法，笔者使用已收到的净官方发展援助和官方援助这一变量构建

---

① Karen Ehrhardt-Martinez, "Social Determinants of Deforestation in Developing Countries: A Cross-National Study." *Social Forces*, Vol. 77, No. 2, 1998; James Van Alstine and Eric Neumayer, "The Environmental Kuznets Curve." In K. Gallagher (Ed.), Handbook on Trade and the Environment. Cheltenham, UK/Northampton, MA: Edward Elgar, 2008, pp. 49 – 59.

② Kenneth Bollen, "World System Position, Dependency, and Democracy: The Cross-National Evidence." *American Sociological Review*, Vol. 48, No. 4, 1983; J. Timmons Roberts., Peter E. Grimes, and Jodie Manale, "Social Roots of Global Environmental Change: A World-Systems Analysis of Carbon Dioxide Emissions." *Journal of World-Systems Research*, Vol. 9, No. 2.

③ Evan Schofer and Ann Hironaka, "The Effects of World Society on Environmental Protection Outcomes." Social Forces, Vol. 84, No. 1, 2005.

了表示世界体系位置的三个二分变量：核心国家、半边缘国家和边缘国家。其中核心国家为主要提供援助的国家；半边缘国家包括接受援助但总额不超过 GDP 的 0.5% 的国家；边缘国家包括其他接受援助额度较大的国家。第二个变量是外国直接投资净流入占 GDP 的百分比，用于外国资本对本国产业的影响以及该国对外国资本的依赖性。[①] 最后，国际贸易水平常用来检验各国对世界经济体系的融入程度[②]，本文利用货物和服务进出口总额占 GDP 比重来表示国际贸易水平。同时，为了更好地揭示与出口和进口份额相关联的经济活动对空气质量造成的影响，出口和进口份额也将被分别带入模型进行检验。

最后，考虑到新马尔萨斯主义对于人口与环境关系的论述[③]，在模型中包括了人口、人口密度和总和生育率，以控制这些因素对核心考察变量与因变量关系的影响。表 1 展示了研究中使用的所有变量的描述性统计值。

表 1　　　　变量情况的描述性统计

最大值	变量	平均值	标准差	最小值
因变量				
大气细颗粒物质量浓度（对数）	2.14	0.66	0.30	3.91
核心自变量				
按购买力平价（PPP）衡量的人均 GDP（2005 年不变价国际元）（对数）	8.84	1.13	5.77	10.76

① Glenn Firebaugh, "Does Foreign Capital Harm Poor Nations? New Estimates Based on Dixon and Boswell's Measures of Capital Penetration." *American Journal of Sociology*, Vol. 102, 1996; Jorgenson, Dick, and Mahutga, "Foreign Investment Dependence and the Environment"; Jeffrey Kentor and Terry Boswell, "Foreign Capital Dependence and Development: A New Direction." *American Sociological Review*. Vol. 68, No. 2, 2003.

② Evan Schofer and Ann Hironaka, "The Effects of World Society on Environmental Protection Outcomes." *Social Forces*, Vol. 84, No. 1, 2005.

③ William Robert Catton, *Overshoot: The Ecological Basis of Revolutionary Change*. Chicago, IL: University of Illinois Press, 1982.

续表

最大值	变量	平均值	标准差	最小值
GDP 增长率（年百分比）	-0.37	5.51	-17.95	12.77
资本主义制度	0.65	-	0	1
城镇人口（占总人口比例）	57.61	20.78	15.06	97.42
城镇人口增长率（年增长率）	2.06	1.74	-0.58	13.11
农业增加值（占 GDP 百分比）	12.34	10.71	0.65	47.71
工业增加值（占 GDP 百分比）	32.54	12.18	6.75	75.50
服务业增加值（占 GDP 百分比）	55.12	12.60	20.54	77.70
化石燃料能耗（占总量百分比）	63.87	29.87	0.00	100.75
GDP 单位能源消耗（2005 年不变价购买力平价美元/千克石油当量）	7.77	13.22	0.83	143.36
国家综合科技水平 *	0.14	0.81	-1.41	2.15
政府环境管理 *	0.09	0.70	-1.35	1.62
核心国家	0.22	-	0	1
半边缘国家	0.21	-	0	1
边缘国家	0.57	-	0	1
外国直接投资净流入（占 GDP 百分比）	4.32	5.62	-3.69	37.26
贸易额（占 GDP 百分比）	81.16	33.49	22.12	164.35
货物和服务进口（占 GDP 百分比）	43.46	19.16	11.14	123.33
货物和服务出口（占 GDP 百分比）	37.70	18.30	4.53	91.42
控制变量	-	-	-	
总人口数（对数）	16.41	1.56	12.54	20.99
总和生育率	2.69	1.33	1.15	6.35
人口密度（对数）	4.03	1.19	0.54	7.05

注：表中除两个标 * 变量的 N（样本量）为 106 以外，其他变量的 N 均为 114。

排除含缺失值的国家后，样本总量为包括中国在内的 114 个国家，涵盖世界人口的 91%、经济生产总值的 94%，很大程度上可以代表世界范围内的普遍情况。所有模型采取最小二乘法线性回归技术进行估计。

三 分析结果

（一）对政治经济学解释的实证检验结果

表2展示了政治经济学相关变量对PM 2.5浓度的影响，为避免多元共线性问题，四个模型分别对每一个理论变量进行了检验。模型1和模型2表明，与生产跑步机理论的预测相反，资本主义制度对PM 2.5没有显著影响。同时，人均GDP和GDP增长率没有提高PM 2.5浓度，相反在控制人口变量后，人均GDP每增长1%，年均PM 2.5浓度降低约20%。考虑到经济水平的重要作用，在后面的模型中也控制了人均GDP水平。

表2　预测PM 2.5浓度的政治经济学理论变量的回归分析

	模型1	模型2	模型3	模型4	模型5
总人口数（对数）	0.163***	0.154***	0.164***	0.129***	0.111**
	(0.035)	(0.036)	(0.035)	(0.032)	(0.036)
总和生育率	0.003	-0.025	-0.067	-0.053	0.079
	(0.062)	(0.063)	(0.069)	(0.055)	(0.065)
人口密度（对数）	0.096*	0.091*	0.080	0.155***	0.117*
	(0.048)	(0.048)	(0.049)	(0.045)	(0.046)
人均GDP（对数）	-0.192*	-0.215**	-0.166+	-0.174+	-0.273
	(0.075)	(0.073)	(0.099)	(0.097)	(0.068)
资本主义制度	-0.153				
	(0.114)				
GDP年增长率		0.008			
		(0.012)			
城镇人口（占总人口比例）			-0.004		
			(0.004)		

续表

	模型 1	模型 2	模型 3	模型 4	模型 5
城镇人口增长率			0.073 + (0.037)		
工业增加值（占 GDP 百分比）				0.006 (0.009)	
服务业增加值（占 GDP 百分比）				-0.018 + (0.010)	
（参照值：农业增加值占 GDP 百分比）					
化石燃料能耗（占总量百分比）					0.008 * * (0.002)
GDP 单位能源消耗					-0.003 (0.004)
常数项	0.863 (0.980)	1.224 (0.955)	0.847 (1.050)	1.855 * (0.872)	1.561 + (0.925)
N	114	114	114	114	114
R^2	0.372	0.364	0.389	0.496	0.430

注：括号内为标准误；显著性水平，* * * 为 $p<0.001$，* * 为 $p<0.01$，* 为 $p<0.05$，+ 为 $p<0.1$。

模型 3 到模型 5 用于检验城市代谢失衡理论，模型 3 表明城市化水平与 PM 2.5浓度之间没有显著的线性关系。模型 4 引入三大产业在 GDP 比重的变量，结果表明，相比于农业生产，工业比重的增加并不会影响 PM 2.5浓度，而服务业比重的增加会在一定程度上降低细颗粒物质量浓度（$p<0.1$），更改参照群体后结果不变。① 说明控制了人口和经济水平后，服务业的增加可以改善大气细颗粒物情况，而农业和工业的影响相对较小。前人研究也得出过类似的结论，例如，乔根森（Jorgenson）同样发现

① 更改参照群体后（结果未显示，可向作者索取结果），相比于工业生产，农业生产的比重对因变量没有影响，但服务业比重的增加会显著降低细颗粒物质量浓度（$p<0.001$）。

三大产业对各国的甲烷排放量没有显著的影响，这是因为相比于三大产业本身，各产业消耗能源的组成成分对甲烷排放有更直接的影响。① 模型5对能源结构和能源利用效率对PM 2.5浓度的影响进行了检验。②与乔根森③的发现一致，化石燃料在全部能源中比重的增加会带来PM 2.5浓度的同步增加，每增加1%的化石燃料，PM 2.5浓度会提升近1%（$= e^{0.008} = 1.008$），与此同时，GDP单位能源消耗对PM 2.5浓度没有显著影响，说明即使能源利用效率较高，如果能源中化石燃料占较大比重，依然会带来严重的细颗粒物富集现象。

最后，新马尔萨斯理论在所有模型中都基本得到证实，人口总数越多、密度越大，一般来说PM 2.5浓度也更高，但总和生育率对PM 2.5浓度并没有显著影响。

（二）对生态现代化理论的实证检验结果

表3报告了对生态现代化理论模型的参数估计。为了检验环境库兹涅茨曲线，模型1和模型2加入了人均GDP和城市化水平的平方形式。比较表2和表3的对应模型，可以发现经济发展水平与城市化对PM 2.5浓度呈现出不同的作用方式。经济发展水平对PM 2.5浓度的影响呈线性关系：随着人均GDP的增加，PM 2.5浓度显著下降。城市化水平与PM 2.5浓度符合环境库兹

---

① Andrew K. Jorgenson, "Global Warming and the Neglected Greenhouse Gas: A Cross-National Study of the Social Causes of Methane Emissions Intensity, 1995." *Social Forces*, Vol. 84, No. 3, 2006.

② 为了保证样本量一致，这里笔者使用了2007年的能源数据进行分析。前期研究也检验了2009年数据，统计结果基本不变，因为时效性的原因模型解释力度更强。化石燃料能耗占总量的百分比的回归系数为0.010（$p < 0.001$），GDP单位能源消耗的回归系数为-0.037（$p > 0.05$），拟合优度为48%。鉴于6个国家2009年数据缺失，因此模型中采用了2007年的能源数据。

③ Andrew K. Jorgenson, "Global Warming and the Neglected Greenhouse Gas: A Cross-National Study of the Social Causes of Methane Emissions Intensity, 1995." *Social Forces*, Vol. 84, No. 3, 2006.

涅茨曲线，呈倒U形关系：经计算，当一个国家城市人口接近总人口的一半时（48%），PM 2.5浓度达到顶点，之后随着城市化的进一步发展逐渐降低。经济较为发达、城市化程度较高的国家的PM 2.5浓度都比较低，因此两个变量的不同影响主要体现在变量值较低时对应的PM 2.5浓度的差别：PM 2.5浓度在经济发展水平较低的国家相对较高，在城市化水平较低的国家相对较低。研究发现，人为污染源是造成空气中细颗粒物污染的主要原因，在人口密集的城市污染更为严重，污染从城市到郊区到农村呈逐渐下降的趋势。① 处在城市化初期的国家，其人口多居住在乡村，人为污染源较少且相对分散，因此PM 2.5浓度较低。但经济水平较低的国家可能对待空气污染的相关经验不足，无力发展新型环保产业，新型能源所占比重较低等，这些都可能导致较高的PM 2.5污染水平。在后文我们可以看到科技和政府工作在经济发展水平对细颗粒物污染的影响中所起到的中介作用。

表3　预测PM 2.5浓度的生态现代化理论变量的回归分析

	模型1	模型2	模型3	模型4
总人口数（对数）	0.157***	0.169***	0.137***	0.093*
	(0.036)	(0.034)	(0.037)	(0.036)
总和生育率	−0.004	−0.052	−0.003	0.073
	(0.069)	(0.068)	(0.059)	(0.058)
人口密度（对数）	0.097*	0.086+	0.118*	0.165***
	(0.049)	(0.048)	(0.045)	(0.046)
人均GDP（对数）	0.339	−0.150	0.012	0.013
	(0.679)	(0.098)	(0.093)	(0.085)
人均GDP的平方项（对数）	−0.031			
	(0.038)			

① Christoph Hueglin, Robert Gehrig, Urs Baltensperger, Martin Gysel, Christina Monn, and Heinz Vonmont, "Chemical Characterisation of PM 2.5, PM 10 and Coarse Particles at Urban, Near-City and Rural Sites in Switzerland." *Atmospheric Environment*, Vol. 39. No. 4, 2005.

续表

	模型 1	模型 2	模型 3	模型 4
GDP 年增长率	0.007 (0.012)			
城镇人口（占总人口比例）		0.024 + (0.013)		
城镇人口（占总人口比例）的平方项		-0.025 * (0.011)		
城镇人口增长率		0.079 * (0.036)		
国家综合科技水平			-0.426 *** (0.116)	
政府环境管理				-0.449 *** (0.102)
常数项	-1.344 (3.273)	-0.104 (1.116)	-0.612 (1.136)	-0.304 (1.026)
N	114	114	106	106
R^2	0.368	0.416	0.444	0.472

注：括号内为标准误；显著性水平，*** 为 $p < 0.001$，** 为 $p < 0.01$，* 为 $p < 0.05$，+ 为 $p < 0.1$。

模型 3 和模型 4 阐释了科技水平和政府管理对 PM 2.5浓度的影响。从模型中可以看到，与理论预测一致，科技水平和政府管理程度每提升一个单位，PM 2.5浓度分别相应下降 35% 或 36%。需要注意的是，加入生态现代化理论变量后，人均 GDP 对 PM 2.5浓度的影响程度降低，显著性消失，说明由经济水平提高导致的空气质量提升在很大程度上是通过科技水平和政府管理的改善实现的。

（三）对世界体系理论的实证检验结果

对世界体系理论的实证检验结果参见表 4。模型 1 通过加入国家在世界体系中的位置的虚拟变量，提供了对世界体系理论的直接检验。结果表明，世界体系位置与PM 2.5浓度高度相关，核心国家的PM 2.5浓度约为边缘国家的一半（52%），半边缘国家约为边缘国家的2/5（39%）。

表4　　预测PM 2.5浓度的世界体系理论变量的回归分析

	模型1	模型2	模型3	模型4
总人口数（对数）	0.230*** (0.037)	0.173*** (0.037)	0.212*** (0.041)	0.183*** (0.044)
总和生育率	0.030 (0.059)	-0.013 (0.061)	-0.014 (0.060)	-0.023 (0.059)
人口密度（对数）	0.095* (0.046)	0.097* (0.048)	0.070 (0.048)	0.091+ (0.049)
人均GDP（对数）	0.010 (0.091)	-0.223** (0.070)	-0.241*** (0.069)	-0.296*** (0.075)
核心国家	-0.736*** (0.193)			
半边缘国家（参照群体：边缘国家）	-0.493** (0.147)			
外国直接投资净流入（占GDP百分比）		0.012 (0.010)		
贸易额（占GDP百分比）			0.004* (0.002)	
进口额（占GDP百分比）				-0.003 (0.004)
出口额（占GDP百分比）				0.011** (0.004)
常数项	-1.924 (1.184)	0.870 (0.989)	0.209 (1.025)	1.180 (1.144)
N	114	114	114	114
R^2	0.450	0.370	0.392	0.410

注：括号内为标准误；显著性水平，***为 $p<0.001$，**为 $p<0.01$，*为 $p<0.05$，+为 $p<0.1$。

世界体系理论认为，外国资本较少考虑对投资国的环境影响，因此大量的外国资本可能会引发所在国严重的环境问题。模型2发现，外国资本可能会产生其他的环境问题（如对生态多样性和森林覆盖率的负面作用等）[①]，但并没有对PM 2.5浓度产生显著的影响。以往的研究也得出了类似的结论，如约克发现外国资本对能源生产没有影响。[②] 但国际贸易水平的作用却是显著的（模型3），与PM 2.5浓度呈正相关。模型4将国际贸易水平拆分为出口和进口两个部分，发现国际贸易对PM 2.5浓度的影响主要体现在出口额上。

（四）对三个理论的综合检验

为了进一步理解核心国家、半边缘国家和边缘国家PM 2.5差异性的主要原因，笔者对上面模型中影响较大的变量进行进一步检验（参见表5）。

模型1加入政治经济学理论中的能源结构变量，与表4的模型1相比，核心国家与边缘国家的差异下降了约10%（=52%-44%），半边缘国家和边缘国家的差异基本保持不变（38%），说明化石燃料的使用并不能完全解释三类国家的PM 2.5浓度的差异。生态现代化理论中的重要解释变量，国家综合科技水平和政府环境治理，被依次加入模型2和模型3中。模型2控制国家科技水平后，核心国家的回归系数变小，显著性消失。模型3中，其他变量的影响基本保持不变，政府对环境的有效管理的回归系数仍然为负且保持显著。这些结果表明核心国家和边缘国家空气质量差异的重要原因在于科学技术水平和政府对环境的管理强度和力度的不同。模型4加入检验世界体系理论中比较重要的出口额变量，结果仍然与原有分析一致。

---

① Nick Mabey and Richard McNally. *Foreign Direct Investment and the Environment: From Pollution Havens to Sustainable Development*. World Wildlife Foundation, 1999.

② Richard York, "Structural Influences on Energy Production in South and East Asia, 1971-2002." *Sociological Forum*, Vol. 22, No. 4, 2007.

表5 预测PM 2.5浓度的综合回归分析

	模型1	模型2	模型3	模型4
总人口数（对数）	0.187***	0.179***	0.159***	0.204***
	(0.039)	(0.039)	(0.039)	(0.042)
总和生育率	0.098	0.054	0.056	0.039
	(0.062)	(0.062)	(0.060)	(0.059)
人口密度（对数）	0.108*	0.103*	0.126**	0.109*
	(0.045)	(0.042)	(0.043)	(0.042)
人均GDP（对数）	-0.081	0.065	0.136	0.093
	(0.093)	(0.099)	(0.101)	(0.100)
核心国家	-0.573**	-0.123	-0.010	-0.033
	(0.194)	(0.213)	(0.213)	(0.208)
半边缘国家	-0.477**	-0.504***	-0.486***	-0.517***
	(0.142)	(0.135)	(0.132)	(0.129)
（参照群体：边缘国家）				
化石燃料能耗（占总量百分比）	0.007**	0.007**	0.005*	0.005+
	(0.002)	(0.002)	(0.002)	(0.002)
国家综合科技水平		-0.521***	-0.434**	-0.425**
		(0.132)	(0.134)	(0.131)
政府环境管理			-0.277*	-0.256*
			(0.118)	(0.115)
出口额（占GDP百分比）				0.007*
				(0.003)
常数项	-1.113	-2.188+	-2.482*	-2.932*
	(1.177)	(1.218)	(1.197)	(1.179)
N	114	106	106	106
R^2	0.491	0.552	0.577	0.603

注：括号内为标准误；显著性水平，***为 $p<0.001$，**为 $p<0.01$，*为 $p<0.05$，+为 $p<0.1$。

需要注意的是，表5中24个半边缘国家与65个边缘国家PM 2.5浓度的差异基本不变，说明能源结构、国家综合科技水平、政府效力和出口额等变量并不能解释二类国家的差异。通过均值检验发现，与核心国家和边缘国家（$t=12.39$，$p<0.001$）不同，半边缘国家和边缘国家的科技水平并不存在显著的差异（$t=1.92$，$p>0.05$），因此可能是其他一些未能检测到的因素导致了二者 PM 2.5浓度的差异。

（五）对研究方法的进一步检验

最后，为了保证研究结果的稳健性，笔者分别对多重共线性、影响观察值和不同年份的变量进行了分析，发现模型中不存在多重共线性问题；去除对估计值较大的观测个案后，基本结论保持不变；采用 2006—2008 年的自变量后仍得到同样的发现。[①]

四 结论和讨论

本文通过对国家层次数据的分析，对影响空气细颗粒物的社会经济因

① 首先，针对模型中是否存在多重共线性问题，笔者考察了所有不含平方形式变量模型中的方差膨胀因子（VIF）。最大的 VIF 值为 7.08，仍然小于公认的判断值 10，不存在多重共线性问题。第一，对于含有平方形式的变量，即表 3 中的模型 1 和模型 2 中的人均 GDP 和城市化变量，鉴于对应的标准误较小，表明由平方形式导致的多重共线性没有造成不稳定的参数估计。第二，需要考察的是影响观察值，笔者计算了所有模型中每个个案对应的残差项、帽值（Hat Value）、Cook 距离，去除对估计值较大的观测个案后，基本结论保持不变。第三，为了保证样本量的一致，少数变量选择了 2009 年前的数据，包括三大产业比重（2006 年）、能源结构和能源利用效率（2007 年）。笔者做了两项检验以保证结果的有效性，首先使用 2009 年样本较小的数据，其他变量保持不变，发现结果基本一致。其次，笔者分别采用了对应年份的因变量和自变量，即针对 2006 年经济结构，使用 2007 年的细颗粒物质量浓度和 2006 年的其他自变量，针对 2007 年的能源相关变量，使用 2008 年的细颗粒物质量浓度和 2007 年自变量，结果仍然与现有发现一致。

素进行了检验。在现有的几个主要理论流派中，生态现代化理论认为现代化的进程伴随着人类的环境自觉和环保技术手段的提高，带来自然与社会的协调发展。政治经济学范式和世界体系理论则分别从国内外两个维度分析了经济发展和生态保护之间不可调和的矛盾。

研究结果首先支持了生态现代化理论在预测空气质量时的乐观态度。城市化对 PM 2.5的影响验证了环境库兹涅茨曲线，同时也部分地反驳了政治经济学视角下的城市失衡理论。对于处于城市化初期的国家，空气质量确实会随着城市人口规模的扩大而恶化，但城市化也并不完全像城市失衡理论所描述的那样，仅仅意味着人口从乡村到城市的聚居和与有机生活方式的隔绝。城市化的过程包含着更深刻的社会结构的转变，如更加细致的社会分工、更为多元的价值取向、民间团体和志愿组织的发展，等等。这些变化蕴含着对工业思考逻辑的反思，环保主义思潮的兴起，群众性环保运动的发展，环保科技的进步等，这些都会促使人类逐渐有意识地减少或避免对环境的破坏，同时也有能力降低环保行为的经济成本，从而实现人地关系的动态平衡。研究特别关注了科学技术在削减 PM 2.5浓度中的作用，发现公民文化程度的提高、信息的开放和国家整体科技水平的提高能够有效降低 PM 2.5浓度，改善空气质量。根据世界卫生组织的报告，在欧洲，可以利用现有技术减少 80% 的细颗粒物污染。[①] 政府管理是现代化进程中治理 PM 2.5污染的另一个重要手段。保护自然环境已经被公众看作重要的公共事业，环境保护也成为政府的重要日常职责之一。以上模型都控制了人均收入，因此这一结论对于人均收入较低的发展中国家也是基本适用的。政治经济学范式对 PM 2.5浓度的解释没有得到验证。该范式一个重要的理论缺陷在于将经济发展过程等同于从农业社会向工业社会的转变，忽视了服务业的兴起所带来的社会结构性变迁。经济发展水平较高的国家往往服务业比重很高而工农业比重很低，因此化石燃料使用较少，再加上前文提到的科技和政府能力的同步提高，这些国家空气质量通常较高，没有产生政治经济学范式所预期的灰暗图景。除了本国的环保行

---

① World Health Organization, "Health Effects of Particular Matter." http://www.euro.who.int/, 2013, p. 6.

动，我们也不能否认环境风险的全球转移过程在发达国家空气质量改善中所起到的作用。PM 2.5严重程度随着国家世界体系位置的边缘化呈现出递增的趋势，核心国家空气中的 PM 2.5浓度远低于非核心国家，一个潜在原因可能是一些危害环境的商品在非核心国家的生产和出口。核心国家对这类商品严格的生产规定提高了在本国的生产成本，为其他国家提供了生产和出口的贸易机会，但同时也带来了对这些国家的环境破坏。[①] 本研究还发现核心国家和边缘国家不同污染水平的重要原因在于科技水平和政府环境管理程度的差异，较高的科研水平和民众的文化素质使核心国家对空气污染，尤其是危害较大的 PM 2.5污染的容忍度较低，政府对环境问题的重视也可以在宏观政策层面采取有效的治理措施，与此同时，较高的技术水平也使生产和消费在全球范围内的转移得以实现。

虽然本文的分析基于多个国家的横截面比较数据，但研究结果也在一定程度上呼应了我国大气细颗粒物污染和治理的状况。在全球化过程中，发达国家的产业转移使中国成为“世界工厂”，进出口规模迅速扩大，在世界贸易总额中所占的比重也稳步提高，到 2013 年中国已经成为世界第一货物贸易大国。我国用三十年的时间走完了发达国家一百年的工业化进程，但是，中国经济在得到迅速发展的同时，环境问题也日益严峻。早在 20 世纪 90 年代，我国科学家已经开始对细颗粒物的浓度、组成特征和来源进行了分析，发现当时几个大城市的采样点的细颗粒物污染水平已经相当严重。[②] 但在当时这些讨论仍局限在学术界，并没有引起民众的注意。直到 2010 年年末，美国大使馆对周围的 PM 2.5水平的测定和公布才使细颗粒物问题进入公众视野。2011 年，民众通过对微博等社交媒体的使用推动了官方数据的公开。正如生态现代化理论所预期的那样，经济发展不会自动地带来环境的改善，但在经济发展到一定阶段时，民众会逐步意识

---

① Larry Karp, “The Environment and Trade.” *Annual Review of Resource Economy*, Vol. 3, No. 1, 2011.

② 滕恩江、胡伟、吴国平、魏复盛：《中国四城市空气中粗细颗粒物元素组成特征》，《中国环境科学》1999 年第 3 期；董金泉、杨绍晋：《华北清洁地区气溶胶特征及其来源研究》，《环境化学》1998 年第 1 期。

到环境保护的重要性，并期冀在发展和环保中间寻求平衡点，而公众参与和政府治理相辅相成，都是促进环境问题倒U形拐点的重要手段。2012年，国务院要求各地向社会公布PM 2.5数值；新修订的《环境空气质量标准》发布，增设了PM 2.5平均浓度限值。2013年，国务院发布了《大气污染防治行动计划》（以下简称“国十条”），明确设定了到2017年治理细颗粒物污染的具体指标和十条措施。2014年，修订后的环保法出笼，并将在2015年施行，新修订的环保法在明确责任、惩罚力度、信息公开等方面均有重要突破。同年，74个主要城市PM 2.5平均浓度下降11.1%。

本文研究结果表明，在世界范围内，造成雾霾问题的重要原因之一是国家的能源结构，尤其是化石能源的使用，而科技的进步和生态型国家的建构可以有效降低大气中的细颗粒物水平，“国十条”中也反复提到政府环境治理、能源结构调整和科技创新的重要作用。2014年APEC期间，中美发布联合声明，中国首次正式提出2030年中国碳排放有望达到峰值，并将于2030年将非化石能源在一次能源中的比重提升到20%。我国作为发展中的社会主义国家，政府掌握着大量的政治、经济和文化资源，对政府资源的合理使用，如提高向公民教育领域的投入、发展绿色环保的科学技术、协调各方利益、减少行业垄断、引进市场机制、加强环境立法和执法等措施都会减轻雾霾污染状况。但同时也要注意到核心国家、半边缘和边缘国家之间的环境鸿沟确实存在，在经济全球化的过程中既要充分发挥本国优势，也要减少粗放型的国际贸易增长方式，在保护环境的基础上实现出口贸易的良性发展。

本文利用跨国数据，在世界范围内讨论了政治经济等重要的社会性因素对空气质量的影响机制，很大程度上弥补了现有实证研究的空白。在未来研究中，还有以下几项工作需要研究者作进一步探讨。首先，出于对宏观制度的关注，本研究以国家为基本分析单位，没有进行城镇和乡村层次的研究。空气质量在一国之内的差别有时甚至会超过国与国的差别，后续的研究可以深入更基础的分析单位，对社会经济政治等多元主体的态度和行为对空气质量的影响进行更具体的剖析。其次，本文运用的理论框架更多地强调了政治和经济因素对空气质量的影响，因此没有对不同文化范式的影响下的人类活动所导致的环境后果作进一步分析。再次，本文希望深入理解全球范围内空气污染的现状和影响因素，因此主要进行了同一时间点上不同国家的横截面分析。未来研究的一个重要着眼点是了解随着时间的推移，各社会性因素如何同步影响了 PM 2.5的产生和发展，因此需要获取多个时间点上的数据进行纵贯分析。这种分析也可以对变量的因果关系提供更准确的检验。最后，在自然和社会的互动中，本研究关注了社会对自然环境的影响，在此基础上，未来的研究可以继续讨论自然环境对社会产生的影响，即 PM 2.5这一主要由人类活动所引发的环境问题如何通过“环境社会化”的过程[①]，经由个体和社会组织的建构，造成对社会结构的影响。

（本文原载于《社会学评论》2015 年第 3 期）

① 吕涛：《环境社会学研究综述——对环境社会学学科定位问题的讨论》，《社会学研究》2004 年第 4 期。

附　录

2014—2015 年环境社会学方向部分硕博士学位论文

2014—2015 年环境社会学方向部分博士学位论文（共 12 篇）

作者	论文题目	指导教师	毕业院校	答辩年份
耿言虎	远去的森林——民族地区生态变迁的社会机制研究	陈阿江	河海大学	2014
路冠军	生态、权力与治理——H 旗草原生态治理实践模式变迁	刘永功	中国农业大学	2014
么桂杰	儒家价值观、个人责任感对中国居民环保行为的影响研究——基于北京市居民样本数据	李　健	北京理工大学	2014
隋　艺	生态移民行为选择及其演化	陈绍军	河海大学	2014
向良喜	多元主体互动下的农村环境问题——基于 S 地区环境维权事件的个案分析	任国英	中央民族大学	2014
王　娟	气候变化风险治理中公众对专家的信任研究——以我国十省公众对专家的信任度调查为例	胡志强	中国科学院大学	2014
王云蔚	矿产资源开发的地方政府行动逻辑——内蒙古 D 旗的个案研究	包智明	中央民族大学	2014
吴金芳	现代化背景下的村落农田水利变迁	陈阿江	河海大学	2014
袁记平	社会变迁中的村落林业	陈阿江	河海大学	2014

续表

作者	论文题目	指导教师	毕业院校	答辩年份
钟兴菊	退耕还林政策基层执行过程分析：重庆大巴山区东溪村的个案研究	洪大用	中国人民大学	2014
曾祥明	土地资源开发中的“三牧问题”——对新疆维吾尔自治区青山县木乡的实地研究	包智明	中央民族大学	2015
赵素燕	农田水利建设中的多主体灌区治理——基于河套灌区吴县的实地研究	任国英	中央民族大学	2015

注：按答辩年份和作者姓氏字母排序。

2014—2015年环境社会学方向部分硕士学位论文（共40篇）

作者	论文题目	指导教师	毕业院校	答辩年份
白新珍	从抗争到共建：N市X社区农民环境抗争的演变逻辑	陈绍军	河海大学	2014
陈　芳	社区居民对外源慢性空气污染的责任归因与维权行为研究——以N市JZ社区为例	顾金土	河海大学	2014
陈　晨	风险社会下农民环境抗争的行动研究——基于鲁西W村的实地研究	任国英	中央民族大学	2014
陈世超	保护与发展的双重困境——新疆K保护区的实地研究	包智明	中央民族大学	2014
刘红霞	政府主导型生态补偿政策的实践逻辑——内蒙古X市D旗的实地研究	包智明	中央民族大学	2014
张秉洁	牧民环境抗争的资源动员机制和影响分析——以T地为例	包智明	中央民族大学	2014
范叶超	中国大陆城乡居民环境关心的差异分析——基于2010年中国综合社会调查资料	洪大用	中国人民大学	2014
谷小雨	生态旅游景区资源分配的社会学研究——重庆市长寿区长寿湖风景区个案分析	王书明	中国海洋大学	2014

续表

作者	论文题目	指导教师	毕业院校	答辩年份
黄　艺	我国海洋渔民社会分层研究（1988—2011）	同春芬	中国海洋大学	2014
兰晓婷	小型渔业生产方式的结构研究——对西杨家洼村的个案调查与分析	王书明	中国海洋大学	2014
林超群	我国政府海洋意识变迁研究——基于1954—2013年政府工作报告的文本分析	赵宗金	中国海洋大学	2014
刘炜宝	生态文明目标下海洋环境污染治理对策研究	王书明	中国海洋大学	2014
刘雪菊	农民用水者协会为何运行困难？——对内蒙古河套灌区X镇Y渠的个案研究	任国英	中央民族大学	2015
孟　超	村民环境行为及其影响因素分析	陈阿江	河海大学	2014
彭　霈	我国海水养殖污染问题与其治理研究	同春芬	中国海洋大学	2014
沈　悦	环境新闻的建构——以《新快报》对垃圾焚烧的报道为例	周志家	厦门大学	2014
石　竟	城市滨水景观的建成后社会评价研究——以D市J风景区为例	顾金土	河海大学	2014
史　敏	“垃圾”议题的媒体建构：对《新京报》和《北京日报》的分析	周志家	厦门大学	2014
王诗琪	沙患与水荒中的生存——民勤绿洲区农户生计状况研究	李勇进	兰州大学	2014
许　真	我国县域生态文明建设研究——湖南省永兴县个案研究	王书明	中国海洋大学	2014
杨怀德	石羊河流域水资源管理与农民家庭多元生计途径研究	李勇进	兰州大学	2014
叶　娟	“土地整治”：农业模式转型与乡村改造——关于皖南某县一项国家工程的社会学研究	张玉林	南京大学	2014
张莉婷	农户生活能源选择行为研究——以华北Y村为例	陈绍军	河海大学	2014

续表

作者	论文题目	指导教师	毕业院校	答辩年份
张玉洁	海洋环境变迁的主观感受——环渤海20位渔民的口述史	崔凤	中国海洋大学	2014
朱娟娟	农民有机肥使用行为的社会学研究	顾金土	河海大学	2014
崔继伟	上海市城市生活垃圾处理及对土地资源利用的影响研究——以老港生活垃圾处理场为例	石超艺	华东理工大学	2015
邓霞秋	农村生活垃圾问题凸显的社会机制分析——基于闽西客村的田野调查	洪大用	中国人民大学	2015
侯漪	中国居民的环境行为分析——基于CGSS2010的实证研究	李煜	上海社会科学院	2015
冒茜茜	脱嵌式保护开发与牧区的生态、生计——基于新疆卡拉麦里的实地研究	包智明	中央民族大学	2015
穆婷婷	草原生态环境保护的行动逻辑——新疆东村的个案研究	包智明	中央民族大学	2015
王海波	草坪种植过程中农民市场行为分化研究——以皖南Z镇为例	高燕	河海大学	2015
王曼	城市生活垃圾分类政策的社区实践——以南京市三个试点社区为例	张虎彪	河海大学	2015
王梦仙	环境新闻生产中的专家角色	周志家	厦门大学	2015
肖龙	中国环境抗争：类型分析与后果解释——基于全国120起抗争事件的量化分析	肖唐镖	南京大学	2015
谢花	南京居民的雾霾风险认知研究	顾金土	河海大学	2015
胥鉴霖	垃圾焚烧项目引发的邻避行动——以K市D项目为例	陈绍军	河海大学	2015
杨翠	二元产权下的环境保护与资源开发——以W湖为例	柴玲	中央民族大学	2015
杨慧玲	环境风险的媒体建构	周志家	厦门大学	2015
殷玉芳	从约制到认同：乡村社区环境治理路径研究——以D村环境综合整治为例	王芳	华东理工大学	2015

续表

作者	论文题目	指导教师	毕业院校	答辩年份
赵 婴	公众环境风险应对行为及其影响因素研究——以厦门市垃圾处理风险为例	龚文娟	厦门大学	2015

注：按答辩年份和作者姓氏字母排序。